高等职业院校"虚拟现实技术应用"专业精品课程系列教材

Unity 虚拟现实开发任务驱动式教程

柯 健 主 编

张 量 金 益 副主编

电子工业出版社
Publishing House of Electronics Industry
北京·BEIJING

内 容 简 介

本书以任务驱动方式全面系统地讲解了 Unity 2023 的核心功能模块，带领学生从零开始，逐步掌握 Unity 虚拟现实开发技能。本书共 12 章，第 1 章介绍了 Unity 开发环境的搭建和 Unity 主要界面的功能；从第 2 章到第 11 章介绍了 Unity 中的主要功能模块，包括地形系统、音频系统、光照系统、粒子系统、脚本、输入系统、动画系统、物理系统、导航寻路系统和图形用户界面等；第 12 章介绍了平台发布的相关设置。每章围绕具体任务展开，通过实践操作帮助学生掌握 Unity 的各项功能。同时，本书以一个完整的实战项目贯穿始终，学生在学习过程中将逐步完成该项目，最终通过项目实践巩固所学知识，从而达到学以致用的目的。这种设计不仅能让学生系统地掌握 Unity 的核心功能，还能培养实际开发能力，为后续的独立开发打下坚实基础。

本书适合作为高等院校虚拟现实技术应用、游戏开发等专业学生的教学用书，也可以作为希望系统学习 Unity 虚拟现实开发的初学者和爱好者的参考用书。

未经许可，不得以任何方式复制或抄袭本书之部分或全部内容。
版权所有，侵权必究。

图书在版编目（CIP）数据

Unity 虚拟现实开发任务驱动式教程 / 柯健主编.
北京 : 电子工业出版社, 2025. 5. -- ISBN 978-7-121-50156-2

Ⅰ．TP317.6

中国国家版本馆 CIP 数据核字第 2025JR5419 号

责任编辑：左　雅
印　　刷：三河市鑫金马印装有限公司
装　　订：三河市鑫金马印装有限公司
出版发行：电子工业出版社
　　　　　北京市海淀区万寿路 173 信箱　　邮编：100036
开　　本：787×1092　1/16　印张：16.75　字数：429 千字
版　　次：2025 年 5 月第 1 版
印　　次：2025 年 5 月第 1 次印刷
定　　价：55.00 元

凡所购买电子工业出版社图书有缺损问题，请向购买书店调换。若书店售缺，请与本社发行部联系，联系及邮购电话：(010) 88254888，88258888。
质量投诉请发邮件至 zlts@phei.com.cn，盗版侵权举报请发邮件至 dbqq@phei.com.cn。
本书咨询联系方式：(010) 88254580，zuoya@phei.com.cn。

前言

党的二十大报告指出,"加快发展数字经济,促进数字经济和实体经济深度融合,打造具有国际竞争力的数字产业集群"。虚拟现实技术作为新一代信息技术的重要组成部分,是推动数字经济发展的重要引擎,在教育培训、文化旅游、医疗健康、工业生产等领域具有广阔的应用前景。

为深入贯彻落实党的二十大精神,推动虚拟现实技术应用专业人才培养,助力数字经济发展,我们编写了本书。本书以教育部印发的《职业教育专业目录》为依据,以专业课程标准为主线,适用于虚拟现实技术应用专业及相关专业的课程。本书以任务驱动为编写理念,注重理论与实践相结合,旨在培养具备扎实理论基础和较强实践能力的高素质技术技能人才。

本书具有以下特色。

1. 坚持立德树人,融入课程思政。项目任务以苏州石湖为背景,有机融入中华优秀传统文化,引导学生传承中华文化,增强文化自信,激发爱国情怀。

2. 紧跟技术前沿,突出实用性。本书以编写时最新的 Unity 2023.1.15 版本为蓝本,引入新的 Input System 输入系统和基于 GPU 的 Visual Effect Graph 粒子系统,同时兼顾成熟稳定的 UGUI 系统,确保内容的先进性和实用性。

3. 注重任务驱动,强化实践能力。本书精心设计了 4 种类型的任务:基础任务、项目任务、课堂任务和拓展任务,并以项目任务为主线贯穿全书,旨在通过任务驱动的学习方式,帮助学生掌握 Unity 开发技能,提升解决实际问题的能力。

- 基础任务:主要涉及开发环境的下载、安装与配置,是完成其他任务的前提和基础。通过完成基础任务,学生能够快速搭建 Unity 开发环境,为后续学习做好准备。
- 项目任务:作为本书的核心,项目任务贯穿全书。通过精心设计,将项目中涉及的知识点以任务形式分解到各章节。学生每完成一章的学习,即可逐步推进项目开发。学习完本书后,学生将完成一个完整的综合性项目,从而系统掌握 Unity 的核心功能与开发流程。
- 课堂任务：作为项目任务的补充，课堂任务主要用于补充项目任务中未涉及的知识点，确保学生能够全面掌握 Unity 的各项功能，保证知识体系的完整性。
- 拓展任务：在项目任务的基础上，拓展任务提供了更多的实践机会，使学生可以根据自身兴趣和能力选择完成。这些任务不会影响项目任务的主线，但能够进一步提升项目的完成度和复杂度，帮助学生深入理解 Unity 的高级功能。

4. 内容系统全面，结构清晰易懂。 本书以 Unity 的功能模块为主线，系统介绍了模块的主要功能和相关组件的属性说明，内容全面，结构清晰，便于学生学习掌握。

本书在编写过程中得到了苏州探寻文化科技有限公司和苏州舞之动画股份有限公司的大力支持。在此，对每一位帮助本书编写、出版、发行的朋友表示真挚的感谢。

由于编者水平有限，书中难免有不妥之处，恳请广大读者批评指正。

编者

目录

第1章 Unity 基础 1
1.1 Unity 简介 1
 1.1.1 Unity 的应用领域 1
 1.1.2 Unity 版本 2
 基础任务1：注册 Unity 账户 2
 基础任务2：下载、安装和设置 Unity Hub 3
 基础任务3：下载、安装 Unity 编辑器 5
 课堂任务1：创建 Unity 项目并测试开发环境 6
1.2 Unity 界面 9
 1.2.1 工具栏 9
 课堂任务2：自定义窗口布局 10
 1.2.2 场景视图 10
 课堂任务3：创建并操作游戏对象 12
 1.2.3 层级窗口 15
 1.2.4 游戏视图 15
 1.2.5 检查器窗口 16
 课堂任务4：设置游戏对象父子关系 16
 1.2.6 项目窗口 18
 1.2.7 控制台窗口 18
1.3 基本概念 19
 1.3.1 场景 19
 1.3.2 游戏对象 19
 1.3.3 组件 19
 课堂任务5：为游戏对象添加组件 20
 1.3.4 预制件 20
 课堂任务6：创建预制件 21
1.4 资源管理 21
 1.4.1 资源类型 21
 课堂任务7：导入 3ds Max 模型 23
 课堂任务8：导入 Maya 模型 25
 课堂任务9：导入 Blender 模型 27
 1.4.2 资源包 30
 课堂任务10：导入本地资源包 30
 课堂任务11：通过 Asset Store 下载并导入资源包 30
 课堂任务12：使用 Unity Package Manager 导入资源包 30

第2章 地形系统 32
2.1 创建地形及设置 32
 项目任务1：创建地形 35
2.2 地形工具 37
 2.2.1 提升/降低地形工具 37
 课堂任务1：使用提升/降低地形工具 38
 2.2.2 绘制孔洞工具 38
 课堂任务2：使用绘制孔洞工具 39

  2.2.3 设置高度工具 40
  课堂任务3：使用设置高度工具 40
  2.2.4 平滑高度工具 41
  课堂任务4：使用平滑高度工具 41
  2.2.5 图章地形工具 42
  课堂任务5：使用图章地形工具 43
  2.2.6 绘制纹理工具 43
  课堂任务6：使用绘制纹理工具 44
  项目任务2：绘制石湖地形 45
 2.3 创建树 49
  2.3.1 创建树枝 50
  课堂任务7：创建树和树枝 53
  2.3.2 创建树叶 55
  课堂任务8：创建树叶 57
 2.4 绘制树 59
  项目任务3：添加树 60
 2.5 添加花草 61
  项目任务4：添加花草 63
  项目任务5：添加水 64
  拓展任务1 65

第3章 音频系统 66

 3.1 音频系统概述 66
 3.2 音频文件格式 67
 3.3 音频剪辑 67
 3.4 Audio Source 组件 68
 3.5 Audio Mixer 组件 70
 3.6 Audio Listener 组件 70
  项目任务6：添加背景声音和音效 ... 71

第4章 光照系统 73

 4.1 光照方式 73
  4.1.1 直接光照和间接光照 73
  4.1.2 实时光照和烘焙光照 73
 4.2 天空盒 74
  4.2.1 6面天空盒着色器 74
  4.2.2 立方体贴图天空盒着色器 ... 75
  4.2.3 全景天空盒着色器 75

  4.2.4 程序化天空盒着色器 76
  课堂任务1：制作天空盒 77
  项目任务7：制作石湖天空盒 79
 4.3 光源 81
  4.3.1 灯光 81
  课堂任务2：设置三种灯光模式 83
  4.3.2 自发光物体 84
  课堂任务3：制作自发光物体 84
  4.3.3 环境光 85
  课堂任务4：实现环境光照明 86
 4.4 全局光照 86
  4.4.1 烘焙全局光照 86
  课堂任务5：使用光照贴图 87
  课堂任务6：使用光照探针 88
  课堂任务7：使用反射探针 89
  4.4.2 实时全局光照 90
  课堂任务8：实现实时全局光照 90
  项目任务8：设置场景光照 91
  拓展任务2 91

第5章 粒子系统 92

 5.1 粒子系统概述 92
 5.2 Particle System 93
  5.2.1 Particle System 概述 93
  5.2.2 Particle System 模块 95
  课堂任务1：制作五彩缤纷的气泡 ... 101
  课堂任务2：制作飞溅的火花 103
  课堂任务3：制作旋转的魔法阵 106
  项目任务9：添加落叶效果 108
  课堂任务4：制作烟花 113
  课堂任务5：制作火焰 116
  课堂任务6：制作飞溅的水花 120
 5.3 Visual Effect Graph 124
  5.3.1 编辑界面 124
  5.3.2 工作流程 125
  5.3.3 基本概念 125
  项目任务10：制作飞舞的蝴蝶 129
  拓展任务3 135

第6章 脚本 136
6.1 脚本概述 136
- 6.1.1 脚本语言 137
- 6.1.2 脚本编辑器 137
- 6.1.3 脚本、类、组件、游戏对象之间的关系 137

6.2 脚本操作 138
- 6.2.1 创建脚本 138
- 6.2.2 挂载脚本 138
- 6.2.3 卸载脚本 138

6.3 命名空间 138
- 6.3.1 命名空间概述 138
- 6.3.2 常用命名空间 139

6.4 常用脚本类 139
- 6.4.1 Debug 类 139
- 课堂任务1：设置 Debug 类的 Log 方法 140
- 课堂任务2：设置 Debug 类的 DrawLine 方法 142
- 6.4.2 MonoBehaviour 类 144
- 课堂任务3：设置 MonoBehaviour 类的主要事件方法执行顺序 145
- 6.4.3 GameObject 类 147
- 课堂任务4：GameObject 类的应用 150
- 6.4.4 Transform 类 152
- 课堂任务5：Transform 类的应用 152

第7章 输入系统 155
7.1 输入系统概述 155
- 课堂任务1：安装 Input System 包 156

7.2 基本概念 157
7.3 工作流程 159
- 7.3.1 直接读取设备状态 159
- 课堂任务2：直接读取设备状态 159
- 7.3.2 使用嵌入动作 160
- 课堂任务3：使用嵌入动作 160
- 7.3.3 使用动作资产 162
- 课堂任务4：使用动作资产 163
- 7.3.4 使用动作资产和 Player Input 组件 168
- 课堂任务5：使用动作资产和 Player Input 组件 169
- 项目任务11：创建动作资产 171

第8章 动画系统 175
8.1 动画系统概述 175
8.2 动画工作流程 175
8.3 动画剪辑 176
- 8.3.1 按来源分类 176
- 项目任务12：创建编辑动画剪辑 177
- 8.3.2 按动画类型分类 179
- 项目任务13：导入人形动画 180
- 项目任务14：导入通用动画 183

8.4 动画控制器 184
- 8.4.1 状态机 184
- 项目任务15：创建设置状态机 185
- 8.4.2 混合树 187
- 项目任务16：创建混合树 188

8.5 Animator 组件 191
- 项目任务17：设置 Animator 组件 191

第9章 物理系统 192
9.1 物理系统概述 192
9.2 碰撞器 192
- 9.2.1 盒状碰撞器 193
- 9.2.2 胶囊碰撞器 194
- 9.2.3 球体碰撞器 194
- 9.2.4 地形碰撞器 195
- 9.2.5 车轮碰撞器 195
- 9.2.6 网格碰撞器 196
- 项目任务18：设置场景中游戏对象的碰撞器 197

9.3 刚体 198
- 9.3.1 Rigidbody 组件 198
- 9.3.2 Constant Force 组件 199
- 课堂任务1：使用 Rigidbody 组件和 Constant Force 组件 200

9.3.3 碰撞操作矩阵 201
课堂任务2：添加碰撞事件和触发
事件 201
9.4 角色控制器 203
项目任务19：控制第三人称角色 ... 203

第10章 导航寻路系统 207
10.1 导航寻路系统概述 207
10.2 工作流程 208
10.3 导航寻路系统组件 208
10.3.1 Nav Mesh Agent 组件 208
10.3.2 Nav Mesh Obstacle 组件 209
10.3.3 Off Mesh Link 组件 210
10.3.4 NavMeshSurface 组件 211
课堂任务1：自动导航到鼠标单击的
位置 212
课堂任务2：在固定位置之间巡逻 ... 215
项目任务20：将NPC导航到指定
位置 217
项目任务21：在给定范围内随机
移动 219

第11章 图形用户界面 221
11.1 UI系统概述 221
11.2 Canvas 组件 222
11.3 Rect Transform 组件 223
课堂任务1：使用 Rect Transform
组件 223

11.4 可视化组件 225
11.4.1 TextMeshPro- Text 组件 225
课堂任务2：使用 TextMeshPro-Text
组件 226
11.4.2 Image 组件 227
11.5 交互组件 228
11.5.1 Button 组件 228
11.5.2 Toggle 组件 229
11.5.3 Slider 组件 230
11.5.4 TextMeshPro-Input Field
组件 230
11.6 事件系统 232
项目任务22：设计开始界面 232
项目任务23：设计系统菜单界面.... 236
项目任务24：实现对话系统 242
拓展任务4 251

第12章 平台发布 252
12.1 生成设置 252
12.2 玩家设置 253
12.2.1 图标 253
12.2.2 分辨率和演示 254
12.2.3 启动图像 255
12.2.4 其他设置 256
项目任务25：设置并发布项目....... 260

第 1 章
Unity 基础

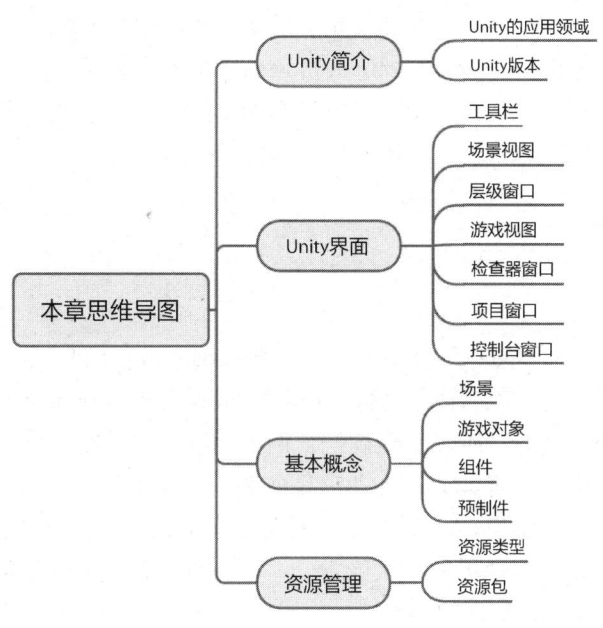

1.1 Unity 简介

Unity 是 Unity Technologies 开发的一款实时 3D 互动内容创作和运营平台,为游戏开发、建筑可视化、影视在内的所有创作者提供了一整套完善的软件解决方案,支持平台包括 Windows、macOS、iOS、Android、PlayStation、Switch、AR Core、AR Kit 等 PC、手机、游戏主机、增强现实和虚拟现实设备。

1.1.1 Unity 的应用领域

1. 游戏应用领域

Unity 的客户包括 Electronic Arts、Ubisoft Entertainment 等国外大厂,也包括腾讯、网易、完美世界等国内知名大厂。全平台(包括 Steam/PC/主机/手机)所有游戏中约有一半都是基于 Unity 创作的,包括精灵宝可梦 GO、使命召唤手游、王者荣耀、炉石传说、原神、轩辕剑 6 等。

2. 影视动画应用领域

Unity 实时开发平台不仅为电影和内容制作人员提供了创作自由，还使工作室能够在同一平台上将建模、布局、动画、光照、视觉特效、渲染和合成同时完成，提升了工作效率。基于高清渲染管线 HDRP，Unity 提供了完整的影视动画工具套装。在制作 CG 动画电影或电视级动画时，无论是写实风格还是卡通风格，Unity 都能提供创作自由度。

使用 Unity 制作的实时渲染影视作品包括：Unity 官方团队创作的 *Sherman*、*Windup* 等。

3. AR/VR 应用领域

全世界所有 VR（虚拟现实）和 AR（增强现实）内容中约 60%为 Unity 驱动。Unity 实时渲染技术可以被应用到汽车设计、制造人员培训、流水线实际操作、无人驾驶模拟训练、市场推广展示等各个环节。Unity 最新的实时光线追踪技术可以创造出更加逼真的可交互虚拟环境，让参与者身临其境，感受 VR 的真实体验。

1.1.2　Unity 版本

1. 发行版本

Unity 的发行版本有 Alpha 版、Beta 版、Tech Stream 版、LTS 版。Unity 的 Alpha 版和 Beta 版面向所有用户开放，不需要注册，直接从 Unity Hub 中下载即可。因为这些早期版本有功能稳定性方面的问题，所以不建议把它们用于制作正式的项目。Tech Stream 版专为喜欢探索前沿功能的创作者设计，适合在项目前期进行技术探索和原型开发，帮助创作者在下一个项目中保持技术领先。LTS 版是长期支持稳定版，适合于重视项目的稳定性和平台支持的创作者。它是推荐使用的默认版本，主要推荐给已完成开发的预制作阶段和已确定使用特定 Unity 版本进行制作的创作者。

2. 技术更迭版

按照技术更迭，目前 Unity 官网提供下载的版本有 Unity 4、Unity 5、Unity 2017、Unity 2018、Unity 2019、Unity 2020、Unity 2021、Unity 2022、Unity 2023 等，建议使用较新的版本。

📖 小贴士

> 推荐到 Unity 英文官方网站上进行注册，如果遇到网络连接问题，那么作为备选，可以到 Unity 中文网站上进行注册。

基础任务 1：注册 Unity 账户

任务步骤：

步骤（1）在浏览器中打开 Unity 英文官方网站，单击页面右上角的头像图标，在弹出的下拉菜单中选择 Create a Unity ID 命令，进入 Create a Unity ID 页面，如图 1-1 所示。

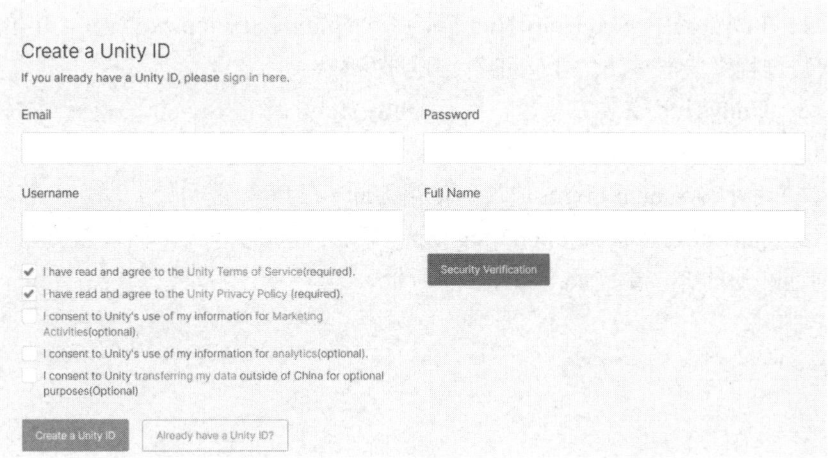

图 1-1

步骤（2）在 Create a Unity ID 页面中，填写用于注册的 Email，该 Email 会接收到一封 Unity 网站发送的确认邮件；填写 Password（密码），密码长度为 8～72 个字符，并且密码至少包含一个大写字母、一个小写字母和一个数字；填写 Username（用户名）；填写 Full Name（全名）。

步骤（3）勾选下面带有 required（必选）的复选框，可以不勾选带有 optional（可选）的复选框。

步骤（4）填写完成后，单击 Create a Unity ID 按钮，创建 Unity 账户，系统会向注册用的 Email 发送一封确认邮件，登录 Email 邮箱，单击链接完成注册。

基础任务 2：下载、安装和设置 Unity Hub

任务步骤：

步骤（1）在浏览器中打开 Unity 英文官方网站，单击 Download for Windows 按钮，下载 Unity Hub，如图 1-2 所示。

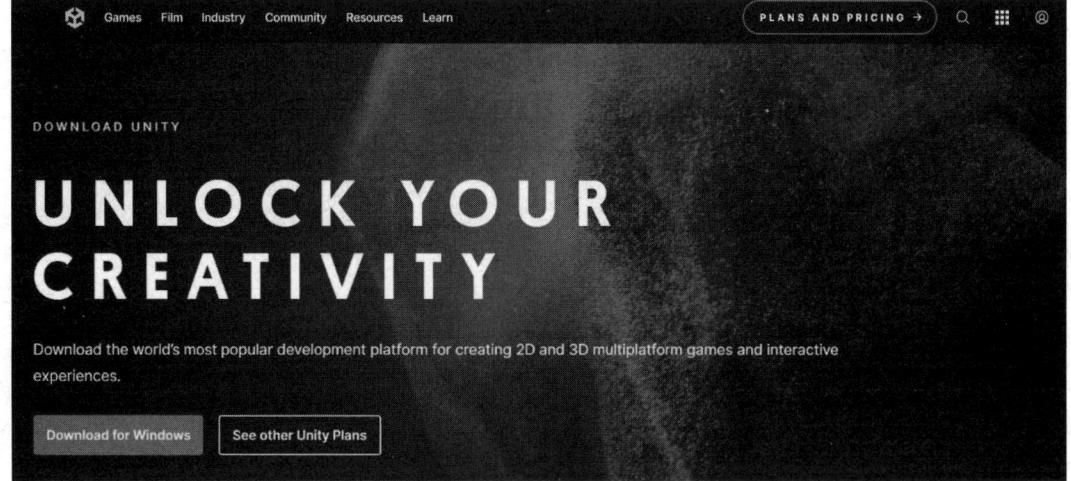

图 1-2

步骤（2）在浏览器中下载 Unity Hub 后，运行 UnityHubSetup.exe 程序，开始安装 Unity Hub，在安装过程中一般单击"下一步"按钮即可。

步骤（3）Unity Hub 安装完成后，运行 Unity Hub，单击 Sign In（登录）按钮，在浏览器中打开登录页面，如图 1-3 所示。

步骤（4）选择 Account Login 选项，使用 Unity 账户登录。

步骤（5）此时既可以选择 Phone login 选项，用手机号登录，又可以选择 Email login 选项，用前面注册的 Email 登录，如图 1-4 所示。

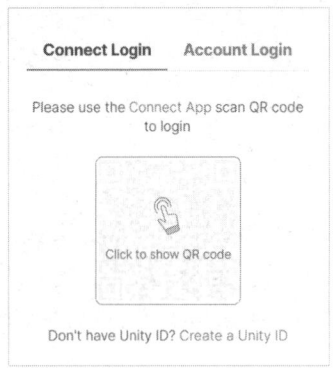
图 1-3

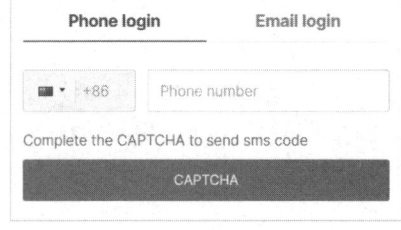
图 1-4

步骤（6）设置 Unity Hub 为中文界面。完成登录后，单击 Unity Hub 左上角的齿轮图标，打开 Preferences（偏好设置）窗口，选择 Appearance（外观）选项卡，将 Language（语言）设置为"简体中文"，即可把 Unity Hub 设置为中文界面，如图 1-5 所示。

步骤（7）在"偏好设置"窗口中选择"许可证"选项卡，单击"添加许可证"按钮，弹出"添加新许可证"对话框，如图 1-6 所示。

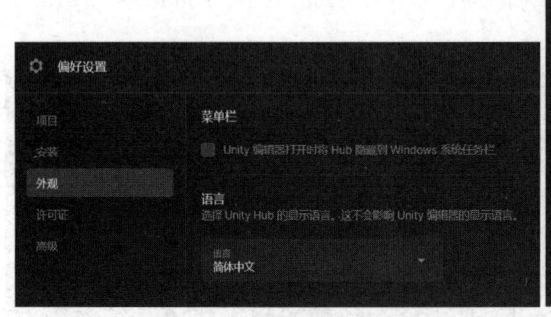
图 1-5

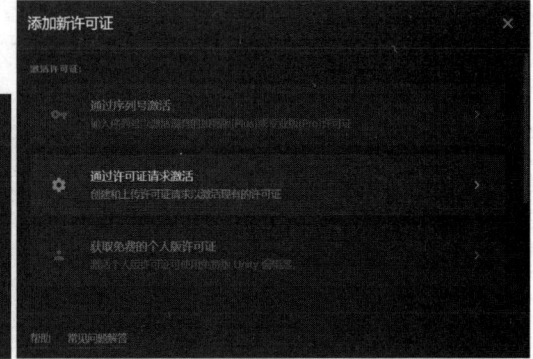
图 1-6

步骤（8）对于使用 Unity Personal 免费版的用户，选择"获取免费的个人版许可证"选项，获取免费的个人许可证。

步骤（9）在"偏好设置"窗口中选择"项目"选项卡，可以为以后创建的 Unity 项目设置一个默认的保存位置，如图 1-7 所示。

步骤（10）在"偏好设置"窗口中选择"安装"选项卡，可以为 Unity 编辑器设置一个默认的安装位置和下载位置，如图 1-8 所示。

第 1 章 Unity 基础

图 1-7

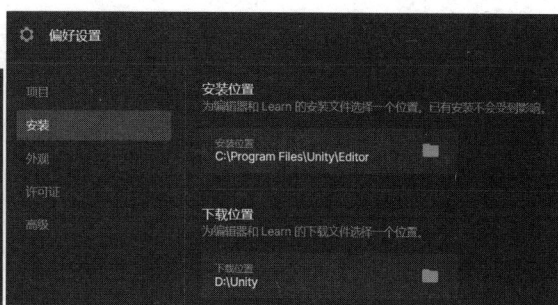

图 1-8

> **小贴士**
>
> 本书使用的 Unity 编辑器版本号为 2023.1.15，读者尽量采用相同的版本，可以避免因为版本不同而出现的各种兼容性问题。

基础任务 3：下载、安装 Unity 编辑器

任务步骤：

步骤（1）运行 Unity Hub，选择"安装"选项卡，单击右上角的"安装编辑器"按钮。在"安装 Unity 编辑器"对话框中可以看到，Unity 编辑器分为正式发行、预发行版和存档。其中，正式发行中包含多个长期支持版本（LTS 版）和最新版的正式版，这些是推荐安装的版本；预发行版一般是测试版，不推荐安装；如果需要安装比较老的版本，则可以到存档中查找安装，如图 1-9 所示。

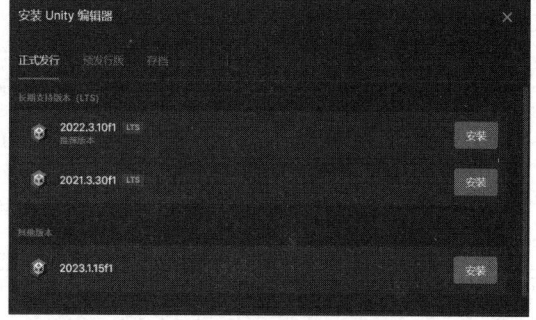

图 1-9

步骤（2）这里安装 Unity 2023.1.15 版，在浏览器中输入 unityhub://2023.1.15f1/831263a4172c 后，用 Unity Hub 下载、安装。在弹出的对话框中选择要安装的模块，如果已经安装或需要安装 Microsoft Visual Studio 的其他版本，则可以取消勾选"安装 Microsoft Visual Studio Community"（社区版）复选框，因为 Visual Studio Community 版是微软提供的免费版本，需要注册后使用。

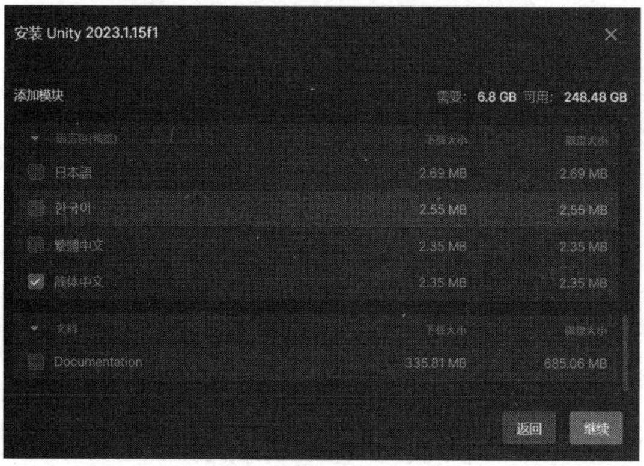

Unity 提供了针对不同平台的支持，包括 Android、iOS、Linux、macOS 等，根据需要发布的平台来选择安装相应模块，这里不建议全部安装，如有需要后续可以添加。

语言包可以勾选"简体中文"复选框，如图 1-10 所示。但是，即使勾选了"简体中文"复选框，Unity 编辑器在使用过程中

图 1-10

5

还是会存在部分英文未汉化的情况，也有一些专业术语翻译不够精准的情况。因此，对于英语基础较好的读者，尽量使用英文界面。

综上所述，这里推荐安装基本的 Unity 编辑器，选择 Microsoft Visual Studio Community 2022 和简体中文语言包，其他模块以后需要时再安装。

选好安装模块后，单击"安装"按钮，即可联网下载指定的 Unity 编辑器。Unity 下载完成后进入安装阶段，单击"下一步"按钮。在安装 Visual Studio 时，可以选择安装.NET 桌面开发模块和使用 Unity 的游戏开发模块，如图 1-11 所示。由于已经安装了 Unity Hub，因此在使用 Unity 的游戏开发模块中，取消勾选 Unity Hub 复选框。

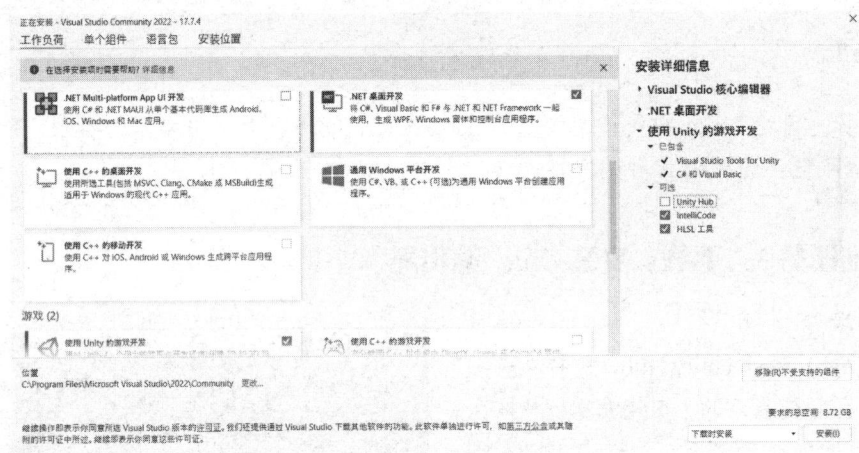

图 1-11

📖 小贴士

> 安装完 Visual Studio Community 后，需要在微软官方网站上注册一个账号，登录后才能使用。如果想使用 Visual Studio Professional（专业版）或 Enterprise（企业版），则可在 Visual Studio 官方网站下载对应版本的下载器，并使用下载器进行软件的下载和安装。

📖 小贴士

> 使用 Unity Hub 可以安装并管理多个不同版本的 Unity 编辑器。
> 在使用 Unity 创建项目时，项目模块中提供了多个 2D、3D 的模板。如果模板为 3D，则表示使用的是内置渲染管线；如果模板为 3D（URP），则表示使用的是通用渲染管线；如果模板为 3D（HDRP），则表示使用的是高清渲染管线。

课堂任务 1：创建 Unity 项目并测试开发环境

任务步骤：

步骤（1）运行 Unity Hub，选择"项目"选项卡，单击右上角的"新项目"按钮，如图 1-12 所示。

课堂任务 1

第 1 章　Unity 基础

图 1-12

步骤（2）在打开的窗口中，先将"编辑器版本"设置为 2023.1.15f1，再选择 Universal 3D 项目模板。Universal 3D 首次使用时，需要先单击"下载模板"按钮，在下载模板后，才能创建项目，如图 1-13 所示。

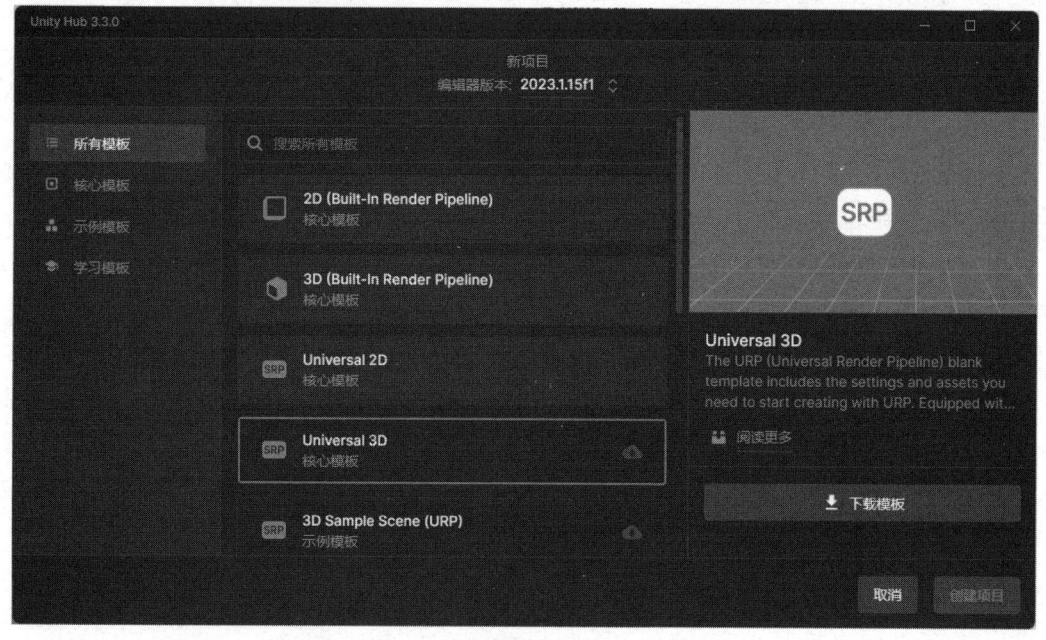

图 1-13

步骤（3）Universal 3D 模板下载完成后，在"项目设置"选区中将"项目名称"设置为 Exercise_1，"位置"设置成该项目需要保存的文件夹，如 D:\UnityProject。这里读者可以根据自己的实际情况进行设置。在完成设置后，单击"创建项目"按钮，创建一个新项目，如图 1-14 所示。

▶ Unity 虚拟现实开发任务驱动式教程

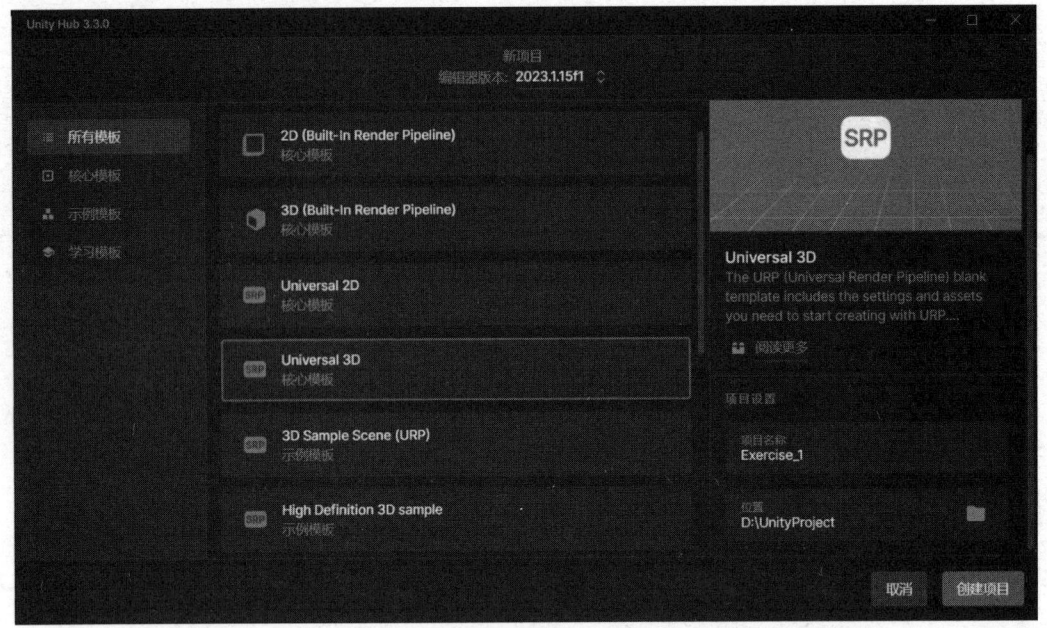

图 1-14

步骤（4）创建的新项目会使用选择的 Unity 编辑器版本打开。在项目加载完成后，如果弹出 Deprecated packages（已弃用的包）对话框，则单击 Open Package Manager（打开包管理器）按钮，在左侧列表中选择 Visual Studio Code Editor 包后，单击右上角的 Remove（移除）按钮，将其从项目中移除。如果未弹出此对话框，则忽略以上操作。

步骤（5）选择菜单栏中的 File->New Scene（文件->新建场景）命令，在弹出的对话框中选择 Basic（URP）模板，单击 Create（创建）按钮，创建一个新场景。

步骤（6）选择菜单栏中的 File->Save As（文件->另存为）命令，把新场景保存到 Scenes 文件夹中，并命名为"课堂任务 1"。

步骤（7）选择菜单栏中的 GameObject ->3D Object ->Cube（游戏对象->3D 对象->立方体）命令，在场景中创建一个立方体。

选中该立方体，在 Inspector（检查器）窗口中单击下面的 Add Component（添加组件）按钮，在列表中展开 New Script（新建脚本）选项，输入脚本名为 RotateCube，为立方体添加一个 C#脚本。

步骤（8）在 Project（项目）窗口的 Assets 文件夹中，找到 RotateCube 脚本并双击，在 Visual Studio 中打开该脚本。

步骤（9）在脚本中找到下列代码。

```
void Update()
{
}
```

输入自己的代码，完整的代码如下。

```
void Update()
{
    //脚本采用的是 C#语言，代码区分大小写
```

```
    transform.Rotate(0,5,0);
}
```

步骤（10）输入完代码后，在 Visual Studio 中保存文件，返回 Unity 编辑器会对 C#脚本进行编译。如果前面的操作无误，单击 Unity 编辑器中的 Play（播放）按钮，则会在 Game（游戏）窗口中出现一个旋转的立方体。否则，请自行检查前面的操作，以及代码是否有误，改正后重新运行。

步骤（11）单击 Stop（停止）按钮，结束播放，选择菜单栏中的 File->Save（文件->保存）命令，保存场景。

📖 小贴士

在 Visual Studio 中修改代码后，要保存脚本文件，Unity 才会检测到脚本的更改并重新编译这些脚本。

1.2　Unity 界面

Unity 编辑器是可视化的用户界面，其开发环境由若干个窗口或视图组成，如图 1-15 所示。

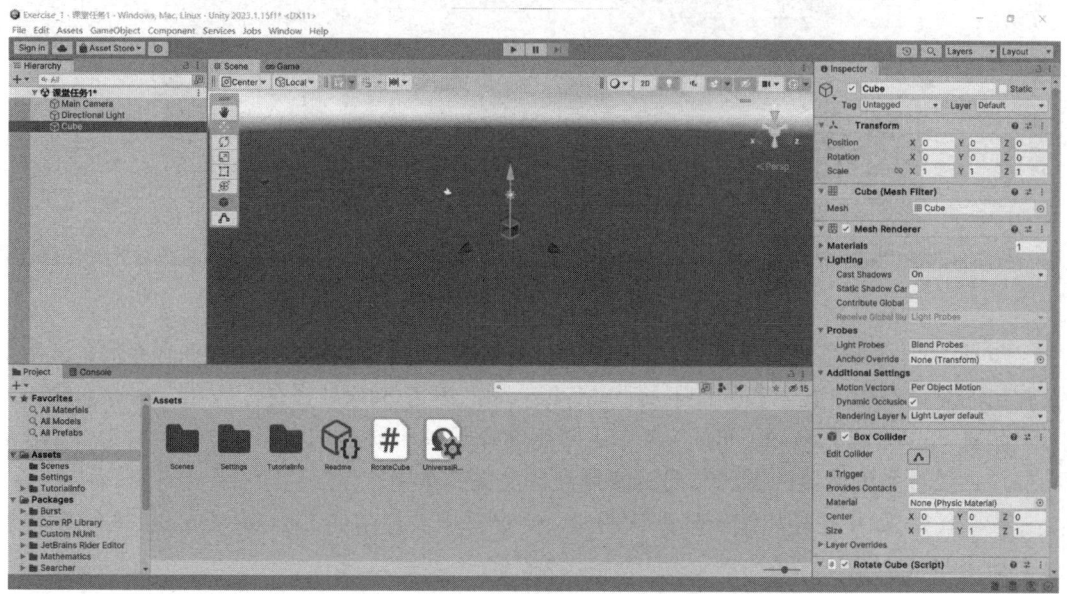

图 1-15

1.2.1　工具栏

工具栏（Toolbar）提供了对 Unity 账号、Unity 云服务、资源商店的访问，提供了 Play

（播放）、Pause（暂停）、Step（步进）的控制，以及搜索功能、Layer（图层）菜单和 Layout（布局）菜单。其中，Layout（布局）菜单为编辑器窗口提供了一些备用布局，并允许保存自己的自定义布局。

课堂任务 2：自定义窗口布局

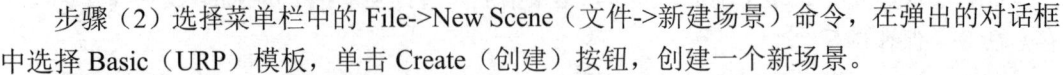

任务步骤：

步骤（1）运行 Unity Hub，打开 Exercise_1 项目。

步骤（2）选择菜单栏中的 File->New Scene（文件->新建场景）命令，在弹出的对话框中选择 Basic（URP）模板，单击 Create（创建）按钮，创建一个新场景。

步骤（3）选择菜单栏中的 File->Save As（文件->另存为）命令，把新场景保存到 Scenes 文件夹中，并命名为"课堂任务 2"。

步骤（4）按住鼠标左键拖动窗口到合适的位置，如图 1-16 所示。

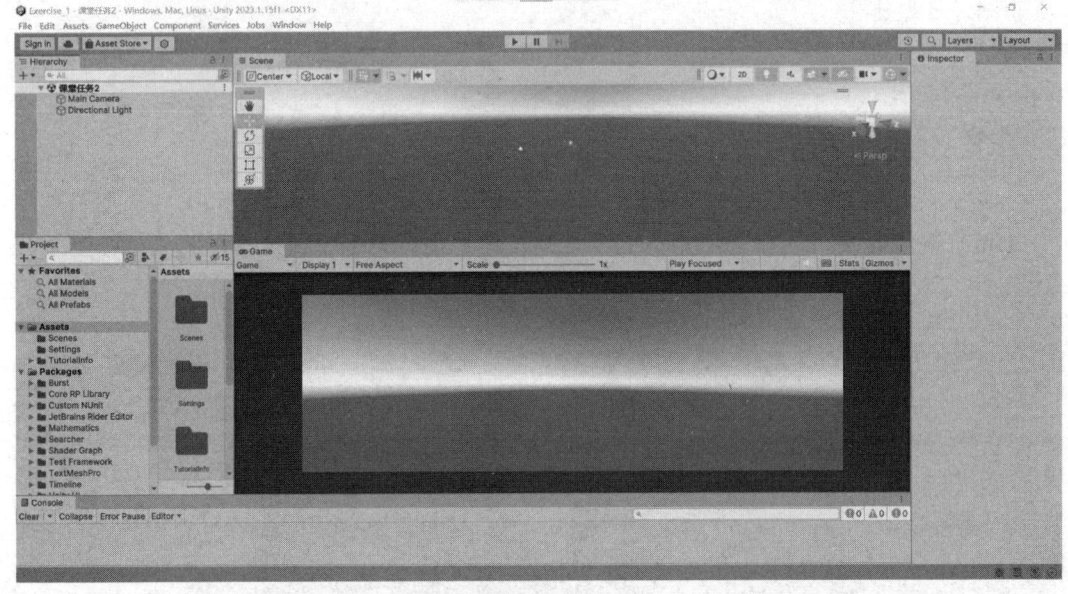

图 1-16

步骤（5）调整完成后，选择工具栏中的 Layout->Save Layout（布局->保存布局）命令，在弹出的对话框中，输入布局的名称为 MyLayout，单击 Save（保存）按钮，保存布局。

步骤（6）先在 Layout（布局）菜单中随意选择一种布局，再选择刚才保存的 MyLayout 布局，可以看到编辑器的窗口布局又恢复到自定义的布局。

步骤（7）如果想使用编辑器默认布局，则选择工具栏中的 Layout->Default（布局->默认）命令即可。

1.2.2 场景视图

Scene（场景）是 Unity 编辑器较常用的视图，用来构造游戏场景，而场景中用到的模型、灯光、摄像机等都显示在此视图中。在 Scene（场景）视图中，可以可视化创建游戏世界并与之交互，也可以选择、移动、缩放、旋转场景中的角色、摄像机、灯光等游戏对象。Scene（场景）视图中的工具如图 1-17 所示。

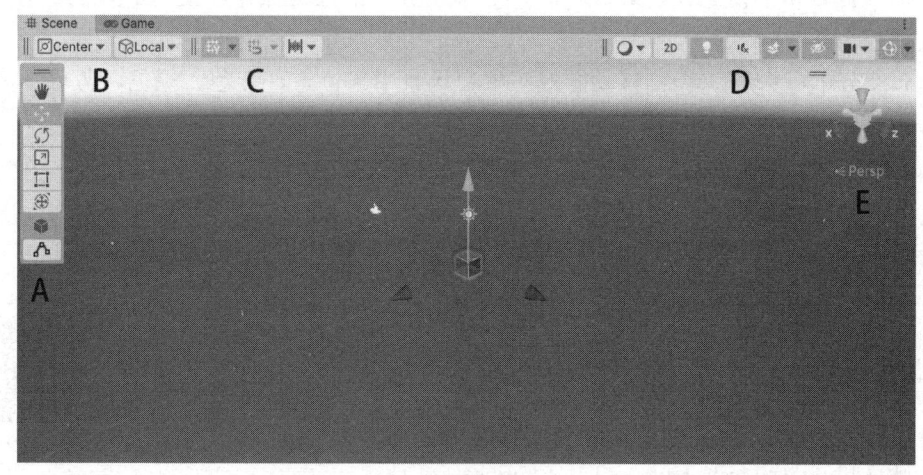

图 1-17

图 1-17 中标记：A 为 Tools（工具栏），B 为 Tool Settings（工具设置），C 为 Grid and Snap（网格和对齐），D 为 View Options（视图选项），E 为 Orientation（方向）。

1. 设置场景视图方向

Scene Gizmo 显示在 Scene（场景）视图中，用于展示 Scene（场景）视图中摄像机的当前方向，允许用户更改视角和投影模式。Scene Gizmo 在立方体的每一侧都有一个圆锥形臂，前面的圆锥形臂标记为 x、y 和 z，如图 1-18 所示。单击任何一个圆锥形臂都可以使 Scene（场景）视图中的摄像机捕捉到它所代表的轴（如顶视图、左视图、前视图等）。打开和关闭 Perspective（透视）会在透视和正交之间更改 Scene（场景）视图的投影模式。正交视图没有透视效果。

图 1-18

2. 场景视图导航

平移、旋转、缩放是场景视图导航中的关键操作，Unity 提供了几种实现它们的方法。

（1）使用键盘上的 4 个箭头键。使用箭头键在场景中移动，就像在场景中行走一样，上、下箭头键可以沿摄像机所面对的方向前、后移动摄像机，左、右箭头键可以左、右横向平移视图。同时按住 Shift 键和箭头键可以加速移动。

（2）使用视图工具。视图工具位于 Scene（场景）视图左侧的工具栏中，如图 1-19 所示。

平移：按住鼠标左键并拖动可以平移摄像机。

旋转：同时按住 Alt 键和鼠标左键并拖动可以旋转摄像机。

缩放：同时按住 Alt 键和鼠标右键并拖动可以缩放 Scene（场景）视图。

图 1-19

（3）使用飞行模式。在透视模式下，按住鼠标右键的同时，按住 W 或 S 键，可以前、后移动；按住 A 或 D 键，可以左、右移动；按住 Q 或 E 键，可以上、下移动；按住 Shift 键，可以加速移动。

3．操作游戏对象

移动、旋转和缩放是对 GameObject（游戏对象）的关键操作，使用工具栏中的相应工具来实现。

Move Tool（移动工具）：移动游戏对象在场景中的位置，红色、绿色、蓝色 3 种颜色的轴分别对应 x 轴、y 轴和 z 轴。

Rotate Tool（旋转工具）：旋转游戏对象。

Scale Tool（缩放工具）：缩放游戏对象。

Transform Tool（变换工具）：综合了移动工具、旋转工具、缩放工具的功能。

Rect Tool（矩形工具）：针对 2D UI 操作的工具。

课堂任务 3：创建并操作游戏对象

任务步骤：

步骤（1）运行 Unity Hub，打开 Exercise_1 项目。

步骤（2）选择菜单栏中的 File->New Scene（文件->新建场景）命令，在弹出的对话框中选择 Basic（URP）模板，单击 Create（创建）按钮，创建一个新场景。

步骤（3）选择菜单栏中的 File->Save As（文件->另存为）命令，把新场景保存到 Scenes 文件夹中，并命名为"课堂任务 3"。

步骤（4）选择菜单栏中的 GameObject->3D Object->Cube（游戏对象->3D 对象->立方体）命令，创建一个立方体，在 Hierarchy（层级）窗口选中该立方体，并在 Inspector（检查器）窗口中将其重命名为 Cube1。

步骤（5）使用 Scale Tool（缩放工具）在 Cube1 的 y 轴上进行缩小，在 x 轴、z 轴上进行放大，形成一个扁平的地面形状，如图 1-20 所示。

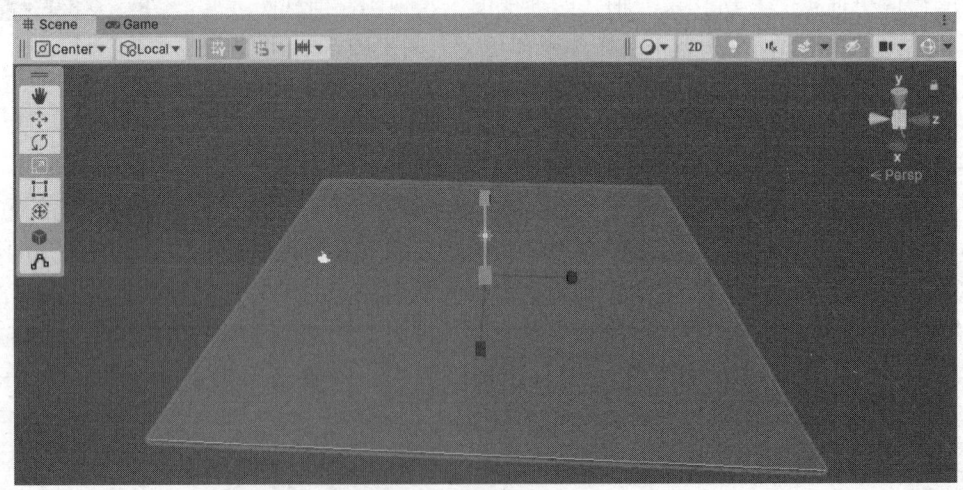

图 1-20

步骤（6）在 Hierarchy（层级）窗口中选中 Cube1，按组合键 Ctrl+D 复制一个 Cube1，在 Inspector（检查器）窗口中将新复制的 Cube1 重命名为 Cube2。

步骤（7）使用 Scale Tool（缩放工具）在 Cube2 的 y 轴上进行放大，在 x 轴上进行缩小，形成一个墙体形状。

步骤（8）在 Scene（场景）视图方向上右击，在弹出的快捷菜单中选择 Front（前）命令，把场景切换到前视图，取消勾选 Perspective（透视）复选框，进入正交视图。

步骤（9）使用 Move Tool（移动工具），在 x、y 轴方向移动 Cube2，使其与 Cube1 的左侧对齐，如图 1-21 所示。

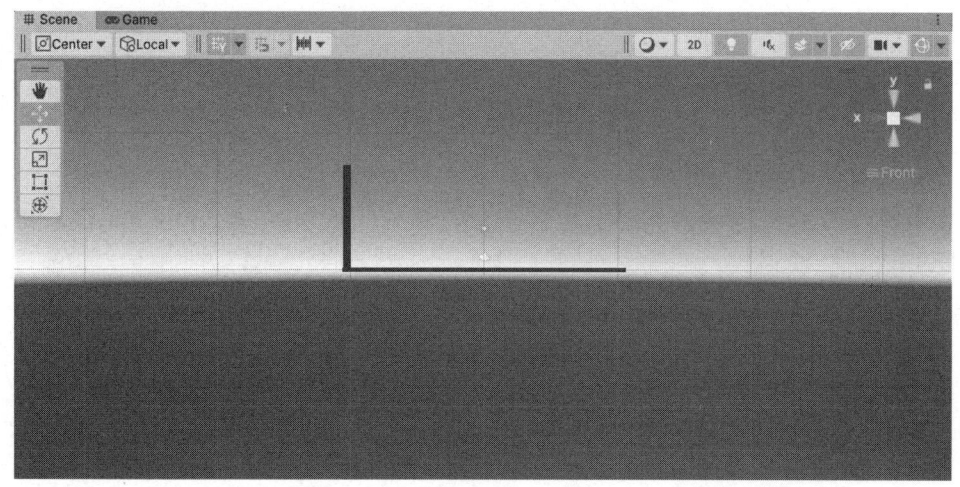

图 1-21

步骤（10）在 Hierarchy（层级）窗口中选中 Cube2，按组合键 Ctrl+D 复制一个 Cube2，在 Inspector（检查器）窗口中将新复制的 Cube2 重命名为 Cube3。

步骤（11）使用 Move Tool（移动工具），在 x 轴方向移动 Cube3，使其与 Cube1 的右侧对齐，如图 1-22 所示。

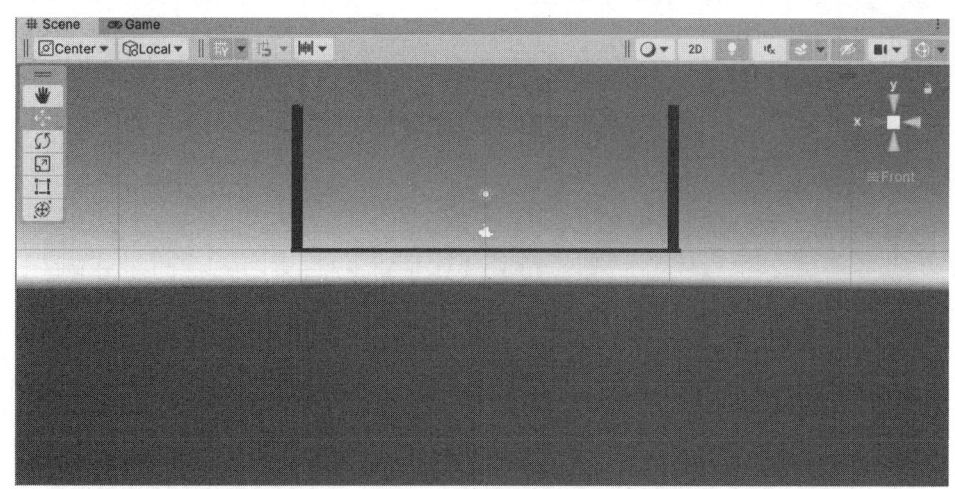

图 1-22

步骤（12）在 Hierarchy（层级）窗口中选中 Cube3，按组合键 Ctrl+D 复制一个 Cube3，在 Inspector（检查器）窗口中将新复制的 Cube3 重命名为 Cube4。

步骤（13）使用 Rotate Tool（旋转工具），将 Cube4 绕 y 轴旋转 90 度。

步骤（14）在 Scene（场景）视图方向上右击，在弹出的快捷菜单中选择 Top（顶）命令，把场景切换到顶视图。

步骤（15）使用 Move Tool（移动工具），在 x、z 轴方向移动 Cube4，使其与 Cube1 的前侧对齐。

步骤（16）使用 Scale Tool（缩放工具），在 z 轴方向缩放 Cube4，使其长度基本与 Cube1 一致，如图 1-23 所示。

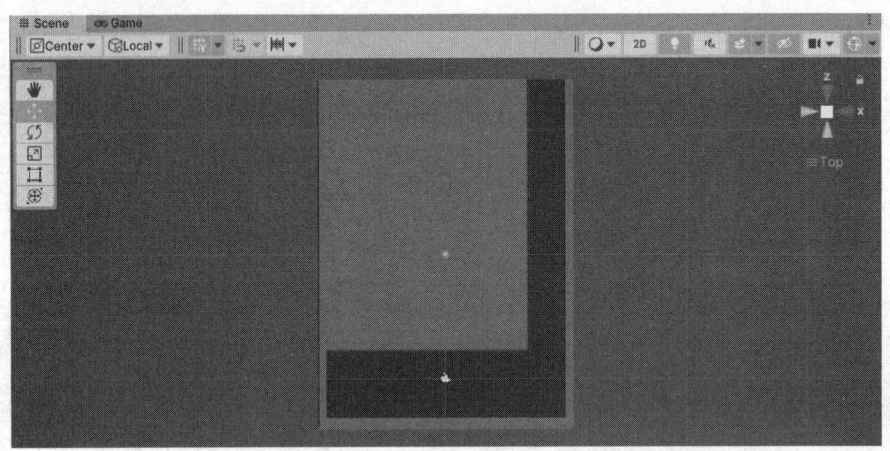

图 1-23

步骤（17）在 Hierarchy（层级）窗口中选中 Cube1，按组合键 Ctrl+D 复制一个 Cube1，在 Inspector（检查器）窗口中将新复制的 Cube1 重命名为 Cube5。

步骤（18）在 Scene（场景）视图方向上右击，在弹出的快捷菜单中选择 Front（前）命令，把场景切换到前视图。

步骤（19）使用 Move Tool（移动工具），在 y 轴方向移动 Cube5，使其与 Cube2 的上方对齐，形成屋顶，如图 1-24 所示。

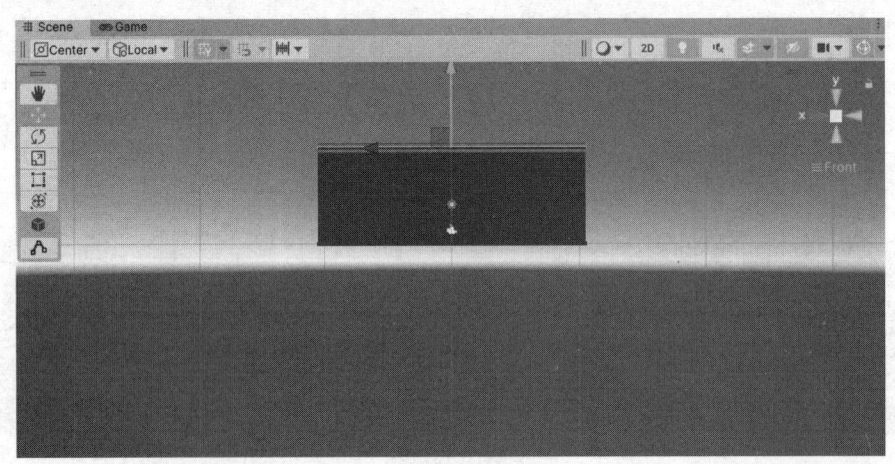

图 1-24

步骤（20）在 Scene（场景）视图方向上右击，在弹出的快捷菜单中选择 Free（自由）命令，勾选 Perspective（透视）复选框，把场景切换到自由透视视角。

步骤（21）使用前面介绍的场景视图导航方法可以平移或旋转视角，从不同角度观察场景，如图 1-25 所示。

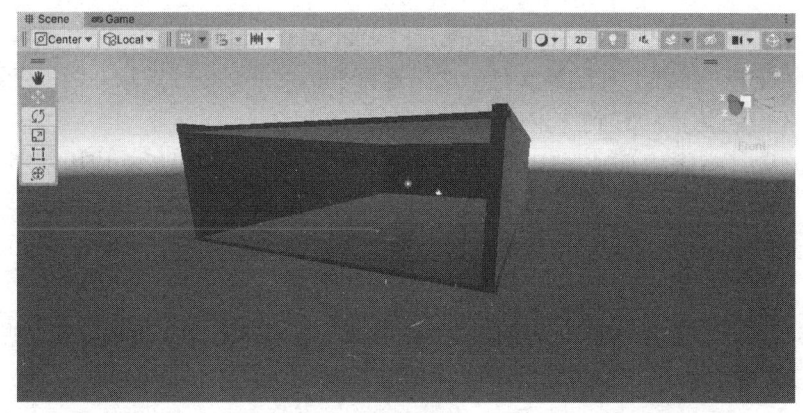

图 1-25

步骤（22）选择菜单栏中的 File->Save（文件->保存）命令，保存场景。

1.2.3　层级窗口

Hierarchy（层级）窗口显示当前场景中每个 GameObject（游戏对象）的名字，并以树型方式显示。我们可以使用 Hierarchy（层级）窗口对场景中的游戏对象进行排序和分组，选择游戏对象并将它拖到另一个游戏对象内使其成为子对象。

在 Scene（场景）视图中添加或移除游戏对象时，也会从 Hierarchy（层级）窗口中添加或移除它们。也就是说，Scene（场景）视图中的游戏对象与 Hierarchy（层级）窗口中的名字是一一对应的。

1.2.4　游戏视图

Game（游戏）视图是对场景的预览模式，通过场景摄像机模拟最终渲染的游戏画面效果。单击 Play（播放）按钮，模拟开始，这时可以继续编辑场景中的游戏对象。例如，在 Inspector（检查器）窗口中调整游戏对象的参数，在 Game（游戏）视图中可以实时看到调整后的效果，但是对场景的所有修改都是临时的，在退出游戏模拟后，所有修改都不会保存，将自动还原。

Game（游戏）视图控制栏，如图 1-26 所示。

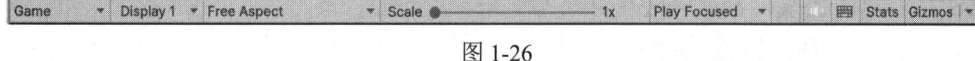

图 1-26

Game/Simulator（游戏/模拟器）：用于启用游戏或模拟器视图。

Display（显示屏）：如果场景中有多个摄像机，则可以单击此下拉按钮，从摄像机列表中选择摄像机，此处默认为 Display 1。

Aspect（宽高比）：可以选择不同的选项来测试游戏在具有不同宽高比的显示器上的显示效果，此处默认为 Free Aspect。

Scale（缩放）滑动条：向右滚动可以放大并更详细地检查游戏屏幕的区域。在设备分辨率高于 Game（游戏）视图窗口大小的情况下，此滑动条可缩小视图以查看整个屏幕。

Play（播放）模式：如果选择 Play Focused 选项，则表示编辑器处于播放模式时将焦点转移到选定的 Game（游戏）视图上；如果选择 Play Maximized 选项，则表示编辑器处于播放模式时使 Game（游戏）视图最大化；如果选择 Play Unfocused 选项，则表示编辑器处于播放模式时不会将焦点转移到选定的 Game（游戏）视图上。

Mute Audio（音频静音）：单击启用，在进入播放模式时，可以将应用程序中的任何音频静音。

Stats（统计）：单击可显示或隐藏统计信息，其中包含有关应用程序音频和图形的渲染统计信息。

Gizmos：此下拉菜单中的一些选项用于控制 Unity 如何在 Scene（场景）视图和 Game（游戏）视图中显示游戏对象的辅助图标及其他选项。

1.2.5 检查器窗口

Inspector（检查器）窗口不仅用于显示和设置游戏对象的属性、添加脚本和组件，还用于显示资源的属性、内容，以及渲染设置、项目设置等参数，如图 1-27 所示。

在默认情况下，Inspector（检查器）窗口显示当前选择的属性。每当选择更改时，Inspector（检查器）窗口中的内容便会更改。要保持打开同一组属性而无论当前如何选择，请执行以下操作之一。

（1）将 Inspector（检查器）窗口锁定到当前选择。在锁定 Inspector（检查器）窗口后，如果更改选择，则它不再更新。

（2）为游戏对象、资源或组件打开专属 Inspector（检查器）窗口。专属 Inspector（检查器）窗口只显示为其打开的选项的属性。

通过勾选或取消勾选 Inspector（检查器）窗口游戏对象名称前的复选框，可以显示或隐藏场景中的游戏对象。采用同样的方法可以启用或禁用游戏对象的某个组件。

如果勾选 Static（静态）复选框，则该游戏对象被设置为静态游戏对象，静态游戏对象在运行时不能被移动。此复选框默认为未勾选状态，表示该游戏对象为动态游戏对象，动态游戏对象在运行时可以被移动。

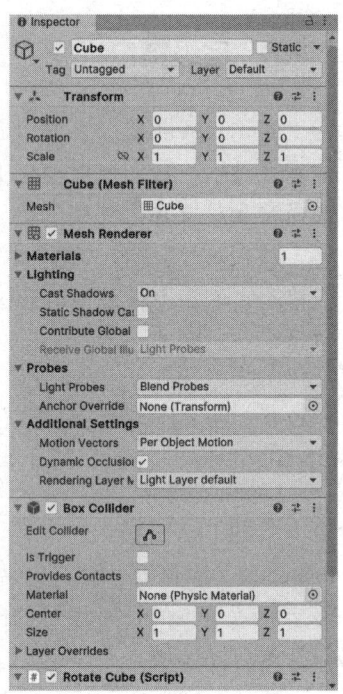

图 1-27

课堂任务 4：设置游戏对象父子关系

任务步骤：

步骤（1）运行 Unity Hub，打开 Exercise_1 项目。

步骤（2）选择菜单栏中的 File->New Scene（文件->新建场景）命令，在弹出的对话框中选择 Basic（URP）模板，单击 Create（创建）按钮，创建一个新场景。

步骤（3）选择菜单栏中的 File->Save As（文件->另存为）命令，把新场景保存到 Scenes 文件夹中，并命名为"课堂任务 4"。

课堂任务 4

步骤（4）选择菜单栏中的 GameObject->3D Object->Cube（游戏对象->3D 对象->立方体）命令，创建一个立方体。

步骤（5）选择菜单栏中的 GameObject->3D Object->Sphere（游戏对象->3D 对象->球体）命令，创建一个球体。

步骤（6）选择菜单栏中的 GameObject->3D Object->Capsule（游戏对象->3D 对象->胶囊体）命令，创建一个胶囊体。

步骤（7）选择菜单栏中的 GameObject->3D Object->Cylinder（游戏对象->3D 对象->圆柱体）命令，创建一个圆柱体。

步骤（8）选择菜单栏中的 GameObject->3D Object->Plane（游戏对象->3D 对象->平面）命令，创建一个平面。

步骤（9）使用移动工具，调整前面创建的 5 个游戏对象的位置，使它们之间间隔一定的距离，如图 1-28 所示。

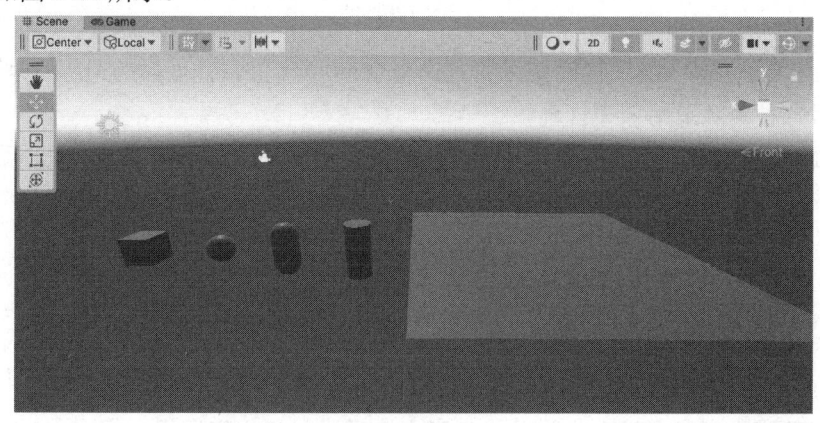

图 1-28

步骤（10）在 Hierarchy（层级）窗口中，把球体拖到立方体上，使球体成为立方体的子游戏对象。

步骤（11）在 Hierarchy（层级）窗口中，把胶囊体拖到球体的下面，使胶囊体成为球体的同级游戏对象。

步骤（12）在 Hierarchy（层级）窗口中，把圆柱体拖到胶囊体上，使圆柱体成为胶囊体的子游戏对象，即球体和胶囊体是立方体的子游戏对象，圆柱体是胶囊体的子游戏对象，也是立方体的后代游戏对象，如图 1-29 所示。

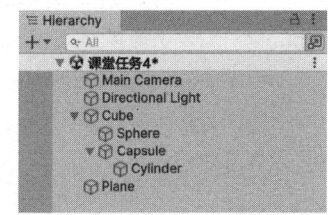

图 1-29

步骤（13）选中 Plane 游戏对象，在 Inspector（检查器）窗口中勾选 Static（静态）复选框，使它成为静态游戏对象。

步骤（14）单击 Unity 编辑器中的 Play（播放）按钮，选中 Cube 游戏对象，在 Scene（场景）视图中使用移动工具移动 Cube 游戏对象，则 3 个子游戏对象 Sphere、Capsule、Cylinder 都会跟着一起移动。使用移动工具移动 Capsule 游戏对象，则其子游戏对象 Cylinder 也会跟着一起移动。但是使用移动工具不能移动 Plane 游戏对象，因为它是静态游戏对象。

步骤（15）单击 Stop 按钮，结束播放，同时可以看到刚才移动的游戏对象又恢复到播放前的位置。

步骤（16）选择菜单栏中的 File->Save（文件->保存）命令，保存场景。

1.2.6 项目窗口

Project（项目）窗口列出了项目中所有的文件，如场景、脚本、模型、贴图、材质、预制体、动画等内容，这些内容都放在资源文件夹 Assets 中，如图 1-30 所示。

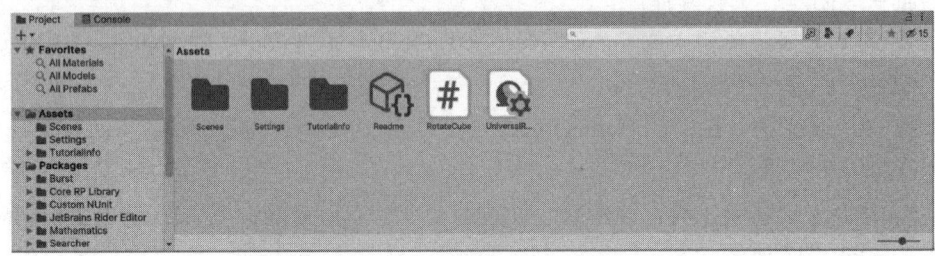

图 1-30

Project（项目）窗口组织管理文件的方式与 Windows 资源管理器的组织管理方式类似，一般也是对各种资源采用分类管理。

Project（项目）窗口还提供搜索功能，可以帮助开发者在众多的文件中快速查找到目标文件。只要在搜索框中输入文件名称的全部或一部分，就可以搜索到文件名称中包含这部分字符串的文件，搜索到的文件将在 Project（项目）窗口中列出。

1.2.7 控制台窗口

Console（控制台）窗口显示 Unity 编辑器生成的错误、警告和其他消息。这些错误和警告可以帮助用户查找项目中的问题，如脚本编译错误。它们还提醒用户编辑器自动采取的操作，如替换丢失的元文件（Metafiles），这可能会在项目的其他地方引起问题。为了帮助用户调试项目，请使用 Debug 类将自己的消息显示到控制台。例如，在脚本中可以通过 Debug 类输出变量的值，以查看它们是如何变化的，如图 1-31 所示。

图 1-31

Console（控制台）窗口使用不同颜色的图标来区分输出的内容。其中，白色感叹号是正常信息；黄色三角形是警告信息，不影响运行；红色感叹号是错误报警信息，出现此类信息后，程序无法运行，必须改正后才能运行。根据出现的信息种类可以判断信息的处理方式，双击错误信息会直接跳转到脚本中出现问题的位置，一般错误信息按照从上到下的顺序检查改正。

Console（控制台）窗口左上方的 4 个按钮的说明如下。

- Clear（清除）：单击此按钮可以清除所有日志内容。
- Collapse（折叠）：将所有重复的日志内容折叠起来。
- Error Pause（错误暂停）：当脚本中出现错误时游戏暂停。
- Editor（编辑器）：如果控制台连接到远程开发版本，则单击 Editor 按钮，在用户界面中会显示本地 Unity Player 的日志，而不是远程版本的日志。

1.3 基本概念

为了使用 Unity 设计和创建应用程序或游戏，需要了解 Unity 中的一些核心概念。

1.3.1 场景

场景（Scene）是包含游戏或应用程序的全部或部分内容的资源。我们可以在单个场景中构建一个简单的游戏。对于更复杂的游戏，可能每个关卡都需要使用一个场景，每个场景都有自己的环境、角色、障碍物、UI 等。我们可以在一个项目中创建任意数量的场景。

1.3.2 游戏对象

游戏对象（Game Object）是 Unity 中非常重要的概念。游戏中的每个对象，如角色、光源、摄像机、特效等，都是游戏对象。但是，游戏对象本身无法执行任何操作，它们充当的是组件的容器，而组件可以实现功能。为了向游戏对象提供成为光源、树或摄像机所需的属性，需要向游戏对象添加组件。根据要创建的对象类型，可以向游戏对象添加不同的组件组合。Unity 拥有许多不同的内置组件类型，可以使用 Unity Scripting API 来创建自己的组件。例如，通过将光源组件附加到游戏对象上，以创建光源对象。

我们可以使用 Unity 编辑器的 GameObject 菜单为当前场景添加 3D Object（3D 对象）、2D Object（2D 对象）、Lights（灯光）等。

1.3.3 组件

Component（组件）是每个游戏对象的功能部件。组件包含属性，可以通过编辑属性来定义游戏对象的行为。每个组件都是一个类的实例。

每个游戏对象可以包含多个组件，至少有一个 Transform（变换）组件，表示游戏对象的位置、方向和缩放，并且无法删除此组件，如图 1-32 所示。

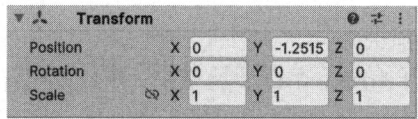

图 1-32

我们可以使用 Unity 编辑器的 Component（组件）菜单或通过 Inspector（检查器）窗口中的 Add Component 按钮为选中的游戏对象添加组件。

课堂任务 5：为游戏对象添加组件

课堂任务 5

任务步骤：

步骤（1）运行 Unity Hub，打开 Exercise_1 项目。

步骤（2）选择菜单栏中的 File->New Scene（文件->新建场景）命令，在弹出的对话框中选择 Basic（URP）模板，单击 Create（创建）按钮，创建一个新场景。

步骤（3）选择菜单栏中的 File->Save As（文件->另存为）命令，把新场景保存到 Scenes 文件夹中，并命名为"课堂任务 5"。

步骤（4）选择菜单栏中的 GameObject->3D Object->Cube（游戏对象->3D 对象->立方体）命令，创建一个名称为 Cube 的立方体。

步骤（5）在 Hierarchy（层级）窗口中选中 Cube 游戏对象，在 Inspector（检查器）窗口的 Transform（变换）组件中将 Cube 游戏对象的 Position X、Y、Z 分别设置为 0、20、0。

步骤（6）单击 Inspector（检查器）窗口下方的 Add Component（添加组件）按钮，为 Cube 游戏对象添加一个 Rigidbody（刚体）组件，如图 1-33 所示。

步骤（7）单击播放栏的 Play（播放）按钮，可以看到 Cube 游戏对象添加 Rigidbody（刚体）组件后，受到重力的影响而下落。

步骤（8）单击 Stop 按钮，结束播放，选择菜单栏中的 File->Save（文件->保存）命令，保存场景。

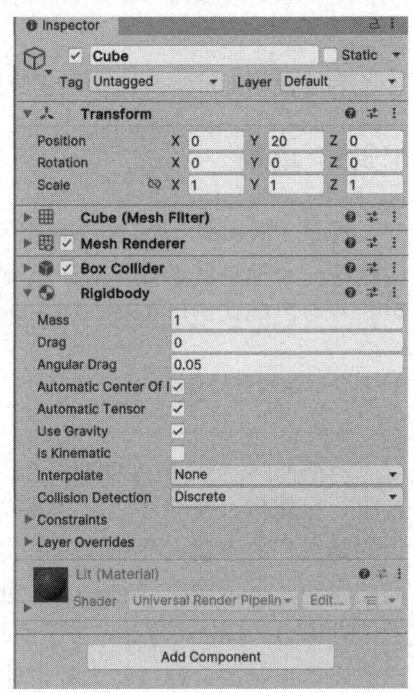

图 1-33

1.3.4 预制件

预制件（Prefab）是一个游戏对象及其组件的集合，是存储在 Project（项目）窗口中的可重用资源。用预制件资源充当模板，在此模板的基础之上可以在场景中创建预制件实例，对预制件资源所做的任何编辑都会自动反映在该预制件的实例中，因此可以轻松地对整个项目进行广泛的更改，而不需要对资源的每个副本重复进行相同的编辑。但是，这并不意味着所有预制件实例都必须完全相同。如果希望预制件的某些实例与其他实例不同，则可以覆盖各个预制件实例的设置，也可以创建预制件的变体，从而将一系列覆盖组合在一起成为有意义的预制件变体。

预制件适用于以下几种情况。

（1）如果游戏对象在一开始时不存在于场景中，并且希望在运行时实例化游戏对象（如使能量块、特效、飞弹或 NPC 在游戏过程中的正确时间点出现），则应该使用预制件。

（2）场景中大量重复使用的游戏对象，如墙体等。

第 1 章　Unity 基础

课堂任务 6：创建预制件

课堂任务 6

任务步骤：

步骤（1）运行 Unity Hub，打开 Exercise_1 项目。

步骤（2）选择菜单栏中的 File->Open Scene（文件->打开场景）命令，打开 Scenes 文件夹中的"课堂任务 1.unity"。

步骤（3）选择菜单栏中的 File->Save As（文件->另存为）命令，把场景保存到 Scenes 文件夹中，并命名为"课堂任务 6"。

步骤（4）选中 Project（项目）窗口中的 Assets 文件夹，选择菜单栏中的 Assets->Create->Folder（资产->创建->文件夹）命令，创建一个名为 Prefabs 的文件夹。

步骤（5）把 Hierarchy（层级）窗口中的 Cube 游戏对象拖到 Project（项目）窗口的 Assets\Prefabs 文件夹下面，就会自动创建一个 Prefab（预制件），预制件的图标为蓝色的立方体。

步骤（6）把 Prefabs 文件夹下面的 Cube 预制件拖到场景中，生成多个预制件实例。

步骤（7）单击 Play（播放）按钮，可以看到多个旋转的 Cube。

步骤（8）停止播放。双击 Prefabs 文件夹下面的 Cube 预制件，进入预制件的编辑环境，在 Inspector（检查器）窗口中将 Scale X、Y、Z 分别设置为 1、2、1。在 Hierarchy（层级）窗口中单击预制件旁边的箭头按钮，退出预制件的编辑环境。

步骤（9）在 Scene（场景）视图中可以看到所有的 Cube 预制件实例都同步进行了修改。

步骤（10）选择场景中的任意一个 Cube 预制件实例，在 Inspector（检查器）窗口中将它的 Scale X、Y、Z 分别设置为 3、1、1。此时，除了修改的 Cube 预制件实例大小发生变化，其他的 Cube 预制件实例都保持不变，如图 1-34 所示。

图 1-34

步骤（11）选择菜单栏中的 File->Save（文件->保存）命令，保存场景。

1.4　资源管理

1.4.1　资源类型

Unity 编辑器可以将外部资源导入 Unity 项目中。要执行此操作，可以将资源文件通过菜单栏中的 Asset->Import New Asset（资产->导入新资产）命令直接导入项目的 Assets 文件夹中，也可以在 Windows 文件资源管理器中将其复制到该文件夹中。

1. 3D 模型文件

Unity 支持多种标准和专用模型文件格式。

Unity 可读取的标准 3D 文件格式有.fbx、.dae（Collada）、.dxf 和.obj。Unity 可以从以下 3D 建模软件中导入专有文件，并将其转换为.fbx 文件：Maya(.ma,.mb)、Blender(.blend)、Modo（.lxo）。有部分 3D 建模软件并不以.fbx 为中间文件格式。例如，3ds Max（.max）、SketchUp（.skp）、SpeedTree（.spt）等软件的编辑器，在将这些软件创建的文件导入 Unity 时，必须先将其转换为.fbx 文件才行。

当在 Unity 中导入专有文件时，会在后台启动 3D 建模软件。Unity 与该专有软件通信，将原生文件转换为 Unity 可读取的格式。也就是说，除非在计算机上安装了相应的 3D 建模软件，否则.ma、.mb、.max、.c4d 或.blend 文件将无法导入 Unity 中。因此，强烈建议在 3D 建模软件中导出.fbx 文件格式，再导入 Unity 中。

> 📖 **小贴士**
>
> 尽管 Unity 支持多种专有模型文件格式，还是建议在 3D 建模软件中导出.fbx 文件格式，再导入 Unity 中使用。

在 3D 建模软件中要做好导出模型文件的准备。

1）缩放因子

Unity 的物理系统和光照系统希望游戏世界中的 1 米在导入的模型文件中为 1 个单位。不同 3D 文件的默认值如下。

- .fbx、.max=0.01
- .3ds=0.1
- .ma、.mb、.lxo、.dxf、.blend、.dae=1

当将模型文件从具有不同缩放因子的 3D 建模软件中导入 Unity 时，可以通过启用 Convert Units（转换单位）选项将文件单位转换为使用 Unity 比例。

2）优化模型

必须将所有 NURBS、NURMS、样条曲线、面片和细分曲面转换为多边形。在导出.fbx 文件格式之前，确保将变形体烘焙到 3D 建模软件的模型上。我们可以使用 Embed Media（嵌入媒体）选项在.fbx 文件中嵌入贴图，或者生成独立的贴图文件。如果要导入混合形状法线，则.fbx 文件中必须有平滑组。

3）设置.fbx 导出选项

在导出.fbx 文件格式之前，要确保使用 3D 建模软件支持的最新版本的.fbx 导出器。在导出文件时，记录 3D 建模软件的导出对话框中的每项设置，以便匹配 Unity 中.fbx 导出器的导入设置。大多数.fbx 导出器允许启用或禁用某些动画、摄像机和灯光效果的导出，因此在导入 Unity 时只要发现缺少内容，就请检查该内容是否已导出。

验证并导入 Unity 中。在将.fbx 文件导入 Unity 之前，验证导出文件的大小，并对文件大小执行完整性检查。将.fbx 文件重新导入用于生成该文件的 3D 建模软件中，检查并确保该软件能正常工作。要将文件导入 Unity 中，请务必记住在 3D 建模软件中的导出选项的设置。

课堂任务 7：导入 3ds Max 模型

任务步骤：

步骤（1）运行 3ds Max，选择菜单栏中的"自定义->单位设置"命令，在弹出的"单位设置"对话框中将"显示单位比例"设置为公制（米），如图 1-35 所示。

步骤（2）单击"系统单位设置"按钮，在弹出的"系统单位设置"对话框中将"系统单位比例"设置为 1 单位=1.0 厘米，如图 1-36 所示。

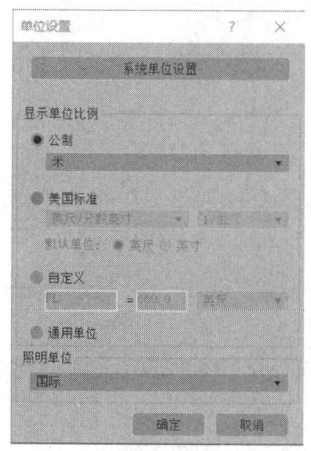

图 1-35

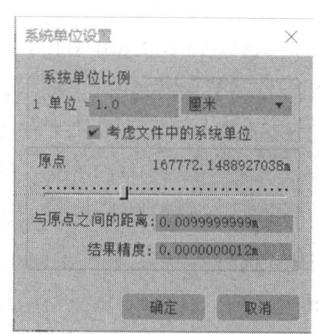

图 1-36

步骤（3）使用标准基本体中的长方体对象类型创建一个长度、宽度、高度都为 1 个单位的立方体。在 3ds Max 中，1 个单位对应到 Unity 中就是 1 米，并将它的 x、y、z 坐标都设置为 0。

步骤（4）使用标准基本体中的圆锥体对象类型创建一个圆锥体，使用移动工具把它放到立方体的上面，如图 1-37 所示。

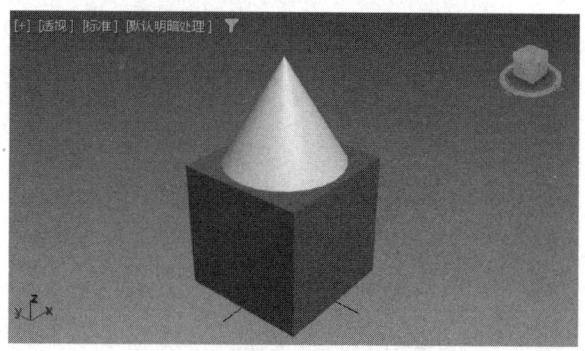

图 1-37

步骤（5）选中立方体和圆锥体，把它们转换为可编辑多边形。

步骤（6）选择菜单栏中的"文件->导出->导出"命令，保存为 3dsMaxDemo.fbx。在弹出的对话框中取消勾选"动画""摄影机""灯光"复选框，将"单位"设置为"自动"，"向上轴"设置为"Y 向上",其余选项保持默认设置,如图 1-38 所示。

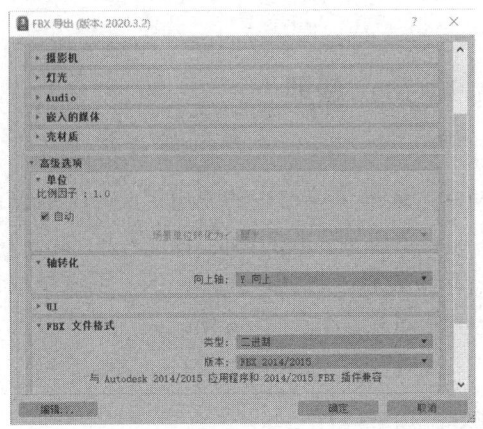

图 1-38

步骤(7)运行 Unity Hub,打开 Exercise_1 项目。

步骤(8)选择菜单栏中的 File->New Scene(文件->新建场景)命令,在弹出的对话框中选择 Basic(URP)模板,单击 Create(创建)按钮,创建一个新场景。

步骤(9)选择菜单栏中的 File->Save As(文件->另存为)命令,把场景保存到 Scenes 文件夹中,并命名为"课堂任务 7"。

步骤(10)选择菜单栏中的 Assets->Import New Asset(资产->导入新资产)命令,把 3dsMaxDemo.fbx 导入 Unity 编辑器中。

步骤(11)在 Project(项目)窗口中选中 3dsMaxDemo 选项,在 Inspector(检查器)窗口中查看导入设置,Model(模型)选项卡中的 Scale Factor(缩放因子)选项正常情况下应为 1,如图 1-39 所示。如果需要生成碰撞器,则勾选 Generate Colliders 复选框。

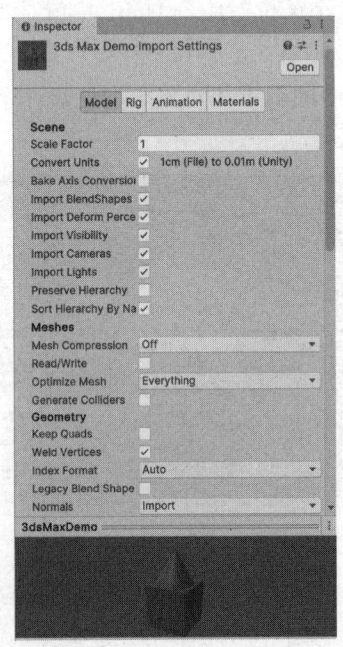

图 1-39

步骤（12）把 3dsMaxDemo 从 Project（项目）窗口拖到 Scene（场景）视图中。
步骤（13）选择菜单栏中的 GameObject->3D Object->Cube（游戏对象->3D 对象->立方体）命令，创建一个立方体。该立方体默认的长度、宽度、高度均为 1 米，把它与 3dsMaxDemo 放到一起，如果立方体大小一致，则说明在 3ds Max 中单位设置正确，如图 1-40 所示。

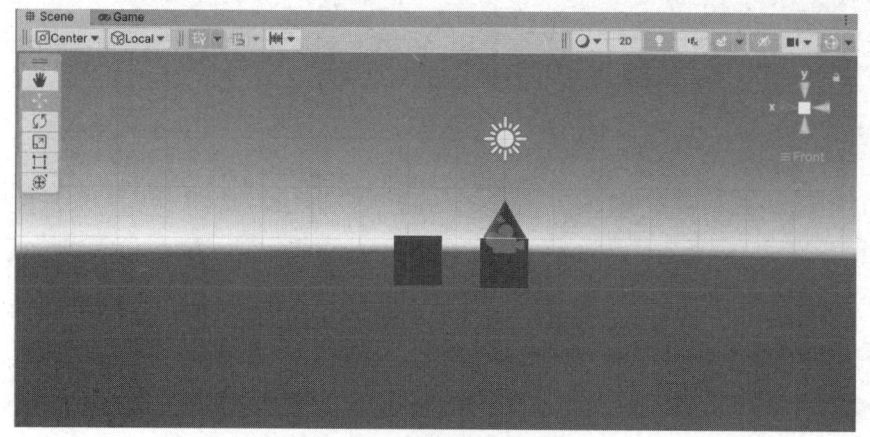

图 1-40

步骤（14）选择菜单栏中的 File->Save（文件->保存）命令，保存场景。

课堂任务 8

课堂任务 8：导入 Maya 模型

任务步骤：

步骤（1）运行 Maya，选择菜单栏中的"窗口->设置/首选项->首选项"命令，在打开的"首选项"窗口左侧的"类别"列表中选择"设置"选项，把右侧"工作单位"选区下面的"线性"改为"米"，单击"保存"按钮，如图 1-41 所示。

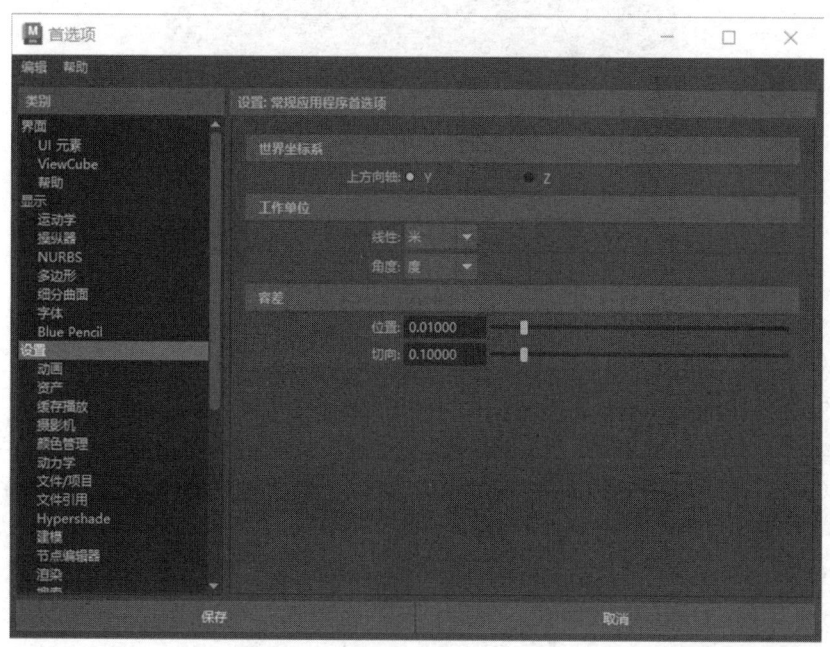

图 1-41

步骤（2）先创建一个长度、宽度、高度均为1个单位的立方体，再创建一个圆锥体，如图1-42所示。

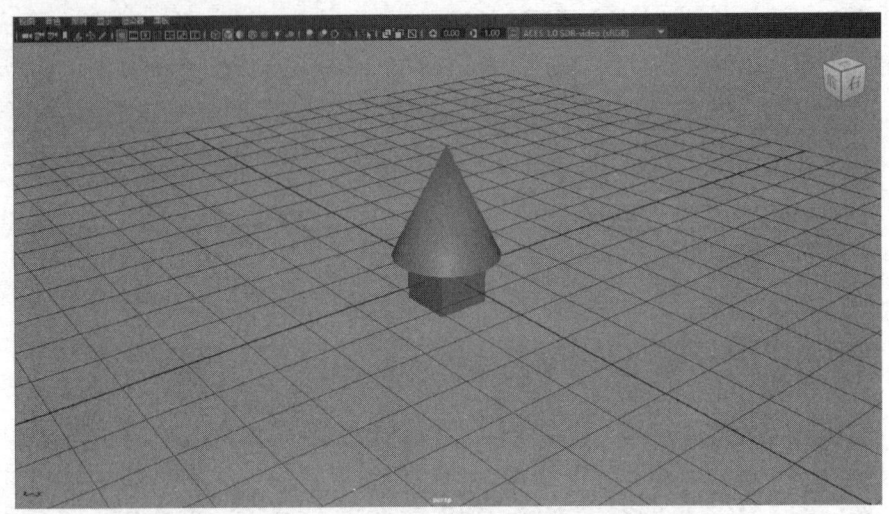

图1-42

步骤（3）选择菜单栏中的"文件->导出全部"命令，在"文件类型"下拉列表中选择FBX export选项，单击"导出全部"按钮。在弹出的对话框中输入文件名为MayaDemo，取消勾选"动画""摄影机""灯光"复选框，将"比例因子"设置为"自动"，"上方向轴"设置为Y，其余选项保持默认设置，单击"导出全部"按钮，如图1-43所示。

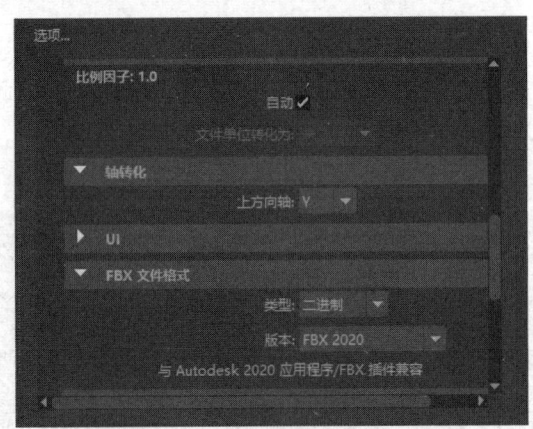

图1-43

步骤（4）运行Unity Hub，打开Exercise_1项目。

步骤（5）选择菜单栏中的File->New Scene（文件->新建场景）命令，在弹出的对话框中选择Basic（URP）模板，单击Create（创建）按钮，创建一个新场景。

步骤（6）选择菜单栏中的File->Save As（文件->另存为）命令，把场景保存到Scenes文件夹中，并重命名为"课堂任务8"。

步骤（7）选择菜单栏中的Assets->Import New Asset（资产->导入新资产）命令，把MayaDemo.fbx导入Unity编辑器中。

步骤（8）在Project（项目）窗口中选中MayaDemo选项，在Inspector（检查器）窗口中查看导入设置，Model（模型）选项卡中的 Scale Factor（缩放因子）选项正常情况下应为 1，如果需要生成碰撞器，则勾选 Generate Colliders 复选框。

步骤（9）把 MayaDemo 从 Project（项目）窗口拖到 Scene（场景）视图中。

步骤（10）选择菜单栏中的 GameObject->3D Object->Cube（游戏对象->3D 对象->立方体）命令，创建一个立方体。该立方体默认的长度、宽度、高度均为 1 米，把它与 MayaDemo 放到一起，如果立方体大小一致，则说明在 Maya 中单位设置正确。

步骤（11）选择菜单栏中的 File->Save（文件->保存）命令，保存场景。

课堂任务 9：导入 Blender 模型

课堂任务 9

任务步骤：

步骤（1）运行 Blender，新建常规文件，场景中已经有一个立方体，删除该立方体。

步骤（2）打开右侧的"场景"面板，可以看到系统的单位默认为公制，长度默认为米。如果不是请修改。

步骤（3）选择"添加->网格->立方体"命令，添加一个立方体。将"尺寸"设置为 1m，如图 1-44 所示。

步骤（4）选择"添加->网格->锥体"命令，添加一个圆锥体，把它移到立方体的上面。

步骤（5）选中立方体和圆锥体，选择菜单栏中的"文件->导出->FBX"命令，在弹出的对话框中输入文件名为 BlenderDemo，物体类型只选择网格，将"向上"设置为"Y 向上"，取消勾选"烘焙动画"复选框，其余选项保持默认设置，单击"导出 FBX"按钮，如图 1-45 所示。

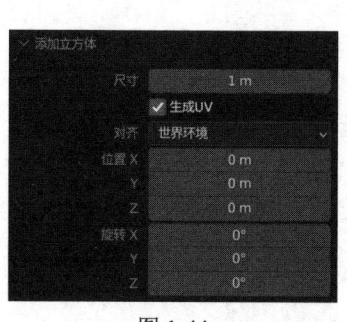

图 1-44

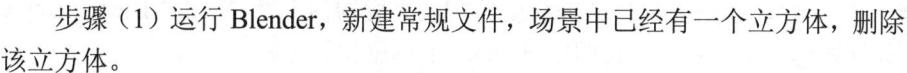

图 1-45

步骤（6）运行 Unity Hub，打开 Exercise_1 项目。

步骤（7）选择菜单栏中的 File->New Scene（文件->新建场景）命令，在弹出的对话框中选择 Basic（URP）模板，单击 Create（创建）按钮，创建一个新场景。

步骤（8）选择菜单栏中的 File->Save As（文件->另存为）命令，把场景保存到 Scenes 文件夹中，并命名为"课堂任务 9"。

步骤（9）选择菜单栏中的 Assets->Import New Asset（资产->导入新资产）命令，把 BlenderDemo.fbx 导入 Unity 编辑器中。

步骤（10）在 Project（项目）窗口中选中 BlenderDemo 选项，在 Inspector（检查器）窗口中查看导入设置，Model（模型）选项卡中的 Scale Factor（缩放因子）选项正常情况下应为 1，如果需要生成碰撞器，则勾选 Generate Colliders 复选框。

步骤（11）把 BlenderDemo 从 Project（项目）窗口拖到 Scene（场景）视图中。

步骤（12）选择菜单栏中的 GameObject->3D Object->Cube（游戏对象->3D 对象->立方体）命令，创建一个立方体。该立方体默认的长度、宽度、高度均为 1 米，把它与 BlenderDemo 放到一起，如果立方体大小一致，则说明在 Blender 中单位设置正确。

步骤（13）选择菜单栏中的 File->Save（文件->保存）命令，保存场景。

2. 图像文件

使用 Unity 导入图像文件，将其作为纹理使用。Unity 支持大多数常见的图像文件类型，如 BMP、TIF、TGA、JPG 和 PSD。

在 Project（项目）窗口中选择图像文件，即可在 Inspector（检查器）窗口中显示 Texture Import Settings（纹理导入设置），如图 1-46 所示。

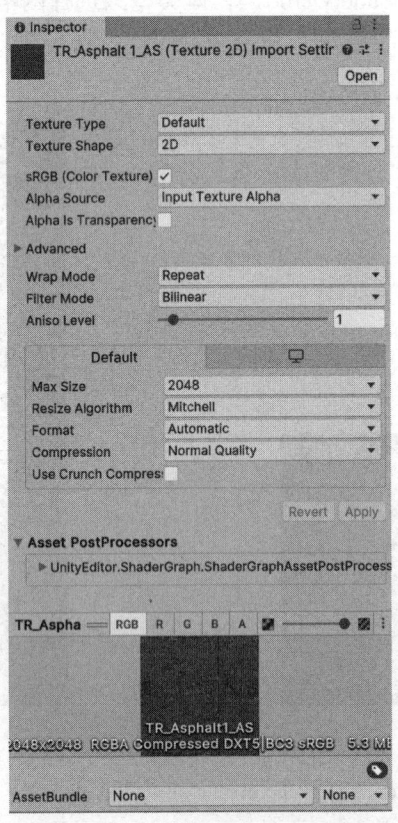

图 1-46

下面对常用的属性进行介绍。

（1）Texture Type（纹理类型）：选择要从源图像文件中创建的纹理类型。纹理类型的属性值如表 1-1 所示。

表 1-1

属性值	功能说明
Default	这是对所有纹理的最常见设置
Normal Map	法线贴图纹理类型对纹理资源进行格式化，使其适用于实时法线贴图。该纹理类型一般用于材质的法线贴图通道
Sprite(2D and UI)	适合作为精灵在 2D 和 UI 中使用
Cursor	适合用作自定义鼠标指针
Cookie	适合用作内置渲染管道中的灯光剪影
Lightmap	适合用作光照贴图
Directional Lightmap	适合用作方向性光照贴图
Shadowmask	适合用作阴影遮罩
Single Channel	设置纹理资源的格式，使其只有一个通道

（2）Texture Shape（纹理形状）：定义纹理的形状和结构。纹理形状的几种属性值如表 1-2 所示。

表 1-2

属性值	功能说明
2D	最常用的设置，用来将图像文件定义为 2D 纹理，将纹理映射到 3D 模型和 GUI 元素等
Cube	将纹理定义为立方体贴图，可以将其用于 Skyboxes（天空盒）或 Reflection Probes（反射探针）。此类型仅适用于 Default（默认）、Normal Map（法线贴图）和 Single Channel Texture（单通道纹理）类型
2D Array	通常用作某些渲染技术的优化，其中会使用许多具有相同大小和格式的纹理
3D	某些渲染技术使用 3D 纹理表示体积数据

3. 音频文件

自 Unity 5.0 开始，Unity 已将音频数据与实际 AudioClip（音频剪辑）分离。音频剪辑仅仅是引用包含音频数据的文件，而 AudioClip（音频剪辑）导入器中有各种选项组合用于确定在运行时如何加载剪辑。这意味着可以非常灵活地确定哪些音频资源（如脚步、武器和撞击的声音）应始终保留在内存中，而哪些资源（如语音、背景音乐、氛围循环音乐等）可以根据需要加载，或者随着玩家通关而逐渐加载。

Unity 可以导入几乎任何常见音频文件格式，通常最好导入未压缩的音频文件格式（如.wav 或.aiff 等），也支持导入压缩的音频文件格式（如.mp3 或.ogg 等）。

1.4.2 资源包

资源包是文件和数据的集合，Unity 将其压缩并存储在一个扩展名为.unitypackage 的文件中。和.zip 文件一样，资源包在解包时保持其原始目录结构。

课堂任务 10：导入本地资源包

任务步骤：

步骤（1）运行 Unity Hub，打开 Exercise_1 项目。

步骤（2）选择菜单栏中的 Assets->Import Package->Custom Package（资产->导入包->自定义包）命令，此时会显示文件浏览器，找到要导入的.unitypackage 文件。

步骤（3）在文件浏览器中，选择要导入的文件，并单击"打开"按钮。Import Unity Package（导入 Unity 包）窗口将显示已选择的资源包中的所有项目，如图 1-47 所示。

步骤（4）取消勾选不想导入的文件的复选框（默认为全部导入），并单击 Import（导入）按钮。Unity 会将导入的资源包内容放到 Assets 文件夹中，可以从 Project（项目）窗口中进行访问。

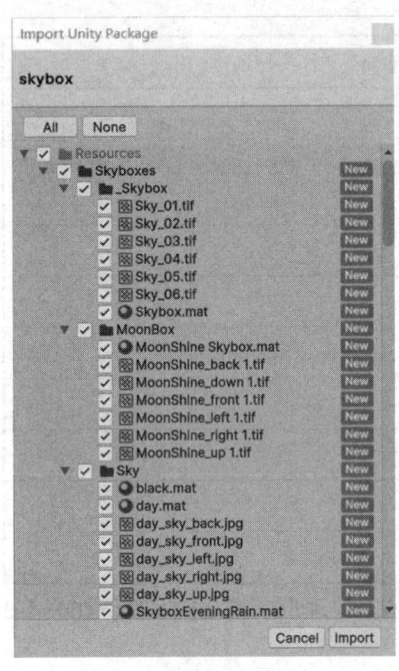

图 1-47

课堂任务 11：通过 Asset Store 下载并导入资源包

任务步骤：

步骤（1）运行 Unity Hub，打开 Exercise_1 项目。

步骤（2）在浏览器中打开 Unity 资源商店。

步骤（3）使用前面注册的 Unity ID 登录。

步骤（4）在 Unity 资源商店中可以购买插件、素材资源等，这里搜索免费的资源"Starter Assets - Third Person Character Controller"，将其下载并导入当前的 Unity 项目中。Unity 会将导入的资源包的内容放入 Assets 文件夹中，可以从 Project（项目）窗口中进行访问。在导入过程中，由于版本问题会产生警告信息，这里不对其进行处理。

课堂任务 12：使用 Unity Package Manager 导入资源包

任务步骤：

步骤（1）运行 Unity Hub，打开 Exercise_1 项目。

步骤（2）选择菜单栏中的 Window->Package Manager（窗口->包管理器）命令，打开 Package Manager（包管理器）窗口。

步骤（3）在左上角显示的 Packages:In Project 表示当前项目已经安装的包，在 Packages

下拉列表中选择 Unity Registry 选项，在左侧可以看到一个 Unity 官方提供的包的列表，其中显示√标记的包表示已安装，找到 Cinemachine 包，在右侧详细视图中显示列表中选中包的信息，单击 Install（安装）按钮，安装相应的包，如图 1-48 所示。

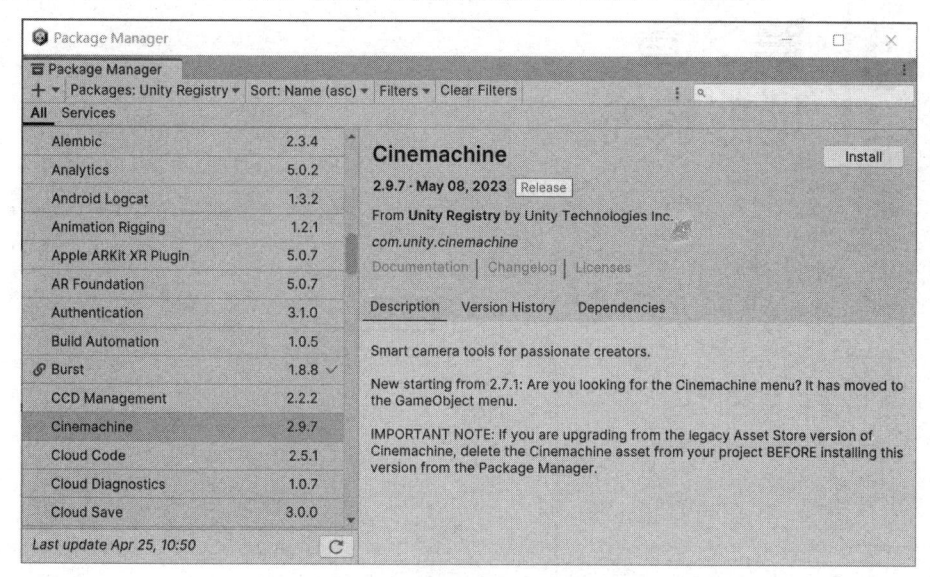

图 1-48

步骤（4）Unity 会将导入的资源包的内容放入 Packages 文件夹中，可以从 Project（项目）窗口中进行访问。

第 2 章 地形系统

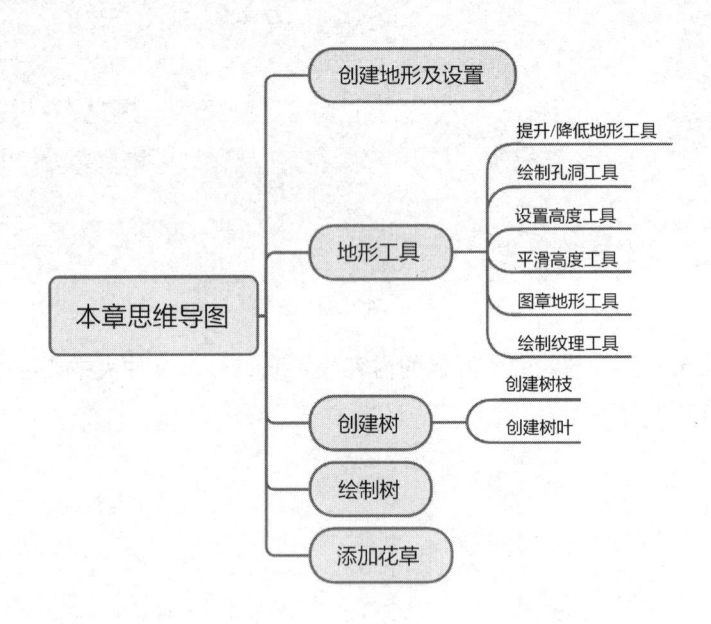

```
                          ┌─ 创建地形及设置
                          │
                          │              ┌─ 提升/降低地形工具
                          │              ├─ 绘制孔洞工具
                          │              ├─ 设置高度工具
                          ├─ 地形工具 ────┼─ 平滑高度工具
                          │              ├─ 图章地形工具
本章思维导图 ─────────────┤              └─ 绘制纹理工具
                          │
                          │              ┌─ 创建树枝
                          ├─ 创建树 ─────┤
                          │              └─ 创建树叶
                          │
                          ├─ 绘制树
                          │
                          └─ 添加花草
```

2.1 创建地形及设置

地形是场景中必不可少的元素。Unity 编辑器提供了一套功能强大的地形编辑器，可以用笔刷雕刻出山脉、峡谷、平原、盆地等，还提供了实时绘制地表材质纹理、种植树木、种植大面积花草等功能。

要在场景中添加 Terrain（地形）游戏对象，可以选择菜单栏中的 GameObject->3D Object->Terrain（游戏对象->3D 对象->地形）命令，同时会在 Project（项目）窗口中添加相应的地形资源。最初的地形是一个大型平坦的平面，创建好地形后，Unity 会默认给出地形的大小、宽度、高度、图像分辨率、纹理分辨率等。在 Inspector（检查器）窗口中，单击 Terrain（地形）组件中的 Terrain Settings（地形设置）按钮，在弹出的地形属性设置面板中设置相关属性。

Terrain（地形）组件中的 Basic Terrain（基础地形）属性如图 2-1 所示。

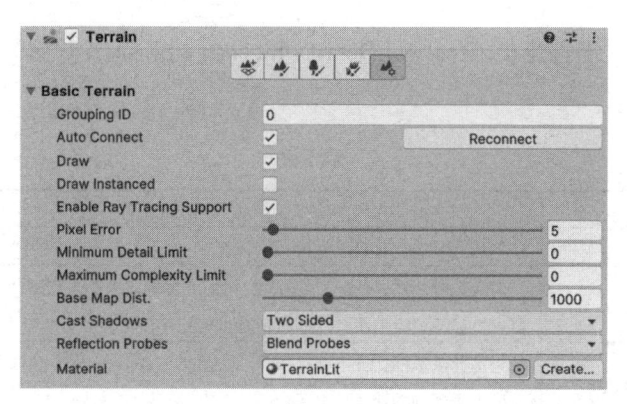

图 2-1

Terrain（地形）组件中的 Basic Terrain（基础地形）属性的功能说明如表 2-1 所示。

表 2-1

属性	功能说明
Grouping ID	自动连接功能的分组 ID
Auto Connect	勾选此复选框可以自动将当前地形区块连接到具有相同分组 ID 的相邻区块上
Draw	勾选此复选框可以启用地形渲染
Draw Instanced	勾选此复选框可以启用实例化渲染
Enable Ray Tracing Support	勾选此复选框可以启用光线追踪支持
Pixel Error	地形贴图（如高度贴图和纹理）与生成的地形之间的映射精度。数值越大表示精度越低，渲染开销也越低
Minimum Detail Limit	限制地形可以降低到的最低层次级别。如果此属性的数值为 0，则不限制地形可以降低到的最低层次级别；如果此属性的数值大于 0，会强制地形保持最低层次级别，而不管像素误差属性设置为什么
Maximum Complexity Limit	限制可以渲染地形的最高分辨率。如果此属性的数值为 0，则不限制可以渲染的地形的最高分辨率。当此属性的数值大于 0 时，无论像素误差属性设置为什么，都会阻止地形以更高的复杂度进行渲染
Base Map Dist.	Unity 以全分辨率显示地形纹理的最大距离。超过此距离后，系统将使用较低分辨率的合成图像来提高效率
Cast Shadows	使用此属性来定义地形如何将阴影投射到场景中的其他对象上
Reflection Probes	使用此属性可以设置 Unity 在地形上使用反射探针的方式
Material	地形的材质，单击 Create（创建）按钮可以自定义材质

Terrain（地形）组件中的 Tree & Detail Objects（树和细节对象）属性如图 2-2 所示。

图 2-2

Terrain（地形）组件中的 Tree & Detail Objects（树和细节对象）属性的功能说明如表 2-2 所示。

表 2-2

属性	功能说明
Draw	勾选此复选框可以绘制树、草和细节
Bake Light Probes For Trees	勾选此复选框，Unity 将在每棵树的位置创建内部光照探针，并将它们应用于树渲染器中，以便渲染光照。这些探针是内部探针，不会影响场景中的其他渲染器
Remove Light Probe Ringing	勾选此复选框，Unity 将消除可见的过冲（Overshoot），通常在受强光照射影响的游戏对象上表现为振铃
Preserve Tree Prototype Layers	勾选此复选框，树实例会采用其原型预制件的层值，而非地形游戏对象的层值
Tree Motion Vectors	树的运动方式
Detail Distance	超过此距离（相对于摄像机）将剔除细节
Detail Density Scale	给定单位面积内的细节/草对象数量。将此值设置得较小可以降低渲染开销
Tree Distance	超过此距离（相对于摄像机）将剔除树
Billboard Start	位于此距离（相对于摄像机）的 3D 树对象将由公告牌图像取代
Fade Length	树在 3D 对象和公告牌之间过渡的距离
Max Mesh Trees	表示为实体 3D 网格的可见树的最大数量。当超出此限制时，树将被公告牌取代
Detail Scatter Mode	绘制细节时要使用的散射模式类型。覆盖绘制区域详细信息应根据其密度设置填充，根据实例计数绘制每个样本的数量

Terrain（地形）组件中的 Wind Settings for Grass（草的风设置）属性如图 2-3 所示。

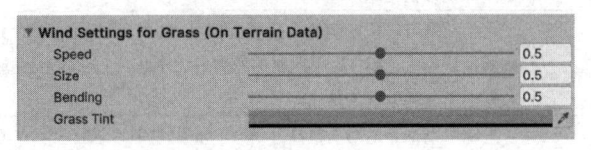

图 2-3

Terrain（地形）组件中的 Wind Settings for Grass（草的风设置）属性的功能说明如表 2-3 所示。

表 2-3

属性	功能
Speed	风吹过草时的速度
Size	风吹过草地时出现的波纹大小
Bending	草对象被风吹弯的程度
Grass Tint	用于调整草对象的整体颜色色调

Terrain（地形）组件中的 Mesh Resolution（网格分辨率）属性如图 2-4 所示。

图 2-4

Terrain（地形）组件中的 Mesh Resolution（网格分辨率）属性的功能说明如表 2-4 所示。

表 2-4

属性	功能
Terrain Width	地形游戏对象在 x 轴上的大小（以世界单位表示）
Terrain Length	地形游戏对象在 z 轴上的大小（以世界单位表示）
Terrain Height	地形允许的最大高度，以世界单位表示
Detail Resolution Per Patch	单个面片（网格）中的单元格数量。该值经过平方后形成单元格网格，且必须是细节分辨率的除数
Detail Resolution	用于将细节放到地形区块上的单元数。此值在经过平方后生成单元格网格

项目介绍

从本章开始，所有的项目任务都用于完成同一个项目，下一个项目任务需要在前面的项目任务的基础上进行。如果项目已关闭，则可以从 Unity Hub 中找到该项目并打开，继续完成新的项目任务。

项目背景：本项目将苏州石湖作为场景背景。苏州石湖地灵人杰，明代李流芳有文记载："石湖，在楞伽山下。寺于山之巅者，曰上方，逶迤而东，冈峦渐夷，而上下起伏者，曰郊台，曰茶磨，寺于郊台之下者，曰治平。跨湖而桥者，曰行春，跨溪而桥，达于酒城者，曰越来。湖去郭六十里而近，故游者易至，然独盛于登高之会，倾城士女皆集焉。"

历代歌咏石湖的诗文数量众多，如明代文征明的《石湖》一诗："石湖烟水望中迷，湖上花深鸟乱啼。芳草自生茶磨岭，画桥横注越来溪。凉风袅袅青蘋末，往事悠悠白日西。依旧江波秋月堕，伤心莫唱夜乌栖。"

与石湖相关的文人尤以南宋范成大为最。范成大号石湖居士，吴县人，与杨万里、陆游、尤袤合称南宋"中兴四大诗人"。乾道六年，范成大被派出使金国，索求北宋诸帝陵寝之地，并争求改定受书之仪，不辱使命而还。晚年退居石湖，其诗风格平易浅显、清新妩媚，以反映农村社会生活内容的作品成就最高。一羡石湖美景，二慕范公风骨，故作此项目。

项目内容：一年轻人突然出现在湖边，四周环顾，微风习习吹皱了湖面，湖中荷花掩映在荷叶之间，旁边的树林中传来叽叽喳喳的鸟鸣声。沿湖而上，在一石桥边遇见一个小男孩，交谈中才知此地为石湖，乃范成大退居处。年轻人帮小男孩解决诗文问题后让其回家。沿着小男孩的踪迹，来到一住宅前，又见刚才的小男孩正在犯愁找不到猫了，于是四处找猫，终于发现猫躲在一个小山洞内，不肯出来，只得以老鼠为饵抓到猫。把猫交给小男孩后，小男孩邀请年轻人进入院内，见到一位老者，交谈得知现为宋宝祐年间，北方蒙古崛起，已灭西夏、金，多次入侵南宋，江南花柳繁华之处，难逃兵燹之祸。

项目任务 1：创建地形

任务步骤：

步骤（1）运行 Unity Hub，选择"项目"选项卡，单击右上角的"新项目"按钮。

步骤（2）在打开的窗口中，先将"编辑器版本"设置为 2023.1.15f1，再选择 Universal 3D 项目模板。需要注意的是，不要选择其他的项目模板。

步骤（3）在"项目设置"选区中为项目指定一个保存的位置，如 D:\UnityProject。这里读者可以根据自己的实际情况进行更改，并将"项目名称"设置为 StoneLake。完成设置后，单击"创建项目"按钮，创建一个新项目，如图 2-5 所示。

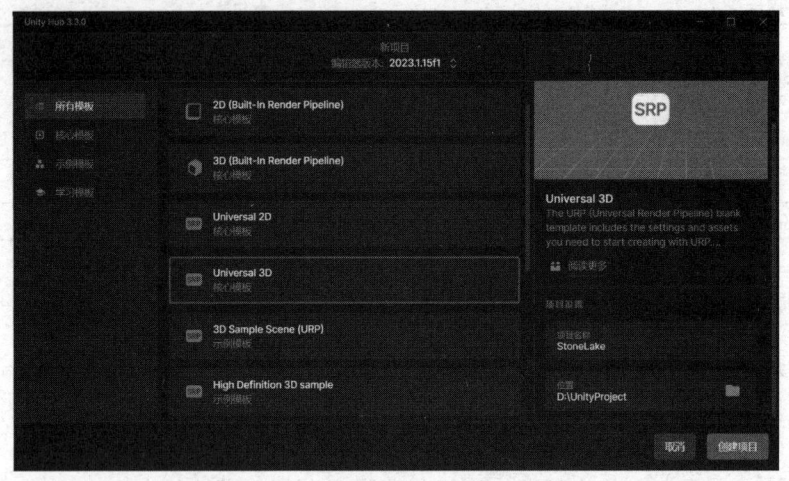

图 2-5

步骤（4）创建的新项目会使用选择的 Unity 编辑器版本打开。加载项目完成后，如果弹出 Deprecated packages（已弃用的包）对话框，则单击 Open Package Manager（打开包管理器）按钮，在左侧列表中选择 Visual Studio Code Editor 包，并单击右上角的 Remove（移除）按钮，将其从项目中移除。如果未弹出此对话框，则忽略以上操作。

步骤（5）选择菜单栏中的 File->Save As（文件->另存为）命令，把默认的 SampleScene 场景保存到 Scenes 文件夹中，并重命名为"项目任务1"，如图 2-6 所示。

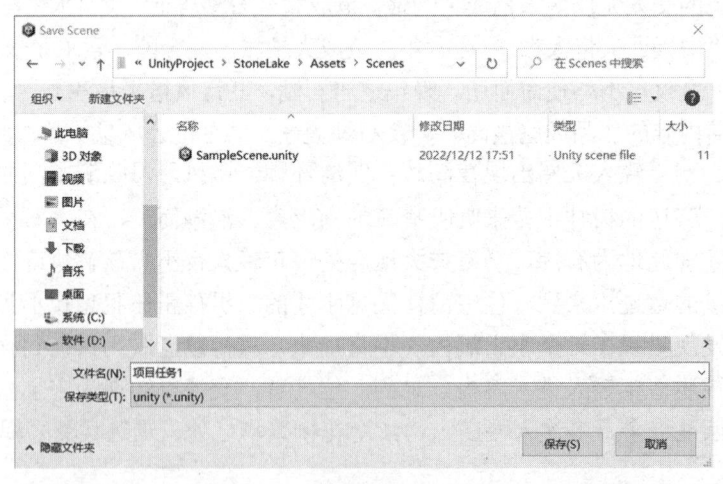

图 2-6

步骤（6）选中 Project（项目）窗口中的 Assets 文件夹，选择菜单栏中的 Assets->Create->Folder（资产->创建->文件夹）命令，创建一个文件夹，并重命名为 Terrains。

步骤（7）选择菜单栏中的 GameObject->3D Object->Terrain（游戏对象->3D 对象->地形）命令，在场景中生成一个地形游戏对象，同时在 Project（项目）窗口中生成地形数据。在 Hierarchy（层级）窗口中把地形游戏对象重命名为 StoneLakeTerrain，在 Project（项目）窗口中将 New Terrain 重命名为 StoneLakeTerrainData，同时把它移到 Terrains 文件夹中。

步骤（8）在 Hierarchy（层级）窗口中选中 StoneLakeTerrain 游戏对象，在 Inspector（检查器）窗口中单击 Terrain（地形）组件下面的 Terrain Settings（地形设置）图标，将 Terrain Width（地形宽度）设置为 1000，Terrain Length（地形长度）设置为 1000，Terrain Height（地形高度）设置为 800，其余参数均保持默认设置，如图 2-7 所示。

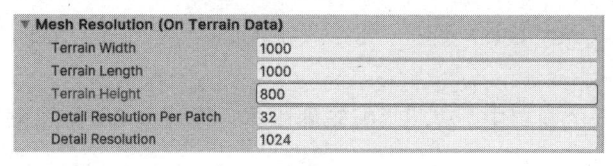

图 2-7

步骤（9）选择菜单栏中的 File->Save（文件->保存）命令，保存场景。

2.2 地形工具

Terrain（地形）组件提供 6 种不同的工具用于绘制地形。

2.2.1 提升/降低地形工具

使用 Raise or Lower Terrain（提升/降低地形）工具可以改变地形区块的高度。

要使用该工具，需要单击 Paint Terrain（绘制地形）图标，并在下拉列表中选择 Raise or Lower Terrain（提升/降低地形）选项。从面板中选择合适的画笔，在 Scene（场景）视图的地形对象上单击鼠标左键并拖动，可以提高地形高度，在按住 Shift 键的同时单击鼠标左键并拖动，可以降低地形高度，如图 2-8 所示。

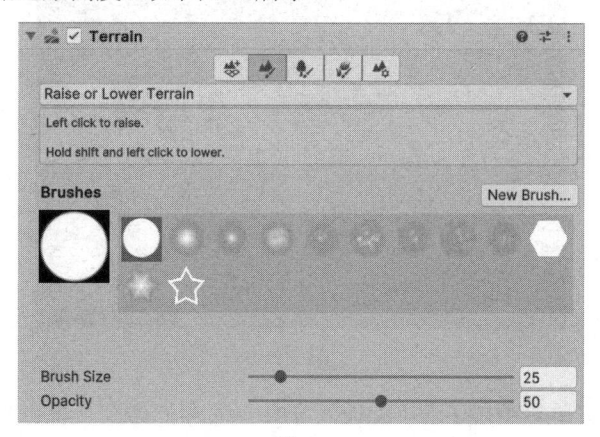

图 2-8

Brush Size（画笔大小）滑动条用于控制画笔的大小，因为画笔的大小会影响到地形范围的大小。Opacity（不透明度）滑动条用于控制将画笔应用于地形时的强度，并且 Opacity 值越大强度越高。

使用不同的画笔可以创建各种效果。例如，我们可以使用软边画笔提高一些区域的高度，创造出连绵起伏的山丘，也可以使用硬边画笔降低一些区域的高度，创造出陡峭的悬崖和山谷。

课堂任务 1：使用提升/降低地形工具

任务步骤：

步骤（1）运行 Unity Hub，选择"项目"选项卡，单击右上角的"新项目"按钮。

步骤（2）在打开的窗口中，先将"编辑器版本"设置为 2023.1.15f1，再选择 Universal 3D 项目模板。

步骤（3）在"项目设置"选区中为项目指定一个保存的位置，如 D:\UnityProject。这里读者可以根据自己的实际情况进行更改，并将"项目名称"设置为 Exercise_2。完成设置后，单击"创建项目"按钮，创建一个新项目。

步骤（4）在 Windows 文件资源管理器中，解压缩"第 2 章课堂素材.rar"文件，把解压缩后的所有文件和文件夹复制到项目的 Assets 文件夹中。

步骤（5）选择菜单栏中的 File->Save As（文件->另存为）命令，把场景保存到 Scenes 文件夹中，并命名为"课堂任务 1"。

步骤（6）选择菜单栏中的 GameObject->3D Object->Terrain（游戏对象->3D 对象->地形）命令，创建一个地形对象。

步骤（7）在 Hierarchy（层级）窗口中，选中刚创建的地形对象，单击 Terrain（地形）组件下面的 Paint Terrain（绘制地形）图标，并在下拉列表中选择 Raise or Lower Terrain（提升/降低地形）选项。从面板中选择合适的画笔，在地形对象上单击鼠标左键并拖动，可以提高地形高度，在按住 Shift 键的同时单击鼠标左键并拖动，可以降低地形高度，如图 2-9 所示。

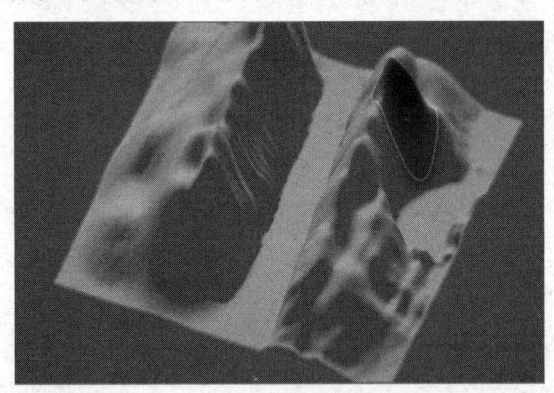

图 2-9

步骤（8）选择菜单栏中的 File->Save（文件->保存）命令，保存场景。

2.2.2 绘制孔洞工具

使用 Paint Holes（绘制孔洞）工具可以隐藏地形的某些部分。此工具用于在地形上绘制地层的开口，以创建洞穴、悬崖等。

要使用该工具，需要单击 Paint Terrain（绘制地形）图标，并在下拉列表中选择 Paint

Holes（绘制孔洞）选项，如图 2-10 所示。

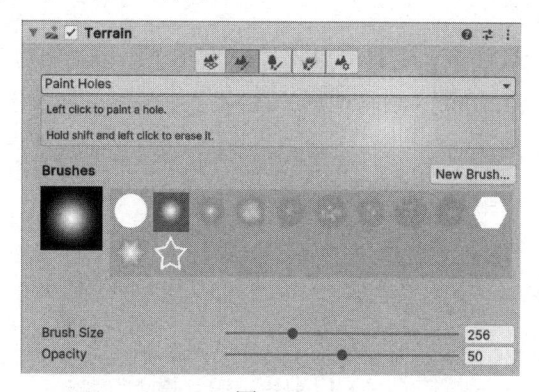

图 2-10

要绘制孔洞，需要在地形上单击鼠标左键并拖动。在按住 Shift 键的同时单击鼠标左键并拖动，可以从地形上抹去孔洞。Brush Size（画笔大小）滑动条用于控制画笔的大小。Opacity（不透明度）滑动条用于控制将画笔应用于地形时的强度。

课堂任务 2：使用绘制孔洞工具

任务步骤：

步骤（1）运行 Unity Hub，打开 Exercise_2 项目。

步骤（2）选择菜单栏中的 File->New Scene（文件->新建场景）命令，在弹出的对话框中选择 Basic（URP）模板，单击 Create（创建）按钮，创建一个新场景。

步骤（3）选择菜单栏中的 File->Save As（文件->另存为）命令，把新场景保存到 Scenes 文件夹中，并命名为"课堂任务 2"。

步骤（4）选择菜单栏中的 GameObject->3D Object->Terrain（游戏对象->3D 对象->地形）命令，创建一个地形对象。

步骤（5）在 Hierarchy（层级）窗口中选中刚创建的地形对象，单击 Terrain（地形）组件下面的 Paint Terrain（绘制地形）图标，并在下拉列表中选择 Paint Holes（绘制孔洞）选项。从面板中选择合适的画笔，在地形对象上单击鼠标左键并拖动，可以在地形上绘制孔洞，在按住 Shift 键的同时单击鼠标左键并拖动，可以从地形上抹去孔洞，如图 2-11 所示。

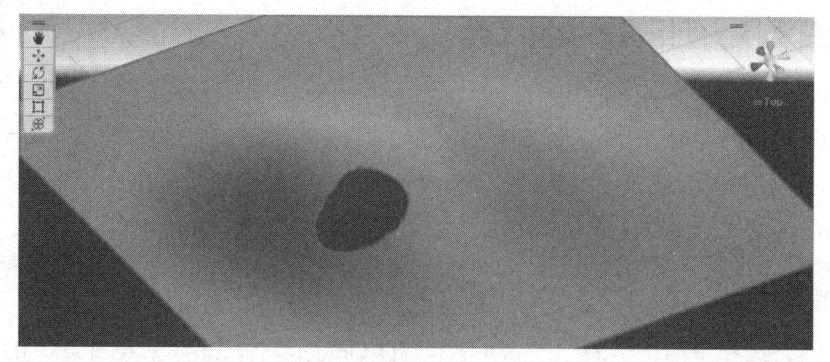

图 2-11

步骤（6）选择菜单栏中的 File->Save（文件->保存）命令，保存场景。

2.2.3 设置高度工具

使用 Set Height（设置高度）工具可以将地形上某个区域的高度调整为特定值。要使用该工具，需要单击 Paint Terrain（绘制地形）图标，并在下拉列表中选择 Set Height（设置高度）选项，如图 2-12 所示。

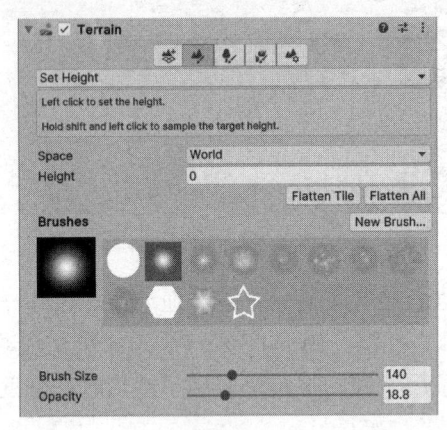

图 2-12

在使用 Set Height（设置高度）工具进行绘制时，当前高于目标高度的地形区域会降低，而低于该高度的区域会升高。Set Height（设置高度）工具可以用于在场景中创建平坦的水平区域。

在 Height（高度）输入框中输入数值，或者使用 Height（高度）属性滑动条来手动设置高度。除此之外，我们还可以通过按住 Shift 键并单击地形来提取单击位置的采样高度，这类似于在图像编辑器中使用吸管工具的方式。

如果单击 Height（高度）输入框下的 Flatten Tile（展平瓦片）按钮，则整个地形瓦片都将调整到指定的高度。这对于设置凸起的地平面很有用。例如，如果希望地形包括地平线上面的山丘和下面的山谷，则可以使用此功能把地面设置到一定的高度。如果单击 Flatten All（全部展平）按钮，则场景中的所有地形瓦片都将被调平。

Brush Size（画笔大小）值用于确定要使用的画笔的大小，而 Opacity（不透明度）值则用于确定待绘制区域的高度达到设定目标高度的速度。

课堂任务 3：使用设置高度工具

任务步骤：

步骤（1）运行 Unity Hub，打开 Exercise_2 项目。

步骤（2）选择菜单栏中的 File->New Scene（文件->新建场景）命令，在弹出的对话框中选择 Basic（URP）模板，单击 Create（创建）按钮，创建一个新场景。

步骤（3）选择菜单栏中的 File->Save As（文件->另存为）命令，把新场景保存到 Scenes 文件夹中，并命名为"课堂任务 3"。

步骤（4）选择菜单栏中的 GameObject->3D Object->Terrain（游戏对象->3D 对象->地形）命令，创建一个地形对象。

步骤（5）在 Hierarchy（层级）窗口中选中刚创建的地形对象，单击 Terrain（地形）组件下面的 Paint Terrain（绘制地形）图标，并在下拉列表中选择 Set Height（设置高度）选项。

步骤（6）将 Height（高度）设置为 300，单击 Flatten All（全部展平）按钮，把整个地形的高度都设为 300。

步骤（7）将 Height（高度）设置为 400，设置好画笔，按住鼠标左键进行拖动以绘制地形，当高度达到 400 后，高度不再升高，会形成一个凸起的平面。

步骤（8）将 Height（高度）设置为 100，设置好画笔，按住鼠标左键进行拖动以绘制地形，当高度达到 100 后，高度不再降低，会形成一个凹陷的平面，如图 2-13 所示。

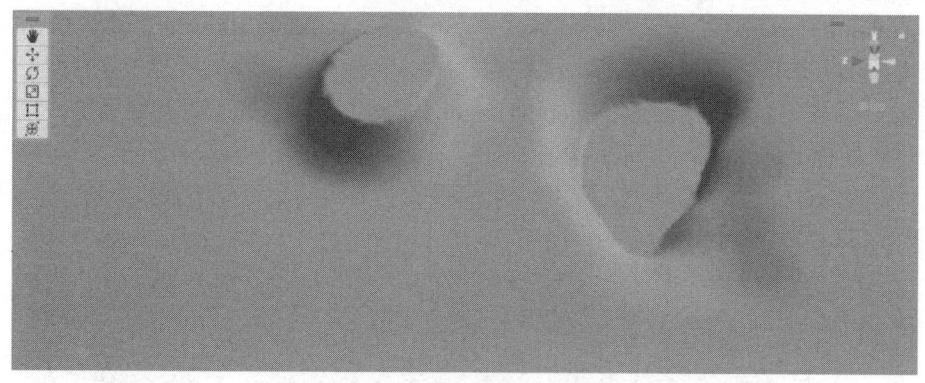

图 2-13

步骤（9）选择菜单栏中的 File->Save（文件->保存）命令，保存场景。

2.2.4 平滑高度工具

Smooth Height（平滑高度）工具可平滑高度贴图并软化地形特征。要使用该工具，需要单击 Paint Terrain（绘制地形）图标，并在下拉列表中选择 Smooth Height（平滑高度），选项，如图 2-14 所示。

Smooth Height（平滑高度）工具可以将附近区域平均化，从而柔化地形，不会显著提高或降低地形高度。

调整 Blur Direction（模糊方向）值以控制要软化的区域。如果将 Blur Direction（模糊方向）设置为-1，则该工具会软化地形的外部（凸起）边缘；如果将 Blur Direction（模糊方向）设定为 1，则该工具会软化地形的内部（凹陷）边缘。若要均匀平滑地形的所有部分，则可以将 Blur Direction（模糊方向）设定为 0。

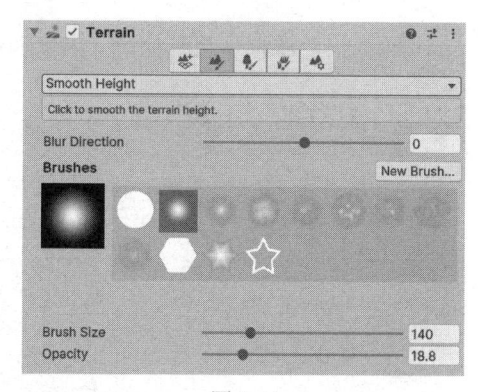

图 2-14

Brush Size（画笔大小）用于设置要使用的笔刷的大小，Opacity（不透明度）用于设置地形平滑的程度。

课堂任务 4：使用平滑高度工具

任务步骤：

步骤（1）运行 Unity Hub，打开 Exercise_2 项目。

步骤（2）选择菜单栏中的 File->New Scene（文件->新建场景）命令，在弹出的对话框中选择 Basic（URP）模板，单击 Create（创建）按钮，创建一个新场景。

步骤（3）选择菜单栏中的 File->Save As（文件->另存为）命令，把新场景保存到 Scenes 文件夹中，并命名为"课堂任务 4"。

步骤（4）选择菜单栏中的 GameObject->3D Object->Terrain（游戏对象->3D 对象->地形）命令，创建一个地形对象。

步骤（5）在 Hierarchy（层级）窗口中选中刚创建的地形对象，单击 Terrain（地形）组件下面的 Paint Terrain（绘制地形）图标，并在下拉列表中选择 Raise or Lower Terrain（提升或降低地形）选项。设置好画笔，绘制地形。

步骤（6）在下拉列表中选择 Smooth Height（平滑高度）选项，设置好画笔，对地形高度进行平滑处理，如图 2-15 所示。

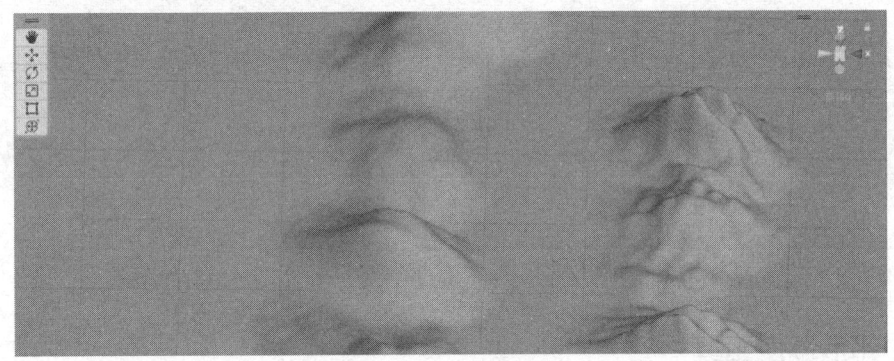

图 2-15

步骤（7）选择菜单栏中的 File->Save（文件->保存）命令，保存场景。

2.2.5　图章地形工具

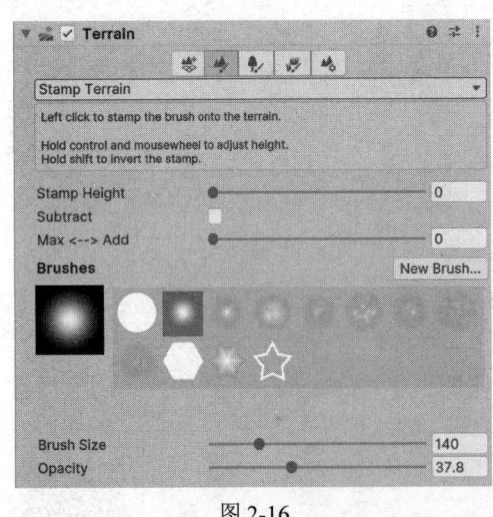

图 2-16

使用 Stamp Terrain（图章地形）工具可以在当前高度贴图之上标记画笔形状。要使用该工具，需要单击 Paint Terrain（绘制地形）图标，并在下拉列表中选择 Stamp Terrain（图章地形）选项，如图 2-16 所示。

如果一个纹理表示具有特定地质特征的高度贴图（如山丘的高度贴图），并需要使用该纹理创建自定义画笔，则会用到 Stamp Terrain（图章地形）工具。

使用 Stamp Terrain（图章地形）工具可以选择现有画笔并通过单击来应用画笔。每次单击都会以所选画笔的形状将地形升高到设置的 Stamp Height。使用 Stamp Terrain（图章地形）工具设置的地形高度为 Stamp Height 值乘以 Opacity 值。例如，当 Stamp Height 值为 200 且 Opacity 值为 0.5 时，每个图章的高度都可以设置为 100。

课堂任务 5：使用图章地形工具

任务步骤：

步骤（1）运行 Unity Hub，打开 Exercise_2 项目。

步骤（2）选择菜单栏中的 File->New Scene（文件->新建场景）命令，在弹出的对话框中选择 Basic（URP）模板，单击 Create（创建）按钮，创建一个新场景。

步骤（3）选择菜单栏中的 File->Save As（文件->另存为）命令，把新场景保存到 Scenes 文件夹中，并命名为"课堂任务 5"。

步骤（4）选择菜单栏中的 GameObject->3D Object->Terrain（游戏对象->3D 对象->地形）命令，创建一个地形对象。

步骤（5）在 Hierarchy（层级）窗口中选中刚创建的地形对象，单击 Terrain（地形）组件下面的 Paint Terrain（绘制地形）图标，并在下拉列表中选择 Stamp Terrain（图章地形）选项。设置好画笔，绘制地形，通过按住 Ctrl 键+鼠标滚轮来控制绘制的地形高度，如图 2-17 所示。

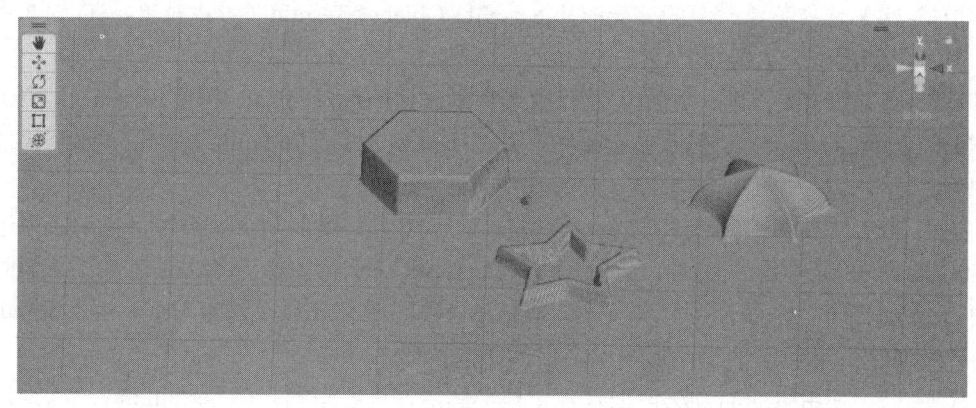

图 2-17

步骤（6）选择菜单栏中的 File->Save（文件->保存）命令，保存场景。

2.2.6 绘制纹理工具

使用 Paint Texture（绘制纹理）工具可以将草地、泥地、沙地等纹理添加到地形上。它允许用户直接在地形上绘制平铺纹理区域。

要使用该工具，需要单击 Paint Terrain（绘制地形）图标，并在下拉列表中选择 Paint Texture（绘制纹理）选项，如图 2-18 所示。

要使用该工具，必须先单击 Edit Terrain Layers（编辑地形图层）按钮，以添加地形图层。添加的第一个地形图层将使用选择的纹理填充整个地形。使用该工具可以添加多个地形

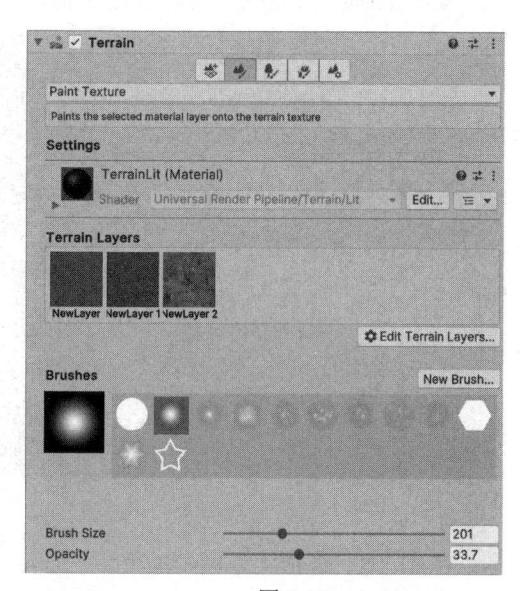

图 2-18

图层。

在地形图层中，先选择要绘制的纹理，再选择要用于绘制的画笔，从内置画笔中进行选择或创建自己的画笔，最后调整画笔的 Brush Size（画笔大小）和 Opacity（不透明度）滑动条。设置完成后，在 Scene（场景）视图的地形上单击鼠标左键并拖动可以创建平铺纹理的区域。

课堂任务 6：使用绘制纹理工具

任务步骤：

步骤（1）运行 Unity Hub，打开 Exercise_2 项目。

步骤（2）选择菜单栏中的 File->New Scene（文件->新建场景）命令，在弹出的对话框中选择 Basic（URP）模板，单击 Create（创建）按钮，创建一个新场景。

步骤（3）选择菜单栏中的 File->Save As（文件->另存为）命令，把新场景保存到 Scenes 文件夹中，并命名为"课堂任务 6"。

步骤（4）选择菜单栏中的 GameObject->3D Object->Terrain（游戏对象->3D 对象->地形）命令，创建一个地形对象。

步骤（5）在 Hierarchy（层级）窗口中选中刚创建的地形对象，单击 Terrain（地形）组件下面的 Paint Terrain（绘制地形）图标，并在下拉列表中选择 Paint Texture（绘制纹理）选项。

步骤（6）单击 Edit Terrain Layers（编辑地形图层）按钮，在弹出的下拉列表中选择 Create Layer（创建图层）选项，选择 Grass_A_BaseColor 贴图作为基本颜色贴图，同时将它的 Normal Map（法线贴图）和 Mask Map（遮罩贴图）分别设置为 Grass_A_Normal 和 Grass_A_MaskMap。第一个地形图层会覆盖整个地形。

步骤（7）使用上面的方法再创建几个地形图层，设置画笔，在 Terrain Layers（地形图层）组中选择不同的地形纹理进行绘制，如图 2-19 所示。

图 2-19

步骤（8）选择菜单栏中的 File->Save（文件->保存）命令，保存场景。

项目任务 2：绘制石湖地形

任务步骤：

步骤（1）运行 Unity Hub，打开 StoneLake 项目。

步骤（2）选择菜单栏中的 File->Save As（文件->另存为）命令，把"项目任务 1"的场景保存到 Scenes 文件夹中，并重命名为"项目任务 2"。

步骤（3）选择菜单栏中的 Window->Asset Store（窗口->资产商店）命令，在浏览器中打开 Unity 的 Asset Store，在 Asset Store 中用 Unity ID 登录后，查找免费的资源包 Unity Terrain - URP Demo Scene，下载并将其导入当前的项目中。

如果有已经下载到本地的 Unity Terrain - URP Demo Scene.unitypackage 资源包，则可以选择菜单栏中的 Assets->Import Package->Custom Package（资产->导入包->自定义包）命令，浏览本地资源包。这种方法也可以把 Unity Terrain - URP Demo Scene.unitypackage 资源包导入当前的项目中。

📖 **小贴士**

> 如果导入的资源包版本与当前项目的 Unity 版本不一致，则在导入后可能需要根据 Console（控制台）窗口给出的一些错误或警告信息进行调整。

步骤（4）在 Hierarchy（层级）窗口中，选中前面创建的 StoneLakeTerrain 游戏对象。在 Inspector（检查器）窗口中，单击 Paint Terrain（绘制地形）图标，并在下拉列表中选择 Set Height（设置高度）选项，将 Height（高度）设置为 300，如图 2-20 所示。单击 Flatten All（全部展平）按钮，把整个地形的高度都设置为 300。

步骤（5）单击 Paint Terrain（绘制地形）图标，并在下拉列表中选择 Raise or Lower Terrain（提高/降低地形）选项，在 Brushes（画笔）中选择 Builtin_brush_2 笔刷，将 Brush Size（画笔大小）设置为 200，Opacity（不透明度）设置为 20，如图 2-21 所示。

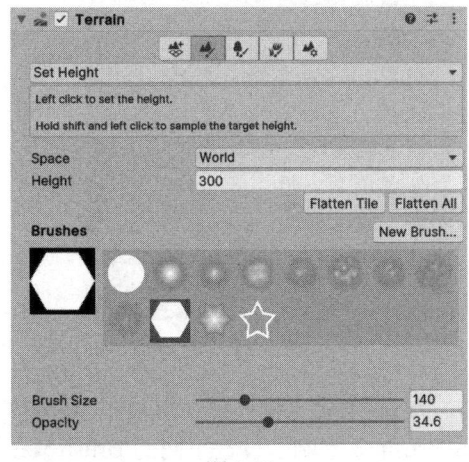

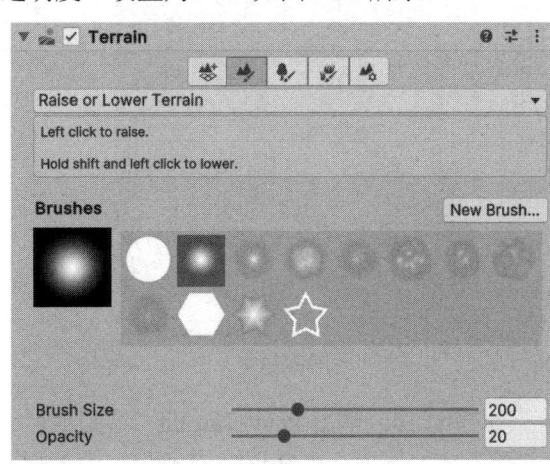

图 2-20 图 2-21

步骤（6）把场景切换到 Top（顶）视图，按住 Shift 键降低地形高度，在地形的右侧按住鼠标左键进行拖动，绘制一个湖的形状，如图 2-22 所示。

步骤（7）单击 Paint Terrain（绘制地形）图标，并在下拉列表中选择 Raise or Lower Terrain（提高/降低地形）选项，在 Brushes（画笔）中选择 Builtin_brush_3 笔刷，将 Brush Size（画笔大小）设置为 200，Opacity（不透明度）设置为 20，绘制上方山地的形状，如图 2-23 所示。

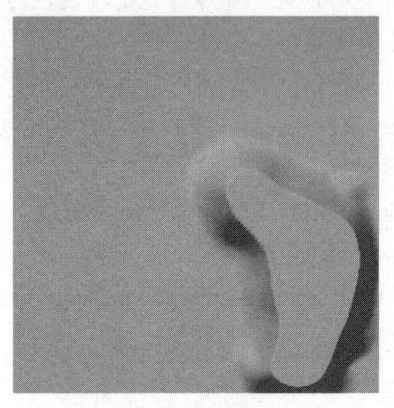

图 2-22

图 2-23

步骤（8）单击 Paint Terrain（绘制地形）图标，并在下拉列表中选择 Raise or Lower Terrain（提高/降低地形）选项，在 Brushes（画笔）中选择 Builtin_brush_6 笔刷，将 Brush Size（画笔大小）设置为 350，Opacity（不透明度）设置为 10，绘制高低起伏的地形，如图 2-24 所示。

步骤（9）单击 Paint Terrain（绘制地形）图标，并在下拉列表中选择 Raise or Lower Terrain（提高/降低地形）选项，在 Brushes（画笔）中选择 Builtin_brush_2 笔刷，将 Brush Size（画笔大小）设置为 30，Opacity（不透明度）设置为 30，按住 Shift 键降低地形高度，绘制一条河流，如图 2-25 所示。河流形状后面可以再做调整。

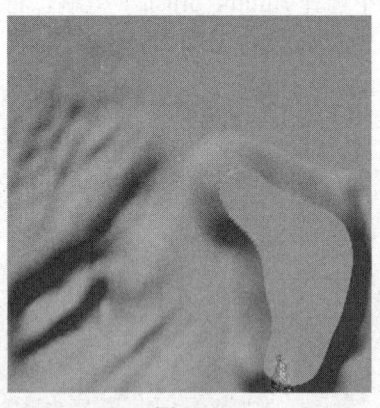

图 2-24

图 2-25

步骤（10）单击 Paint Terrain（绘制地形）图标，并在下拉列表中选择 Smooth Height（平滑高度）选项，在 Brushes（画笔）中选择 Builtin_brush_2 笔刷，设置不同的 Brush Size 值和 Opacity 值，对地面、河流、湖进行平滑处理。

步骤（11）绘制地形纹理。添加的第一个纹理会完全覆盖整个地形，通常将表示大多数地形的纹理作为第一个纹理进行添加。展开 Project（项目）窗口的 Assets/

TerrainDemoScene_URP/Terrain/Textures 文件夹，里面包含的纹理可以用作地形纹理。

步骤（12）选中场景中的 StoneLakeTerrain 地形对象，在 Inspector（检查器）窗口中单击 Paint Terrain（绘制地形）图标，并在下拉列表中选择 Paint Texture（绘制纹理）选项，在 Terrain Layers（地形图层）组的底部单击 Edit Terrain Layers（编辑地形图层）按钮，在弹出的下拉列表中选择 Create Layer（创建图层）选项。在选择 Create Layer（创建图层）选项后，Unity 会打开 Select Texture2D 窗口。此处选择要用作地形图层 Diffuse（漫射）通道的 Grass_Moss_A_BaseColor 图像，创建一个地形图层。

步骤（13）在 Terrain Layers（地形图层）组中选中刚创建的地形图层，将它的 Normal Map（法线贴图）设置为 Grass_Moss_A_Normal，Mask Map（遮罩贴图）设置为 Grass_Moss_A_MaskMap，并将 Tiling Settings（平铺设置）组中的 Size X、Y 分别设置为 30、30，如图 2-26 所示。设置完成后的地形纹理，如图 2-27 所示。

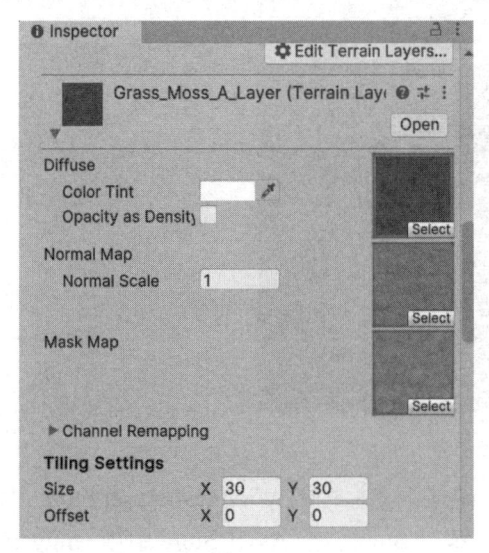

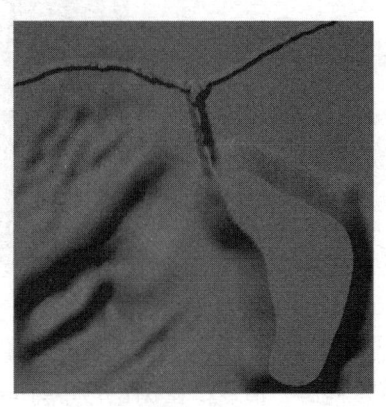

图 2-26　　　　　　　　　　　　　　　图 2-27

步骤（14）在 Project（项目）窗口中将刚创建的 NewLayer 地形图层重命名为 Grass_Moss_A_Layer。为了便于管理地形图层，把 Grass_Moss_A_Layer 地形图层移到 Assets\Layers 文件夹中。

步骤（15）使用上面的方法再创建几个地形图层，如 Black_Sand_A_Layer、Black_Sand_Rocks_B_Layer、Cliff_Mossy_E_Layer、Pebbies_B_Layer、Rock_Jagged_B_Layer、Tidal_Pools_B_Layer 等。

步骤（16）调整笔刷大小，绘制河流地形纹理。在 Terrain Layers（地形图层）组中选择 Tidal_Pools_B_Layer 地形图层，在 Brushes（画笔）中选择 Builtin_brush_2 笔刷，将 Brush Size 设置为 100，Opacity 设置为 20，并将 Tiling Settings（平铺设置）组中的 Size X、Y 分别设置为 10、10，绘制湖底的地形纹理，如图 2-28 所示。

步骤（17）在 Terrain Layers（地形图层）组中选择 Cliff_Mossy_E_Layer 地形图层，在 Brushes（画笔）中选择 Builtin_brush_2 笔刷，将 Brush Size 设置为 100，Opacity 设置为 20，并将 Tiling Settings（平铺设置）组中的 Size X、Y 分别设置为 100、100，绘制上方山地的地形纹理，如图 2-29 所示。

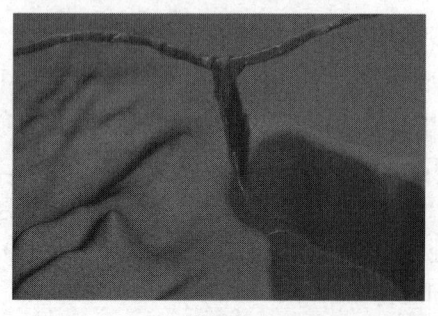

图 2-28 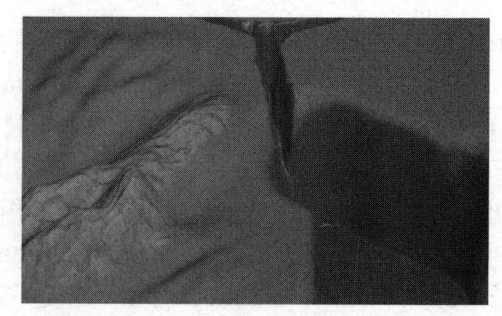　　　　　　　　　　　　　　　　图 2-29

步骤（18）在 Terrain Layers（地形图层）组中选择 Black_Sand_Rocks_B_Layer 地形图层，在 Brushes（画笔）中选择 Builtin_brush_2 笔刷，将 Brush Size 设置为 20，Opacity 设置为 50，并将 Tiling Settings（平铺设置）组中的 Size X、Y 分别设置为 10、10，沿着湖边绘制一条小路，如图 2-30 所示。

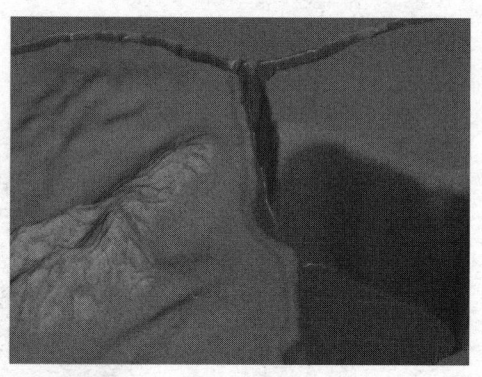

图 2-30

步骤（19）导入第三人称角色进行测试。选择菜单栏中的 Window->Asset Store（窗口->资产商店）命令，在浏览器中打开 Unity 的 Asset Store。在 Asset Store 中用 Unity ID 登录后，查找免费的资源包 Starter Assets - Third Person Character Controller URP，下载并将其导入当前的项目中。

如果有已经下载到本地的 Starter Assets - Third Person Character Controller URP.unitypackage 资源包，则可以选择菜单栏中的 Assets->Import Package->Custom Package（资产->导入包->自定义包）命令，浏览本地资源包。这种方法也可以把 Starter Assets - Third Person Character Controller URP.unitypackage 资源包导入当前的项目中。导入过程中会弹出一个 Warning（警告）对话框，如图 2-31 所示。

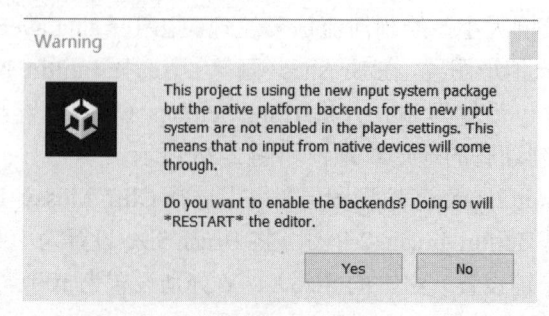

图 2-31

单击 Yes 按钮后会关闭并重启 Unity，启用新的输入系统。

步骤（20）删除场景中原有的 Main Camera 摄像机，打开 Project（项目）窗口的 Assets\StarterAssets\ThirdPersonController\Prefabs 文件夹，把 MainCamera、PlayerArmature、PlayerFollowCamera 预制件拖到场景中，选择 PlayerFollowCamera 游戏对象，在 Inspector（检查器）窗口中将 Follow 设置为 PlayerArmature 游戏对象下面的 PlayerCameraRoot 子游戏对象，如图 2-32 所示。

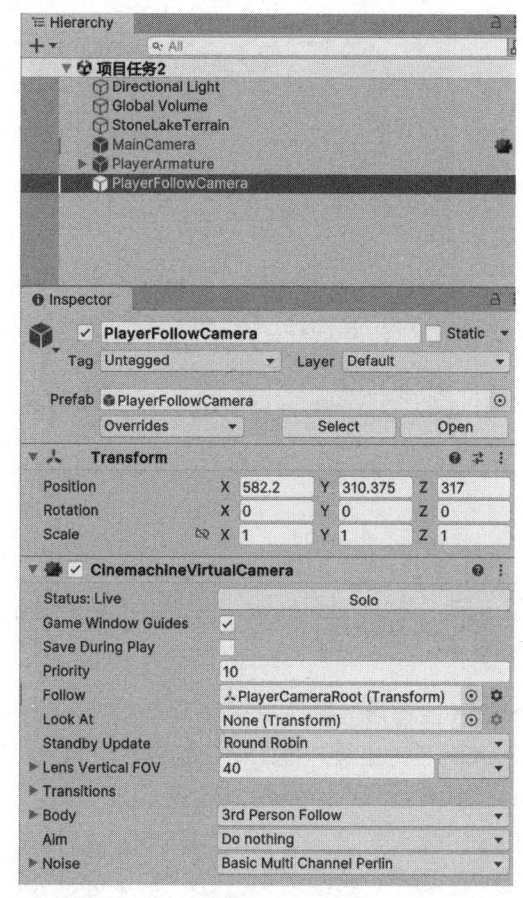

图 2-32

步骤（21）单击 Play（播放）按钮进入播放模式，按 W 键、S 键、A 键、D 键控制角色在场景中行走，观察场景并记录场景中存在的问题。单击 Stop 按钮结束播放，对场景做一些调整，保存场景。

2.3 创建树

Unity 编辑器中的树可以用两种方法创建：一种是使用独立软件 SpeedTree 来创建具有高级视觉效果的树，如平滑的 LOD 过渡、快速公告牌及自然风动画等；另一种是使用 Unity 内置的 Tree Editor 来创建树模型。下面介绍使用 Tree Editor 创建树模型的方法。

2.3.1 创建树枝

选择菜单栏中的 GameObject->3D Object->Tree（游戏对象->3D 对象->树）命令，在 Project（项目）窗口中创建一个新的树资源，并在当前打开的场景中进行实例化。这棵新树非常简单，只有一个树枝，如图 2-33 所示。

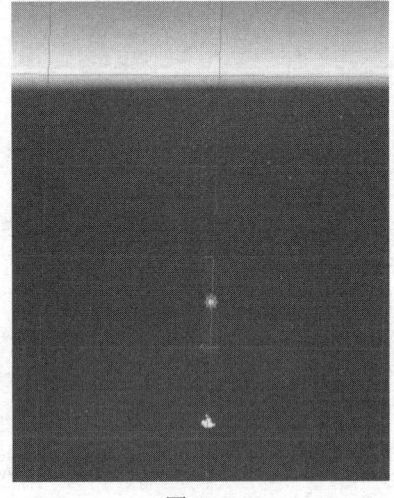

图 2-33

> 📖 **小贴士**

> 　　如果树的材质像图 2-33 一样呈现紫红色，则说明项目采用了 URP 渲染管线，树的 Shader 也要换成 URP 渲染管线。

选择该树，在 Inspector（检查器）窗口中查看 Tree 组件，此界面提供了塑造和雕刻树的所有工具。在 Tree Hierarchy（树层级）视图中，包含两个节点：Tree Root Node（树根节点）和单个 Branch Group（树干）节点，如图 2-34 所示。

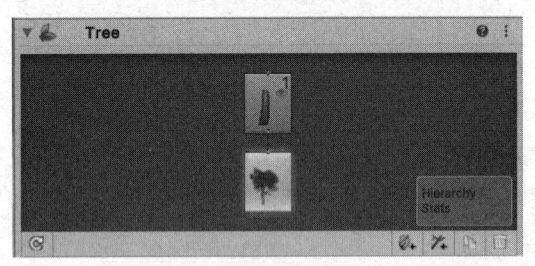

图 2-34

在 Tree Hierarchy（树层级）视图中，选择 Branch Group（树干）节点，以它为树干。单击 Add Branch Group（添加分支组）按钮，随后看到一个新的 Branch Group（树干）节点连接到主枝上。我们可以通过调整 Branch Group Properties（树枝组属性）中的设置来查看连接到树干的树枝的变化。

树枝组节点负责生成树枝和树叶。在选择树枝、树叶或树枝+树叶节点时，将显示其属性。Branch Group Properties（树枝组属性）有以下几组属性。

1. Distribution 组属性

Distribution（分布）组属性可以调整树枝组中树枝的数量和位置，如图 2-35 所示。使用曲线可以微调位置、旋转和缩放。

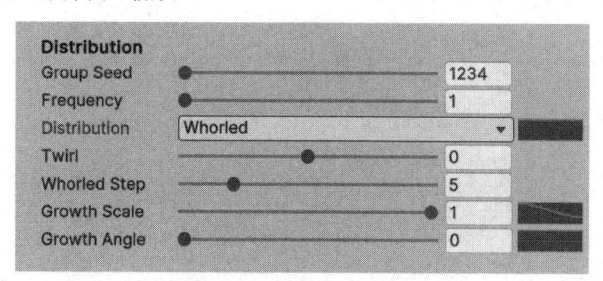

图 2-35

Distribution（分布）组属性的功能说明如表 2-5 所示。

表 2-5

属性	功能说明
Group Seed	此树枝组的种子。修改此设置可以改变程序化生成过程
Frequency	调整为每个父级树枝创建的树枝数
Distribution	选择树枝沿着父级分布的方式
Twirl	围绕父级树枝旋转
Whorled Step	定义使用 Whorled（轮生）分布时每个轮生步骤中有多少个节点。对于真正的植物，这通常是斐波纳契数
Growth Scale	定义沿着父节点生长的节点的比例。通过调整曲线和滑动条来实现淡入/淡出效果
Growth Angle	定义相对于父级的初始生长角度。通过调整曲线和滑动条来实现淡入/淡出效果

2. Geometry 组属性

Geometry（几何）组属性用于设置此树枝组生成的几何体类型及应用的材质，如图 2-36 所示。其中，LOD Multiplier 允许调整此组相对于树的 LOD Quality 的质量。

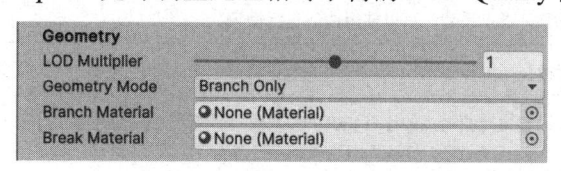

图 2-36

Geometry（几何）组属性的功能说明如表 2-6 所示。

表 2-6

属性	功能说明
LOD Multiplier	调整此组相对于树的 LOD Quality 的质量，使其质量高于或低于树的其余部分
Geometry Mode	选择此树枝组的几何体类型，包括 Branch Only、Branch + Fronds 和 Fronds Only
Branch Material	用于设置树枝的主要材质
Break Material	用于设置折断树枝的断面材质

3. Shape 组属性

Shape（形状）组属性用于调整树枝的形状和生长，如图 2-37 所示。使用曲线微调形状，所有曲线都是相对于树枝本身。

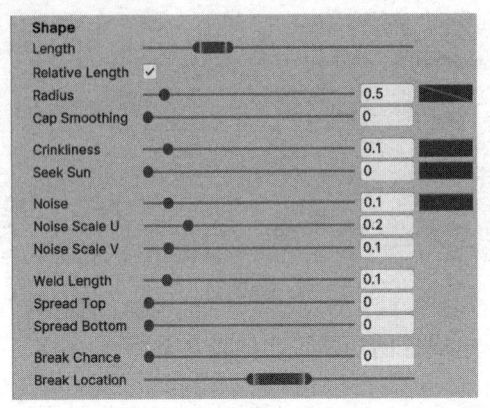

图 2-37

Shape（形状）组属性的功能说明如表 2-7 所示。

表 2-7

属性	功能说明
Length	调整树枝的长度
Relative Length	确定树枝的半径是否受其长度影响
Radius	调整树枝的半径，使用曲线沿树枝微调半径
Cap Smoothing	定义树枝的断面/尖端的圆度，适用于仙人掌
Crinkliness	调整树枝的褶皱/弯曲程度，可以使用曲线进行微调
Seek Sun	使用曲线调整树枝向上/向下弯曲的方式，使用滑动条更改比例
Noise	用于设置整体噪点系数，可以使用曲线进行微调
Noise Scale U	用于设置树枝周围噪点的比例，较小的数值将带来较摇摆的外观，而较大的数值将带来较随机的外观
Noise Scale V	用于设置沿着树枝的噪点的比例，较小的数值将带来较摇摆的外观，而较大的数值将带来较随机的外观
Weld Length	定义焊接扩展开始向上分支的距离
Spread Top	相对于其父分支，该属性表示在分支的顶端焊接的扩展因子。0 表示没有扩展
Spread Bottom	相对于其父分支，该属性表示在分支的底端焊接的扩展因子。0 表示没有扩展
Break Chance	树枝折断的可能性。其中，0 表示没有树枝折断，0.5 表示一半树枝折断，1.0 表示所有树枝折断
Break Location	定义树枝将被折断的位置

4. Fronds 组属性

Fronds（叶状体）组属性可以调整树叶的数量及其属性，如图 2-38 所示。此组属性仅在将 Geometry（几何）组属性的 Geometry Mode 设置为 Fronds Only 时才可用。

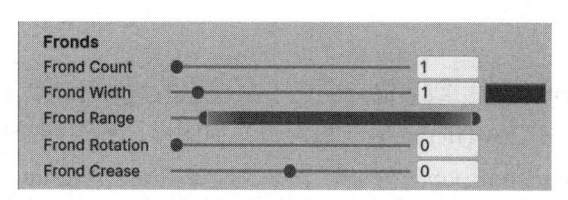

图 2-38

Fronds（叶状体）组属性的功能说明如表 2-8 所示。

表 2-8

属性	功能说明
Frond Count	定义每个树枝的树叶数。树叶总在树枝周围均匀分布
Frond Width	树叶的宽度，使用曲线调整沿树枝的具体形状
Frond Range	定义树叶的起点和终点
Frond Rotation	定义围绕父级树枝的旋转
Frond Crease	用于折皱/折叠树叶

5. Wind 组属性

Wind（风）组属性用于调整动画化此树枝组的参数，如图 2-39 所示。此组属性仅在播放模式下才可用。

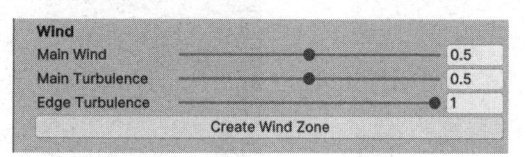

图 2-39

Wind（风）组属性的功能说明如表 2-9 所示。

表 2-9

属性	功能说明
Main Wind	主风效果。此效果可以产生柔和的摇摆运动，通常是主树枝所需的唯一参数
Main Turbulence	树枝湍流效果
Edge Turbulence	定义沿着树叶边缘发生的风湍流量，适用于蕨类植物、棕榈树等
Create Wind Zone	创建风区

课堂任务 7：创建树和树枝

任务步骤：

步骤（1）运行 Unity Hub，打开 Exercise_2 项目。

步骤（2）选择菜单栏中的 File->New Scene（文件->新建场景）命令，在弹出的对话框中选择 Basic（URP）模板，单击 Create（创建）按钮，创建一个新场景。

步骤（3）选择菜单栏中的 File->Save As（文件->另存为）命令，把新场景保存到 Scenes 文件夹中，并命名为"课堂任务 7"。

步骤（4）选择菜单栏中的 GameObject->3D Object->Tree（游戏对象->3D 对象->树）命

令，创建一个树对象。

步骤（5）在 Hierarchy（层级）窗口中选中刚创建的树对象，在 Inspector（检查器）窗口中查看 Tree 组件，在 Tree Hierarchy（树层级）视图中，包含两个节点：Tree Root Node（树根节点）和单个 Branch Group（树干）节点。选择 Branch Group（树干）节点，以它为树干。单击 Add Branch Group（添加分支组）按钮，随后看到一个新的 Branch Group（树干）节点连接到主枝上。

选择新添加的 Branch Group（树干）节点，将 Frequency 设置为 31，Distribution 设置为 Whorled，Twirl 设置为 0.03，Whorled Step 设置为 5，Growth Scale 设置为 0.66，Growth Angle 设置为 0.48，如图 2-40 所示。生成的树枝如图 2-41 所示。

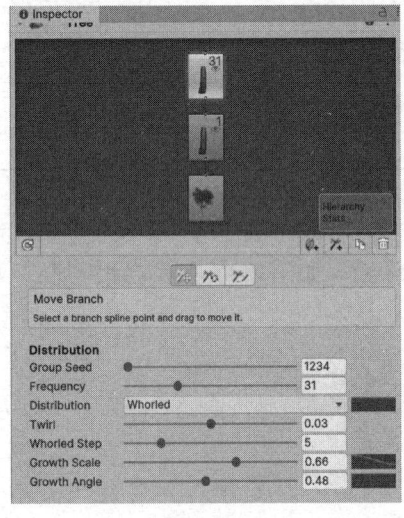

图 2-40

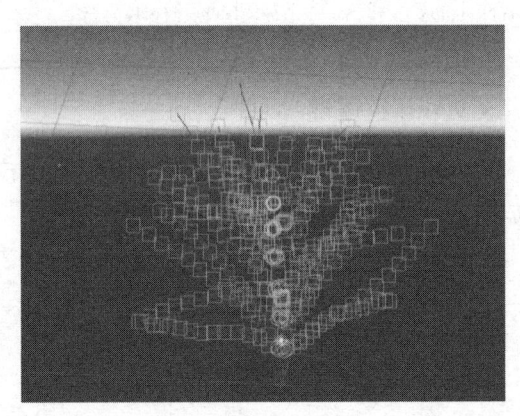

图 2-41

步骤（6）选择二级 Branch Group（树干）节点，并再次单击 Add Branch Group（添加分支组）按钮。将 Frequency 设置为 5，Distribution 设置为 Random，Growth Scale 设置为 0.73，Growth Angle 设置为 0.7，如图 2-42 所示。生成的树枝如图 2-43 所示。

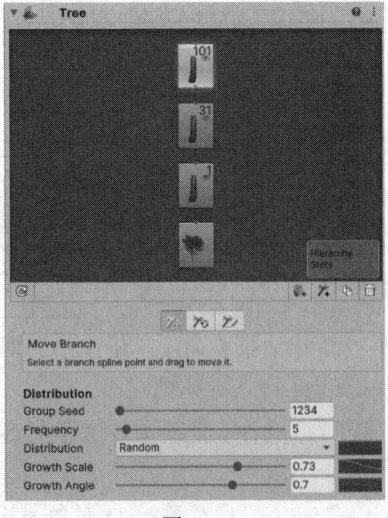

图 2-42

图 2-43

步骤（7）选择菜单栏中的 File->Save（文件->保存）命令，保存场景。

2.3.2 创建树叶

在完成树枝结构后，添加 Leaf Group（树叶组）用树叶装饰树，这和添加树枝组的操作基本上是一样的，即选择 Branch Group（树干）节点，单击 Add Leaf Group（添加树叶组）按钮。

Leaf Group Properties（树叶组属性）有以下几组属性。

1. Distribution 组属性

Distribution（分布）组属性用于调整树叶组中树叶的数量和位置，如图 2-44 所示。使用曲线可以微调位置、旋转和缩放，这些都是相对于父级树枝操作的。

图 2-44

Distribution（分布）组属性的功能说如表 2-10 所示。

表 2-10

属性	功能说明
Group Seed	此树叶组的种子。修改此设置可以改变程序化生成过程
Frequency	调整为每个父级树枝创建的树叶数
Distribution	选择树叶沿着父级分布的方式
Twirl	围绕父级树枝旋转
Whorled Step	定义使用 Whorled（轮生）分布时每个轮生步骤中有多少个节点。对于真正的植物，这通常是斐波纳契数
Growth Scale	定义沿着父节点生长的节点的比例。通过调整曲线和滑动条来实现淡入/淡出效果
Growth Angle	定义相对于父级的初始生长角度。通过调整曲线和滑动条来实现淡入/淡出效果

2. Geometry 组属性

Geometry（几何）组属性用于设置此树叶组生成的几何体类型及应用的材质，如图 2-45 所示。如果使用自定义网格，则会使用其材质。

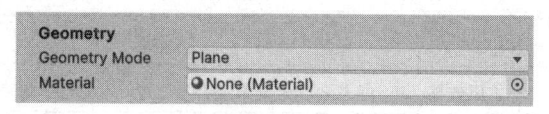

图 2-45

Geometry（几何）组属性的功能说明如表 2-11 所示。

表 2-11

属性	功能说明
Geometry Mode	创建的几何体类型，可以通过选择 Mesh 选项来使用自定义网格，适用于鲜花、水果等
Material	用于设置树叶的材质
Mesh	用于设置树叶的网格，当 Geometry Mode 值为 Mesh 时可用

3. Shape 组属性

Shape（形状）组属性用于调整树叶的形状和生长，如图 2-46 所示。

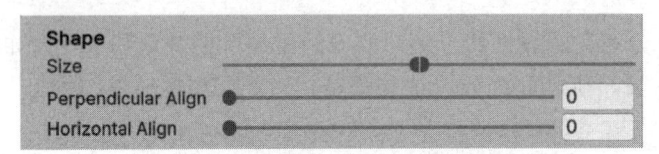

图 2-46

Shape（形状）组属性的功能说明如表 2-12 所示。

表 2-12

属性	功能说明
Size	调整树叶的大小，使用范围来调整树叶的最小值和最大值
Perpendicular Align	调整树叶是否与父级树枝垂直对齐
Horizontal Align	调整树叶是否与父级树枝平行对齐

4. Wind 组属性

Wind（风）组属性用于调整动画化此树叶组的参数。该组属性仅在播放模式下才有效，如图 2-47 所示。如果将 Main Wind 和 Main Turbulence 的数值设置得过大，则树叶可能会从树枝上浮起。

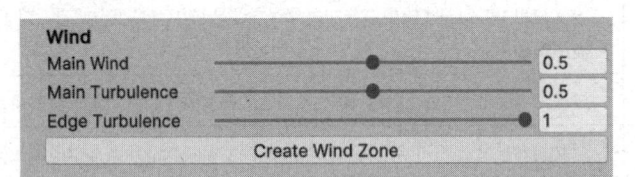

图 2-47

Wind（风）组属性的功能说明如表 2-13 所示。

表 2-13

属性	功能说明
Main Wind	主风效果。在通常情况下，此数值不宜过大，以免树叶从父级树枝上浮起
Main Turbulence	二级湍流效果。对于树叶，此数值不宜过大
Edge Turbulence	定义沿树叶边缘发生的风湍流量

课堂任务 8：创建树叶

任务步骤：

步骤（1）运行 Unity Hub，打开 Exercise_2 项目。

步骤（2）选择菜单栏中的 File->Open Scene（文件->打开场景）命令，打开"课堂任务 7"场景。

步骤（3）选择菜单栏中的 File->Save As（文件->另存为）命令，把该场景保存到 Scenes 文件夹中，并命名为"课堂任务 8"。

步骤（4）在 Hierarchy（层级）窗口中选择 Tree 对象，在 Inspector（检查器）窗口中查看 Tree 组件，在 Tree Hierarchy（树层级）视图中选择二级 Branch Group（树干）节点。单击 Add Leaf Group（添加树叶组）按钮，添加树叶，将 Frequency 设置为 5，其他属性保持默认设置，如图 2-48 所示。

步骤（5）在 Tree Hierarchy（树层级）视图中，选择三级 Branch Group（树干）节点。单击 Add Leaf Group（添加树叶组）按钮，添加树叶，将 Frequency 设置为 5，其他属性保持默认设置，如图 2-49 所示。

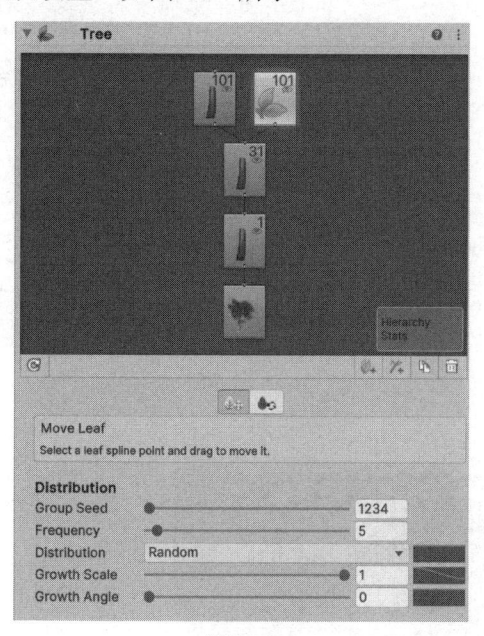

图 2-48 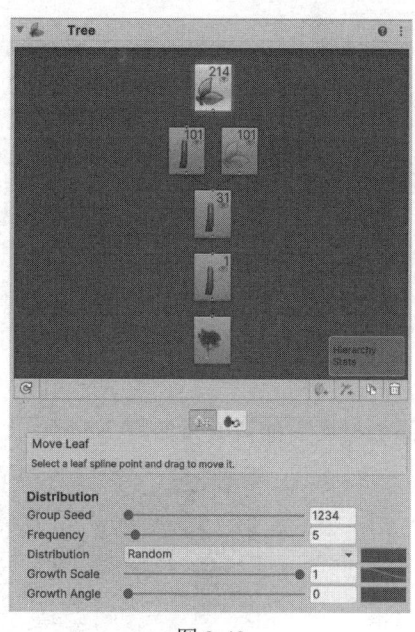　　　　　　　　　　图 2-49

步骤（6）选择菜单栏中的 Assets->Create->Material（资产->创建->材质）命令，创建树叶的材质，将其重命名为 M_Leaf。在 Inspector（检查器）窗口中将 Shader 更改为 Universal Render Pipeline/Nature/SpeedTreeURP_Branch。使用同样的方法，创建树皮的材质，将其重命名为 M_Bark，将 Shader 更改为 Universal Render Pipeline/Nature/SpeedTreeURP_Bark。

步骤（7）在 Hierarchy（层级）窗口中选中 Tree 对象，把 M_Bark 材质从 Project（项目）窗口拖到 Inspector（检查器）窗口的 Optimized Bark Material 处，使用 Assets/Prefabs/Trees/Conifer/Textures 文件夹中的贴图设置 Surface Inputs 组中的属性，其中将 Base Map 设置为 Confier_Bark_Color，Normal Map 设置为 Confier_Bark_Normal，并将

Smoothness（R）、Metallic（G）、AO（B）设置为 Confier_Bark_Extra，如图 2-50 所示。

步骤（8）在 Hierarchy（层级）窗口中选中 Tree 对象，把 M_Leaf 材质从 Project（项目）窗口拖到 Inspector（检查器）窗口的 Optimized Leaf Material 处，使用 Assets/Prefabs/Trees/Conifer/Textures 文件夹中的贴图设置 Surface Inputs 组中的属性，其中将 Base Map 设置为 Confier_Color，Normal Map 设置为 Confier_Normal，Smoothness（R）、Metallic（G）、AO（B）设置为 Confier_Extra，Subsurface Map 设置为 Confier_Subsurface，如图 2-51 所示。

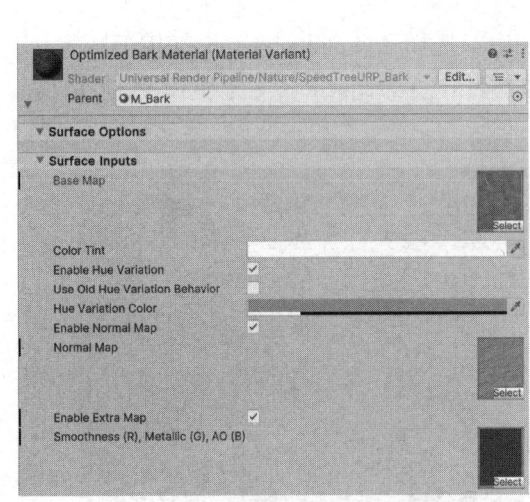

图 2-50

图 2-51

添加材质后的树效果如图 2-52 所示。

图 2-52

步骤（9）选择菜单栏中的 File->Save（文件->保存）命令，保存场景。

2.4 绘制树

我们可以使用 SpeedTree 或 Tree Editor 创建树模型，并通过单击 Terrain（地形）组件下面的 Paint Trees（绘制树）按钮在地形上绘制树，如图 2-53 所示。

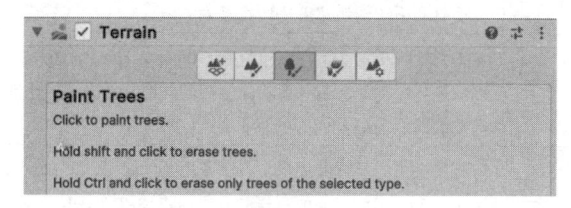

图 2-53

在地形上绘制树之前，需要添加树原型。单击 Edit Trees 按钮，选择 Add Tree 选项，从项目中选择树资源，并将其添加为树预制件，以便与画笔结合使用，如图 2-54 所示。树资源可以使用 2.3 节 Tree Editor 创建自己的树预制件使用第三方资源包中的树预制件作为添加到地形中的树原型。

选择要放置的树之后，可以通过调整 Paint Trees（绘制树）属性来自定义树的位置和特征，如图 2-55 所示。

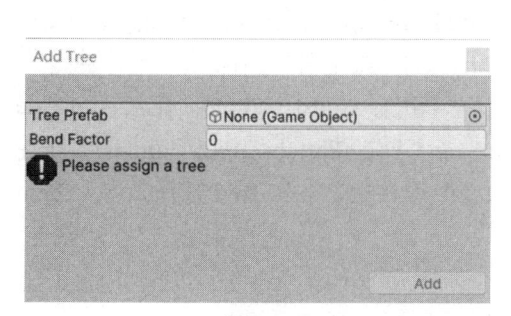

图 2-54

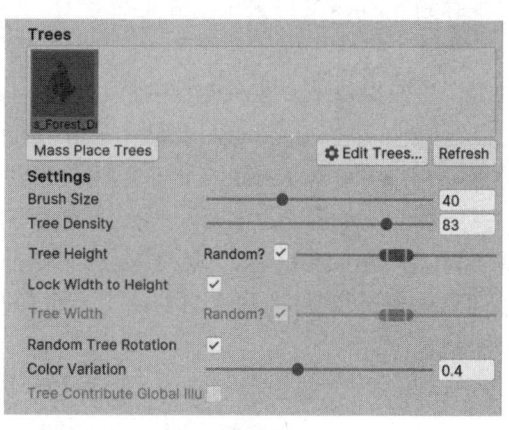

图 2-55

Paint Trees（绘制树）属性的功能说明如表 2-14 所示。

表 2-14

属性	功能说明
Mass Place Trees	创建一批整体覆盖的树，但不绘制在整个地形上。在批量放置树后，仍然可以使用绘制功能来添加或移除树，从而创建更密集或更稀疏的区域
Brush Size	控制可添加树的区域的大小
Tree Density	控制在 Brush Size 定义的区域中绘制的树的平均数量
Tree Height	使用滑动条来控制树的高度。将滑动条向左拖动可以绘制矮树，向右拖动可以绘制高树。如果取消勾选 Random 复选框，则可以将所有新树的确切高度比例指定为 0.01～2

续表

属性	功能说明
Lock Width to Height	在默认情况下,树的宽度与其高度锁定,因此始终会均匀缩放树。如果取消勾选 Lock Width to Height 复选框,则可以单独指定宽度
Tree Width	如果树的宽度未与其高度锁定,则可以使用滑动条来控制树的宽度。将滑动条向左拖动可以绘制细树,向右拖动可以绘制粗树。如果取消勾选 Random 复选框,则可以将所有新树的确切宽度比例指定为 0.01~2
Random Tree Rotation	如果为树配置 LOD 组,则勾选 Random Tree Rotation 复选框帮助创建随机自然的森林效果,而不是人工种植的完全相同的树。如果要以相同的固定旋转来放置树,则取消勾选此复选框
Color Variation	应用于树的随机着色量。仅在着色器读取 _TreeInstanceColor 属性时有效。例如,使用 Tree Editor 创建的所有树的着色器将读取 _TreeInstanceColor 属性
Tree Contribute Global Illumination	勾选此复选框可向 Unity 指示树影响全局光照计算

项目任务 3：添加树

任务步骤：

步骤（1）运行 Unity Hub，打开 StoneLake 项目。

步骤（2）选择菜单栏中的 File->Save As（文件->另存为）命令，把"项目任务 2"场景保存到 Scenes 文件夹中，并重命名为"项目任务 3"。

步骤（3）在 Project（项目）窗口中展开 Assets/TerrainDemoScene_URP/Prefabs/Trees 文件夹，里面提供了一些树的预制件。

步骤（4）在 Hierarchy（层级）窗口中选中 StoneLakeTerrain 游戏对象，在 Inspector（检查器）窗口中单击 Terrain（地形）组件下面的 Paint Trees（绘制树）图标。

步骤（5）单击 Edit Trees 按钮，在弹出的下拉列表中选择 Add Tree 选项，弹出 Add Tree 对话框。把 Project（项目）窗口 Assets/TerrainDemoScene_URP/Prefabs/Trees/Conifer 文件夹中的 Conifer 预制件拖到 Add Tree 对话框的 Tree Prefab 属性上，单击 Add 按钮，即可添加一个树资源。

步骤（6）重复上面的操作，添加其他树资源，如图 2-56 所示。

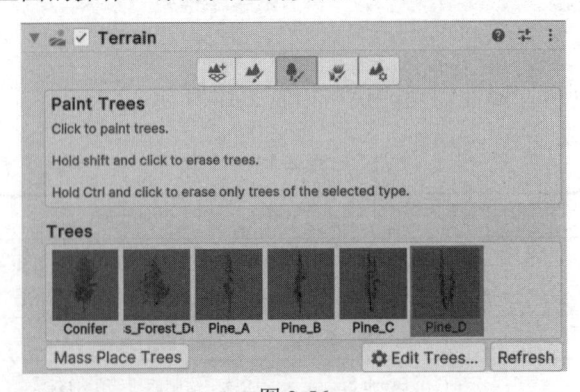

图 2-56

步骤（7）选择一棵树，将 Brush Size 设置为 5，Tree Density 设置为 10，沿路的两侧绘制，如图 2-57 所示。

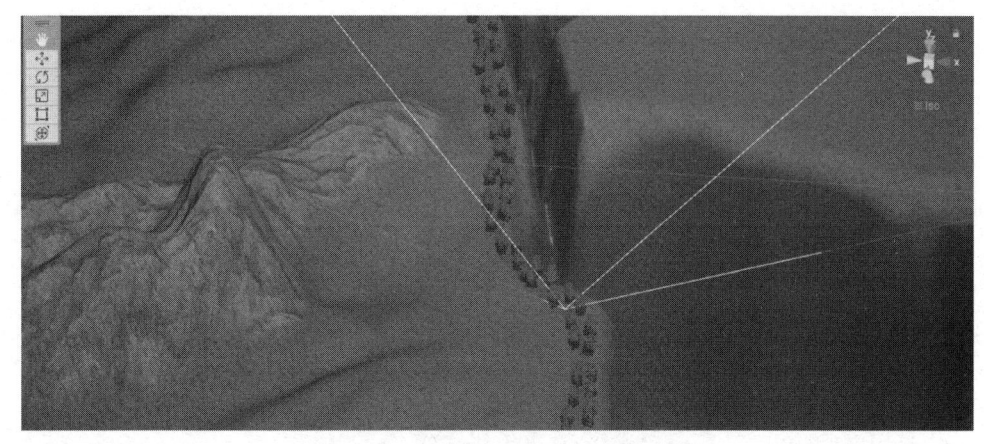

图 2-57

步骤（8）选择一些树，调整 Brush Size 和 Tree Density 的数值，在地面绘制大面积的树林。需要注意的是，场景中树的数量不要过多，否则会影响运行性能。在按住 Ctrl 键的同时，使用 Paint Trees（绘制树）工具可以擦除一些多余的树，如图 2-58 所示。

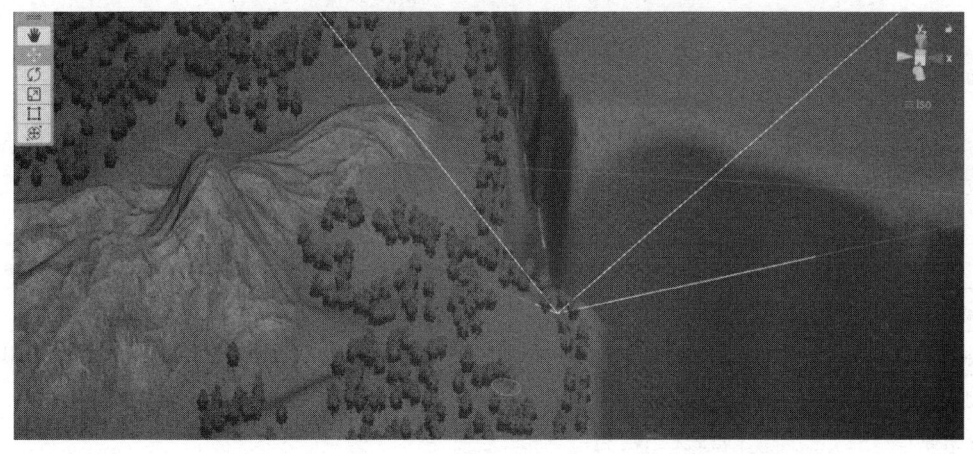

图 2-58

步骤（9）选择菜单栏中的 File->Save（文件->保存）命令，保存场景。

2.5 添加花草

地形表面可能覆盖着草丛和花丛。单击 Terrain（地形）组件下面的 Paint Details（绘制细节）按钮，可以绘制草地和细节，如图 2-59 所示。

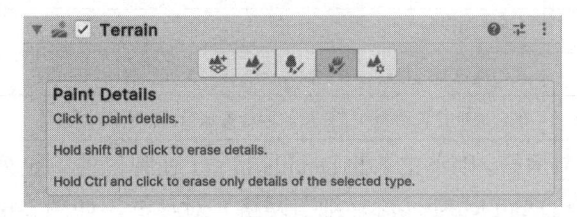

图 2-59

在地形上绘制草纹理之前,需要先将草纹理添加到 Details 列表中。单击 Edit Details 按钮,在弹出的下拉列表中选择 Add Grass Texture 选项,弹出 Add Grass Texture(添加草纹理)对话框,如图 2-60 所示。

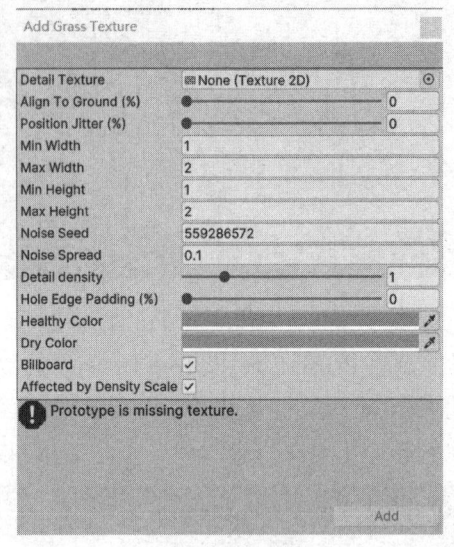

图 2-60

Add Grass Texture(添加草纹理)对话框中属性的功能说明如表 2-15 所示。

表 2-15

属性	功能说明
Detail Texture	指定草的纹理
Align To Ground	指定草纹理轴与地形法线对齐的程度。其中,0 表示未与法线对齐,100 表示与法线对齐
Position Jitter	控制草分布从有序到随机的随机性
Min Width	沿 x 轴的最小值
Max Width	沿 x 轴的最大值
Min Height	沿 y 轴的最小值
Max Height	沿 y 轴的最大值
Noise Seed	设置随机数生成器种子
Noise Spread	指噪波图案在 xy 平面上的缩放,数值越大表示指定区域内的变化越多
Detail density	控制草纹理相对于其大小的密度
Hole Edge Padding	控制草纹理与孔区域边缘的距离
Healthy Color	设置健康颜色
Dry Color	设置干燥颜色
Billboard	在勾选该复选框时,草地纹理会旋转,使其始终面向摄影机
Affected by Density Scale	确定地形设置中的细节密度比例设置是否会影响草纹理

如果需要添加细节网格,则单击 Edit Details 按钮,在弹出的下拉列表中选择 Add Detail Mesh 选项,弹出 Add Detail Mesh(添加细节网格)对话框,如图 2-61 所示。

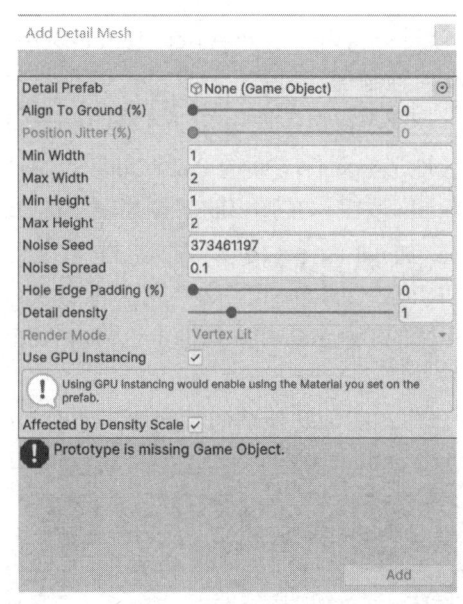

图 2-61

Add Detail Mesh（添加细节网格）对话框中属性的功能说明如表 2-16 所示。

表 2-16

属性	功能说明
Detail Prefab	指定细节的预制体
Align To Ground	指定细节轴与地形法线对齐的程度。其中，0 表示未与法线对齐，100 表示与法线对齐
Position Jitter	控制细节分布从有序到随机的随机性
Min Width	沿 x 轴的最小值
Max Width	沿 x 轴的最大值
Min Height	沿 y 轴的最小值
Max Height	沿 y 轴的最大值
Noise Seed	设置随机数生成器种子
Noise Spread	指噪波图案在 xz 平面上的缩放，数值越大表示指定区域内的变化越多
Hole Edge Padding	控制细节对象与孔区域边缘的距离
Detail density	控制细节相对于其大小的密度
Render Mode	设置渲染模式。如果选择 Vertex Lit 选项，则可以将细节网格渲染为场景中的实体、顶点照明的游戏对象，这些对象不会在风中移动；如果选择 Grass 选项，则可以使用类似于草纹理的简化照明渲染场景中的细节网格，并在风中移动
Use GPU Instancing	指定是否要使用 GPU 实例化来渲染细节网格
Affected by Density Scale	确定地形设置中的细节密度比例设置是否会影响细节

项目任务 4：添加花草

任务步骤：

步骤（1）运行 Unity Hub，打开 StoneLake 项目。

步骤（2）选择菜单栏中的 File->Save As（文件->另存为）命令，把"项目任务 3"场景保存到 Scenes 文件夹中，并重命名为"项目任务 4"。

步骤（3）在 Project（项目）窗口中展开 Assets/TerrainDemoScene_URP/Prefabs/Details 文件夹，里面提供了一些草的预制体。

步骤（4）在 Hierarchy（层级）窗口中选中 StoneLakeTerrain 游戏对象，在 Inspector（检查器）窗口中单击 Terrain（地形）组件下面的 Paint Details（绘制细节）图标。

步骤（5）单击 Edit Details 按钮，在弹出的下拉列表中选择 Add Detail Mesh 选项，弹出 Add Detail Mesh（添加细节网格）对话框。把 Project（项目）窗口 Assets/TerrainDemoScene_URP/Prefabs/Details 文件夹中的 Bush_A 预制件拖到 Add Detail Mesh（添加细节网络）对话框的 Detail Prefab 属性上，单击 Add 按钮，即可在 Details 选区中添加草的预制体。

步骤（6）重复上面的操作，添加其他草的预制体，如图 2-62 所示。

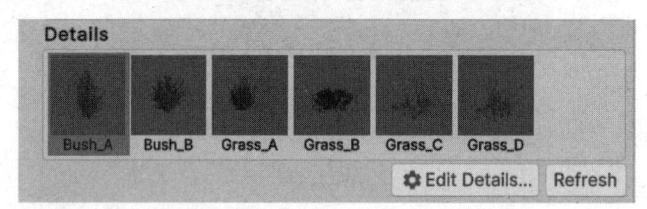

图 2-62

步骤（7）选择 Grass_A 预制体，将 Brush Size 设置为 1，Opacity 设置为 10，沿路的两侧绘制较为稀疏的草地。

步骤（8）选择草，调整 Brush Size 和 Opacity 的数值，在树林中绘制较大面积的草地。需要注意的是，场景中草的数量不要太多，会影响运行性能。在按住 Shift 键的同时，使用 Paint Details（绘制细节）工具可以删掉一些多余的草地。

步骤（9）选择菜单栏中的 File->Save（文件->保存）命令，保存场景。

项目任务 5：添加水

任务步骤：

步骤（1）运行 Unity Hub，打开 StoneLake 项目。

步骤（2）在 Windows 文件资源管理器中，解压缩"第 2 章项目素材.rar"文件，把解压缩后的所有文件和文件夹都复制到项目的 Assets 文件夹中。

步骤（3）选择菜单栏中的 File->Save As（文件->另存为）命令，把"项目任务 4"场景保存到 Scenes 文件夹中，并重命名为"项目任务 5"。

步骤（4）在 Project（项目）窗口中展开 Assets/Materials 文件夹，选择菜单栏中的 Assets->Create-Material（资产->创建->材质）命令，创建材质，并将其重命名为 M_Water。在 Inspector（检查器）窗口中将 Shader 更改为 SG_Water。

步骤（5）选择菜单栏中的 GameObject->3D Object->Plane（游戏对象->3D 对象->平面）命令，创建一个平面，将该平面作为水面，并重命名为 Water。在 Inspector（检查器）窗口中将 Position X、Y、Z 分别设置为 500、296、500，Scale X、Y、Z 分别设置为 100、1、100，它的材质设置为 M_Water。展开 Surface Inputs 选项，将 Normal Map（法线贴图）修改为 Water/Textures/Water_Normal，Normal Strength 设置为 0.1，Speed 设置为 0.05，如

图 2-63 所示。

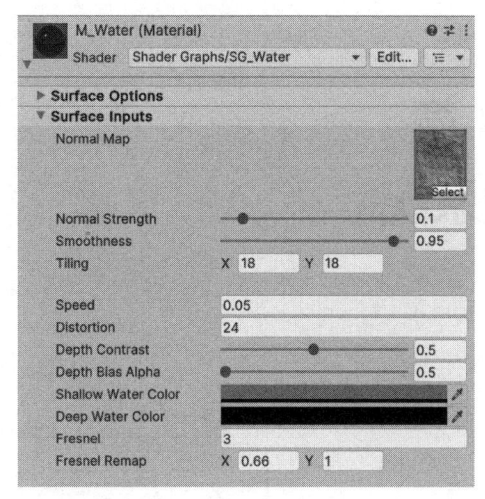

图 2-63

步骤（6）单击 Play（播放）按钮，开始播放，测试场景中的效果，如果存在问题，则在结束播放后进行修改。

步骤（7）单击 Stop（停止）按钮，结束播放，选择菜单栏中的 File->Save（文件->保存）命令，保存场景。

拓展任务 1

任务要求：把更多的树木、花草、岩石和竹林添加到场景中，在水中放置一些荷花、荷叶或水草，使场景中的景观丰富多彩。

第 3 章 音频系统

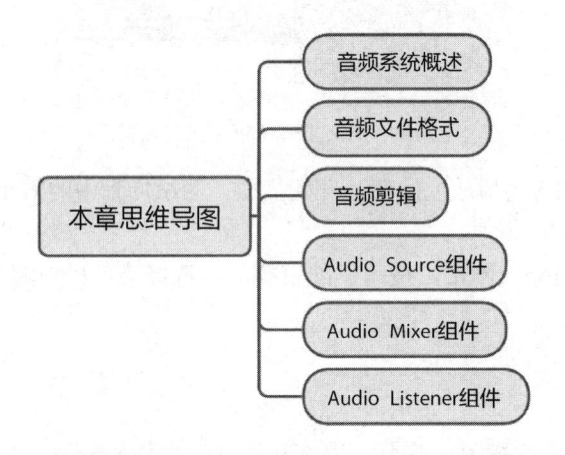

```
                          ┌─ 音频系统概述
                          ├─ 音频文件格式
                          ├─ 音频剪辑
             本章思维导图 ──┤
                          ├─ Audio Source组件
                          ├─ Audio Mixer组件
                          └─ Audio Listener组件
```

3.1 音频系统概述

在 Unity 场景中，无论是背景音乐还是音效，都是必不可少的。音乐一般是指在某个场景或某个封闭空间内的背景音乐，由一首完整且较长的乐曲组成。音效一般是某个物理反应、某个情节所发出的声音或环境音，多由一小段音频剪辑组成。

现实生活中存在很多声音源，声音在空间中向四面八方传播，并被人耳感知。在 Unity 中，声音源由 Audio Source（音频源）组件关联音频文件后充当，感知声音的过程由 Audio Listener（音频监听器）组件完成。Audio Listener（音频监听器）组件一般绑定在场景的主摄像机上，无论场景中有多少声音，在最后汇集到耳朵时都只有一个声音，即混合后的声音。Unity 音频系统预先把声音混合成一个声音，并播放出来。为了解决声音的管理问题，将声音成组管理，并形成一个层次结构，可以对同一个组内的音源改变音量、施加特效等。Audio Mixer（混音器）就是 Unity 用来实现上述功能的组件。图 3-1 所示为音频系统中相关组件的关系。

图 3-1

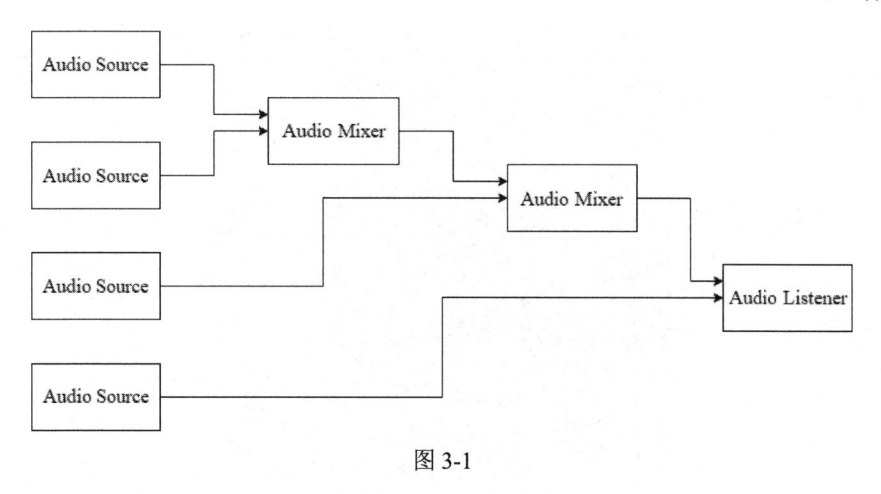

3.2 音频文件格式

Unity 可以导入几乎任何常见的音频文件格式，而导入 Unity 中的任何音频文件都可以作为音频剪辑文件在脚本中获取，因此在游戏运行时音频系统能够访问经过编码的音频数据。游戏可以在实际音频数据加载之前通过音频剪辑来访问有关音频数据的元数据信息。之所以能实现这一点，是因为导入过程已从编码的音频数据中提取了各种信息（如长度、声道数和采样率等），并将其存储在音频剪辑中。Unity 支持的音频文件格式如表 3-1 所示。

表 3-1

格式	扩展名
MPEG Layer 3	.mp3
Ogg Vorbis	.ogg
Microsoft Wave	.wav
音频交换文件格式	.aiff/.aif
Ultimate Soundtracker 模块	.mod
Impulse Tracker 模块	.it
Scream Tracker 模块	.s3m
FastTracker 2 模块	.xm

3.3 音频剪辑

音频剪辑（Audio Clip）包含音频源使用的音频数据。Unity 支持单声道、立体声和多声道音频，可以在 Unity 中导入.aif、.wav、.mp3 和.ogg 等格式的音频文件。Unity 还支持以.xm、.mod、.it 和.s3m 格式导入音轨模块（Tracker Module）。音轨模块资源的行为与 Unity 中的任何其他音频资源相同，但是在导入音轨模块资源后，Inspector（检查器）窗口中没有可用的波形预览。

在将音频文件导入 Unity 后，Inspector（检查器）窗口，如图 3-2 所示。

▶ Unity 虚拟现实开发任务驱动式教程

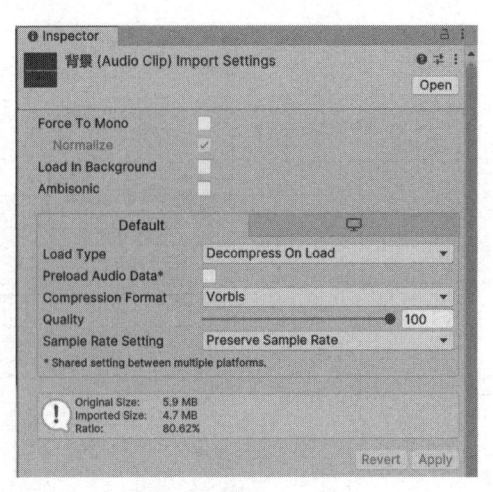

图 3-2

在导入音频文件后，Inspector（检查器）窗口中属性的功能说明如表 3-2 所示。

表 3-2

属性	功能
Force To Mono	勾选此复选框后，多声道音频将在打包前混合为单声道
Normalize	勾选此复选框后，音频将在 Force To Mono（强制为单声道）混合过程中被标准化
Load In Background	勾选此复选框后，音频的加载将在单独的线程上延时进行，不会阻止主线程
Ambisonic	Ambisonic（立体混响声）是一种音频类型，提供了一种可以完全包围听众的声音技术。它非常适合 360 度播放的视频和 XR 应用程序。如果音频文件包含立体混响声编码的音频，则需要勾选此复选框
Load Type	Unity 在运行时用于加载音频资源的方法
Preload Audio Data	如果勾选此复选框，则在加载场景时提前加载音频剪辑文件。在默认情况下，此复选框为勾选状态以反映 Unity 标准模式，即在场景开始播放时所有音频剪辑文件已完成加载。如果未勾选此复选框，则音频数据将在执行第一个 AudioSource.Play()/AudioSource.PlayOneShot()时加载，或者可以通过 AudioSource.LoadAudioData()加载，并通过 AudioSource.UnloadAudioData()卸载
Compression Format	用于设置在运行时声音的特定格式
Quality	确定要应用于压缩剪辑的压缩量。不适用于 PCM/ADPCM/HEVAG 格式。我们可以在 Inspector（检查器）窗口中查看有关文件大小的统计信息。要调整此值，建议通过调整滑动条让播放质量足够好，同时保持文件足够小以满足发布条件
Sample Rate Setting	PCM 和 ADPCM 压缩格式允许自动优化或手动降低采样率

3.4 Audio Source 组件

Audio Source（音频源）组件在场景中播放音频剪辑。音频剪辑的音源可以通过 Audio Listener（音频监听器）组件或 Audio Mixer（混音器）组件播放。Audio Source（音频源）组件可以播放任何类型的音频剪辑，也可以设置以 2D、3D 或混合模式播放。音频可以在扬声器之间扩散，并在 3D 和 2D 之间变换，也可以通过衰减曲线控制传播距离。此外，如果监听器位于一个或多个混响区内，则会将混响应用于音频源。我们可以对每个音频源应用单独的滤波器，以获得更丰富的音频体验。Audio Source（音频源）组件如图 3-3 所示。

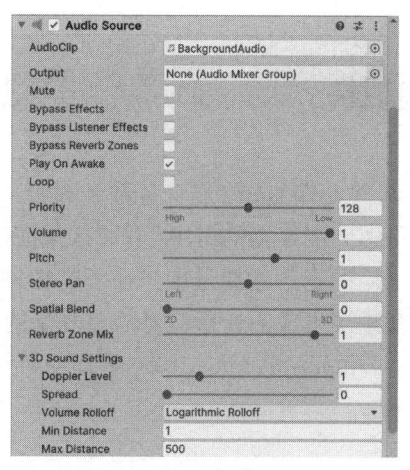

图 3-3

Audio Source（音频源）组件中属性的功能说明如表 3-3 所示。

表 3-3

属性	功能
AudioClip	指定将要播放的音频剪辑文件
Output	在默认情况下，剪辑将直接输出到场景的 Audio Listener（音频监听器）组件中。使用此属性可以更改为将剪辑输出到 Audio Mixer（混音器）组件中
Mute	如果勾选此复选框，则为静音
Bypass Effects	可快速绕过应用于音频源的滤波器效果。启用/停用效果的快捷方式
Bypass Listener Effects	这是快速启用/停用所有监听器的快捷方式
Bypass Reverb Zones	这是快速打开/关闭所有混响区的快捷方式
Play On Awake	如果勾选此复选框，则声音将在场景启动时开始播放。如果取消勾选此复选框，则需要通过脚本使用 Play() 启用播放
Loop	勾选此复选框可以在音频剪辑结束后循环播放
Priority	从场景中存在的所有音频源中确定此音频源的优先级。（如果 Priority 值为 0，则表示优先级最高；如果 Priority 值为 256，则表示优先级最低。默认 Priority 值为 128）
Volume	声音的大小与离音频监听器的距离成正比，以米为世界单位
Pitch	因音频剪辑的减速/加速导致的音高变化量。如果 Pitch 值为 1，则表示正常播放速度
Stereo Pan	设置 2D 声音的立体声位置
Spatial Blend	设置 3D 引擎对音频源的影响程度
Reverb Zone Mix	设置路由到混响区的输出信号量。该值是线性的，范围为 0~1，但允许在 1 到 1.1 范围内进行 10dB 放大，这对于实现近场和远距离声音的效果很有用
3D Sound Settings 组	与 Spatial Blend 属性成正比应用的设置
Doppler Level	确定将对此音频源应用多普勒效果的程度（如果设置为 0，则不应用任何效果）
Spread	在发声空间中将扩散角度设置为 3D 立体声或多声道
Volume Rolloff	声音衰减的速度。如果选择 Logarithmic Rolloff（对数衰减）选项，则在靠近音频源时，声音会很大，但在离开物体时，声音下降得很快；如果选择 Linear Rolloff（线性衰减）选项，则音频源越远，听到的声音越低；如果选择 Custom Rolloff（自定义衰减）选项，则来自音频源的声音的行为与设置衰减图的方式相对应
Min Distance	在最小距离内，声音将保持可能的最大响度。在最小距离之外，声音将开始减弱。调大该数值可以使声音在 3D 世界中更响亮，而调小该数值则可以使声音在 3D 世界中更安静
Max Distance	声音停止衰减的距离。在超过此距离之后，声音在 Min Distance 和 Max Distance 之间会衰减，在小于 Min Distance 或大于 Max Distance 时保持音量，不会衰减

3.5 Audio Mixer 组件

Audio Mixer（混音器）组件允许 Unity 混合各种音频源，并对音频源应用效果。它的工作原理是将音频源的输出路由到混音器的组中，并将效果应用于该信号。Audio Mixer（混音器）是一种可以被音频源引用的资产，通过用户在资产内构建的音频组层次结构进行了基于类别的混音，提供了从音频源生成的音频信号的更复杂的路由和混合。

选择菜单栏中的 Window->Audio->Audio Mixer(窗口->音频->混音器)命令，打开 Audio Mixer 窗口，如图 3-4 所示。

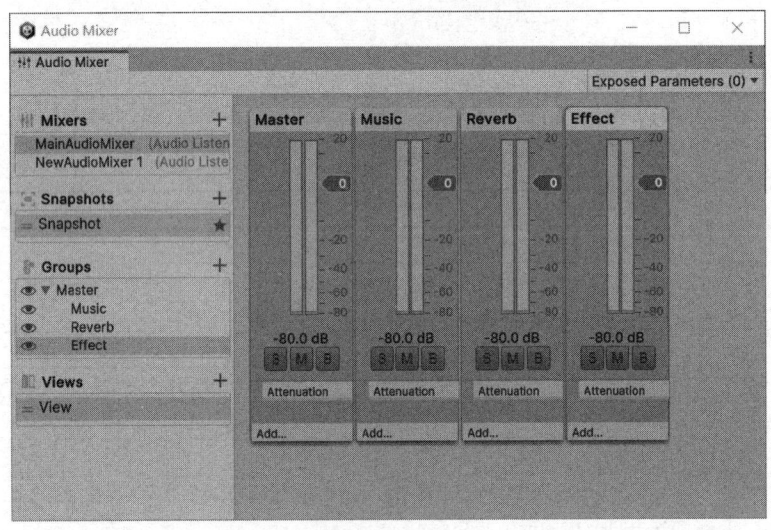

图 3-4

3.6 Audio Listener 组件

Audio Listener（音频监听器）组件具有类似于麦克风的功能，可以接收来自场景中任何给定音频源的输入，并通过计算机扬声器播放声音。对大多数应用程序来说，最有意义的是将监听器附加到主摄像机上。如果音频监听器位于混响区的边界内，则会将混响应用于场景中的所有可闻声音。此外，我们可以在监听器上应用音频效果，并将音频效果应用于场景中的所有可闻声音。

Audio Listener（音频监听器）组件与 Audio Source（音频源）组件配合使用，可为游戏营造听觉体验。当音频监听器连接到场景中的游戏对象时，任何足够接近监听器的源都将被拾取并输出到计算机的扬声器中。每个场景有且只有 1 个音频监听器时才能正常工作。

如果音频源是 3D 的，则监听器将模拟 3D 世界中声音的位置、速度和方向。2D 将忽略任何 3D 处理。例如，如果角色进入树林，那么树林的风吹树叶声可能应该是 2D 的，而树林中鸟鸣声应该是单声道的，其真实的定位由 Unity 处理。

项目任务 6：添加背景声音和音效

任务步骤：

步骤（1）运行 Unity Hub，打开 StoneLake 项目。

步骤（2）在 Windows 文件资源管理器中，解压缩"第 3 章项目素材.rar"文件，把解压缩后的所有文件和文件夹都复制到项目的 Assets 文件夹中。

步骤（3）选择菜单栏中的 File->Save As（文件->另存为）命令，把"项目任务 5"场景保存到 Scenes 文件夹中，并命名为项目任务 6。

步骤（4）选择菜单栏中的 GameObject->Create Empty（游戏对象->创建空对象）命令，创建一个空对象，并重命名为 Audios。

步骤（5）在 Audios 游戏对象的下面再创建 5 个空对象，分别命名为 BackgroundAudio、BirdOfLakeAudio、DuckOfLakeAudio、BirdOfForestAudio1、BirdOfForestAudio2，如图 3-5 所示。

图 3-5

步骤（6）在 Hierarchy（层级）窗口中选择 BackgroundAudio 游戏对象，在 Inspector（检查器）窗口中单击 Add Component（添加组件）按钮，为它添加 Audio Source 组件。将 AudioClip 设置为 BackgroundAudio，由于它是背景声音，需要循环播放，因此勾选 Loop 复选框，将 Spatial Blend 设置为 0，如图 3-6 所示。

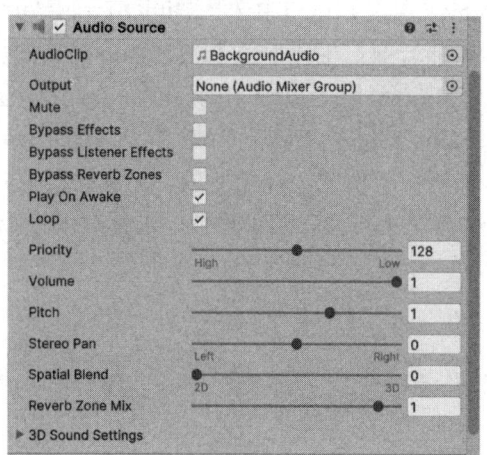

图 3-6

步骤（7）在 Hierarchy（层级）窗口中选择 BirdOfLakeAudio 游戏对象，把它移到湖边，在Inspector（检查器）窗口中单击Add Component（添加组件）按钮，为它添加Audio Source组件。将AudioClip设置为BirdOfLakeAudio，勾选Loop复选框，将Spatial Blend设置为1，Volume Rolloff设置为Linear Rolloff，Max Distance设置为100，如图3-7所示。

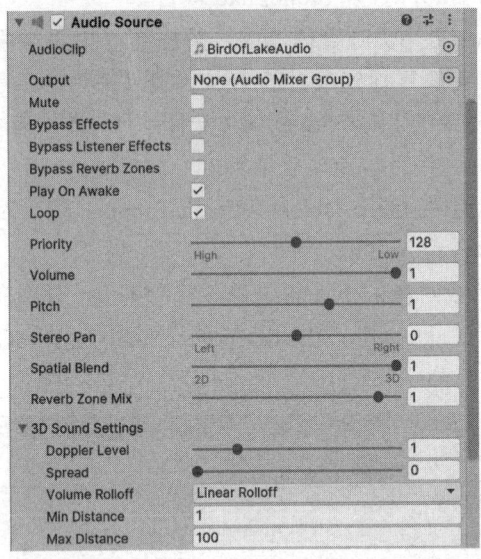

图3-7

步骤（8）在Hierarchy（层级）窗口中选择DuckOfLakeAudio游戏对象，把它移到湖边，在Inspector（检查器）窗口中单击Add Component（添加组件）按钮，为它添加Audio Source组件。将AudioClip设置为DuckOfLakeAudio，勾选Loop复选框，将Spatial Blend设置为1，Volume Rolloff设置为Linear Rolloff，Max Distance设置为100。

步骤（9）在Hierarchy（层级）窗口中选择BirdOfForestAudio1游戏对象，把它移到树林中，在Inspector（检查器）窗口中单击Add Component（添加组件）按钮，为它添加Audio Source组件。将AudioClip设置为BirdOfForestAudio1，勾选Loop复选框，将Spatial Blend设置为1，Volume Rolloff设置为Linear Rolloff，Max Distance设置为150。

步骤（10）在Hierarchy（层级）窗口中选择BirdOfForestAudio2游戏对象，把它移到树林中，在Inspector（检查器）窗口中单击Add Component（添加组件）按钮，为它添加Audio Source组件。将AudioClip设置为BirdOfForestAudio2，勾选Loop复选框，将Spatial Blend设置为1，Volume Rolloff设置为Linear Rolloff，Max Distance设置为150。

步骤（11）单击Play（播放）按钮，开始播放，测试场景中的声音效果。

步骤（12）单击Stop（停止）按钮，结束播放，选择菜单栏中的File->Save（文件->保存）命令，保存场景。

第 4 章 光照系统

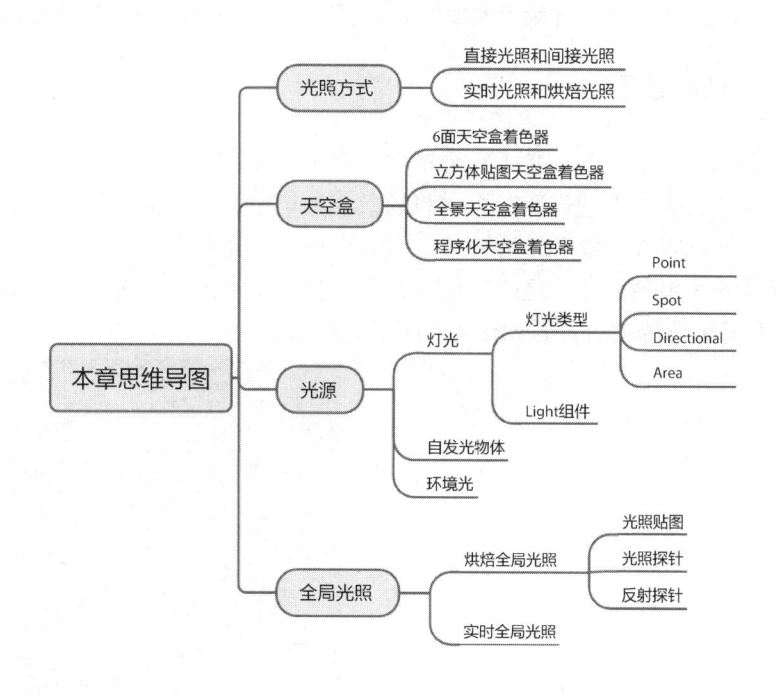

4.1 光照方式

Unity 的光照系统为场景提供光影信息，其光照方式有以下两种。

4.1.1 直接光照和间接光照

直射光是从光源发出后照射到表面一次再被直接反射到传感器（如眼睛的视网膜或摄像机）中的光。间接光是最终反射到传感器中的所有其他光线，包括多次照射到表面的光线和天光。

4.1.2 实时光照和烘焙光照

实时光照是指 Unity 在运行时计算光照。烘焙光照是指 Unity 提前执行光照计算并将结果保存为光照数据，然后在运行时应用。在 Unity 中，项目可以使用实时光照、烘焙光照或两者的混合（也被称为混合光照）。

Unity 中场景的照明可以是天空盒、光源、全局光照综合作用下形成的效果。

4.2 天空盒

天空盒（Skybox）是每个面上都有不同纹理的立方体。在使用天空盒渲染天空时，Unity 本质上是将场景放置在天空盒立方体中。

在 Unity 中，天空盒是使用天空盒着色器的一种材质。在创建天空盒材质时，需要在 Shader 下拉列表中选择 Skybox 选项，并选择要使用的天空盒着色器。天空盒着色器有以下几种。

4.2.1 6 面天空盒着色器

6 面（6 Sided）天空盒着色器从 6 个单独纹理生成 1 个天空盒。每个纹理代表沿特定世界轴的天空视图。为了方便说明，可以将场景视为位于立方体内。每个纹理代表立方体的一个内表面，所以将 6 个纹理结合在一起可以形成一个无缝环境。要创建一个 6 面天空盒着色器，需要 6 个单独纹理，这些纹理组合在一起可映射到如图 4-1 所示的布局中。

6 面天空盒着色器的材质设置如图 4-2 所示。

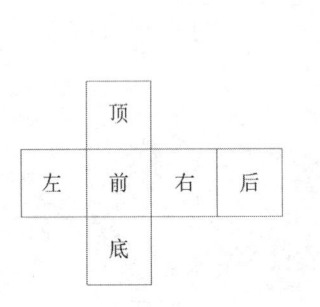

图 4-1 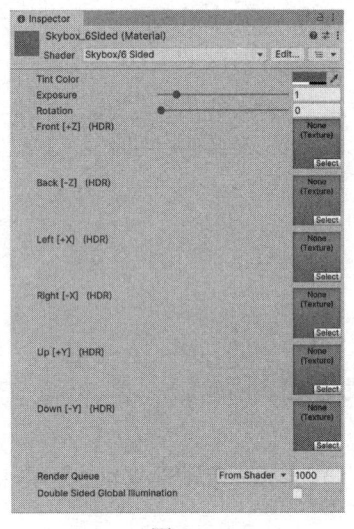　　　　　　　　　　　　　　图 4-2

6 面天空盒着色器的材质属性的功能说明如表 4-1 所示。

表 4-1

属性	功能说明
Tint Color	要将天空盒着色成的颜色。Unity 将这种颜色添加到纹理以更改纹理外观，而不需要更改基础纹理文件
Exposure	调整天空盒的曝光。它可以校正天空盒纹理中的色调值。较大的值会产生曝光更强、看起来更亮的天空盒。较小的值会产生曝光更弱、看起来更暗的天空盒
Rotation	天空盒围绕正 y 轴旋转。这会更改天空盒的方向，如果希望天空盒的特定部分位于场景的特定部分的后方，则此设置很有用

续表

属性	功能说明
Front [+Z]（HDR）	此纹理代表天空盒在世界的 z 轴正方向上的一面。在 Unity 场景中，它位于默认摄像机的正面
Back [-Z]（HDR）	此纹理代表天空盒在世界的 z 轴负方向上的一面。在 Unity 场景中，它位于默认摄像机的背面
Left [+X]（HDR）	此纹理代表天空盒在世界的 x 轴正方向上的一面。在 Unity 场景中，它位于默认摄像机的左侧
Right [-X]（HDR）	此纹理代表天空盒在世界的 x 轴负方向上的一面。在 Unity 场景中，它位于默认摄像机的右侧
Up [+Y]（HDR）	此纹理代表天空盒在世界的 y 轴正方向上的一面。在 Unity 场景中，它位于默认摄像机的上面
Down [-Y]（HDR）	此纹理代表天空盒在世界的 y 轴负方向上的一面。在 Unity 场景中，它位于默认摄像机的下面
Render Queue	确定 Unity 绘制游戏对象的顺序
Double Sided Global Illumination	指定光照贴图是否在计算全局光照时考虑几何体的两面。当勾选此复选框时，如果使用渐进光照贴图，则背面将使用与正面相同的发射和反照率来反射光

4.2.2 立方体贴图天空盒着色器

立方体贴图（Cubemap）天空盒着色器从单个立方体贴图资源生成一个天空盒。此立方体贴图由 6 个正方形纹理组成，代表全方位的整个天空视图。

立方体贴图天空盒着色器材质设置如图 4-3 所示。

立方体贴图天空盒着色器材质属性的功能说明如表 4-2 所示。

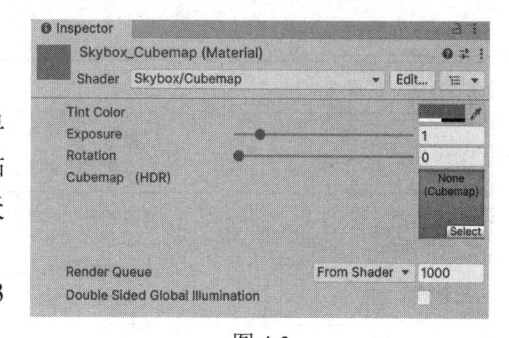

图 4-3

表 4-2

属性	功能说明
Tint Color	要将天空盒着色成的颜色。Unity 将这种颜色添加到纹理以更改纹理外观，而不需要更改基础纹理文件
Exposure	调整天空盒的曝光。它可以校正天空盒纹理中的色调值。较大的值会产生曝光更强、看起来更亮的天空盒。较小的值会产生曝光更弱、看起来更暗的天空盒
Rotation	天空盒围绕正 y 轴旋转。这会更改天空盒的方向，如果希望天空盒的特定部分位于场景的特定部分的后方，则此设置很有用
Cubemap（HDR）	此材质用于表示天空盒的立方体贴图资源
Render Queue	确定 Unity 绘制游戏对象的顺序
Double Sided Global Illumination	指定光照贴图是否在计算全局光照时考虑几何体的两面。当勾选此复选框时，如果使用渐进光照贴图，则背面将使用与正面相同的发射和反照率来反射光

4.2.3 全景天空盒着色器

为了生成天空盒，全景（Panoramic）天空盒着色器将单个纹理以球形包裹住场景。要创建全景天空盒着色器，需要一个使用纬度/经度（圆柱形）贴图的 2D 纹理，如图 4-4 所示。

全景天空盒着色器材质设置如图 4-5 所示。

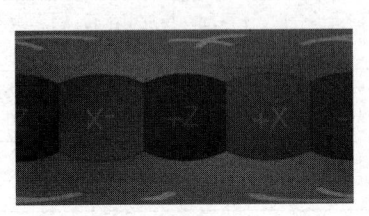

图 4-4

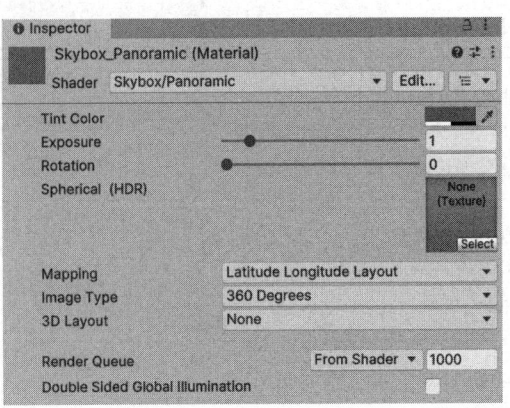

图 4-5

全景天空盒着色器材质属性的功能说明如表 4-3 所示。

表 4-3

属性	功能说明
Tint Color	要将天空盒着色成的颜色。Unity 将这种颜色添加到纹理以更改纹理外观，而不需要更改基础纹理文件
Exposure	调整天空盒的曝光。它可以校正天空盒纹理中的色调值
Rotation	天空盒围绕正 y 轴旋转。这会更改天空盒的方向，如果希望天空盒的特定部分位于场景的特定部分的后方，则此设置很有用
Spherical (HDR)	该材质以圆形包裹住场景来表示天空盒的纹理
Mapping	指定此材质通过投影纹理来创建天空盒的方法。选项说明如下。 • 6 sided：使用一种网状格式将纹理映射到天空盒。 • Latitude Longitude Layout：使用圆柱体包裹方法将纹理映射到天空盒
Image Type	指定此材质将天空盒投影到的角度（围绕 y 轴）。选项说明如下。 • 180 Degrees：将球形纹理绘制为半球，尖端沿 z 轴正方向。要更改此材质将纹理绘制到场景的哪一侧，可以修改 Rotation 属性。在默认情况下，天空盒的背面为黑色。 • 360 Degrees：将纹理绘制为包裹住整个场景的完整球体表示形式
Mirror on Back	指定材质是否应复制天空盒背面的球形纹理，而不是绘制为黑色。仅当将 Image Type 设置为 180 时，此属性才会出现
Render Queue	确定 Unity 绘制游戏对象的顺序
Double Sided Global Illumination	指定光照贴图是否在计算全局光照时考虑几何体的两面。在勾选复选框时，如果使用渐进光照贴图，则背面将使用与正面相同的发射和反照率来反射光

4.2.4 程序化天空盒着色器

程序化（Procedural）天空盒着色器不需要任何输入纹理，而是仅通过从 Inspector 中设置的属性生成天空盒。

程序化天空盒着色器材质设置如图 4-6 所示。

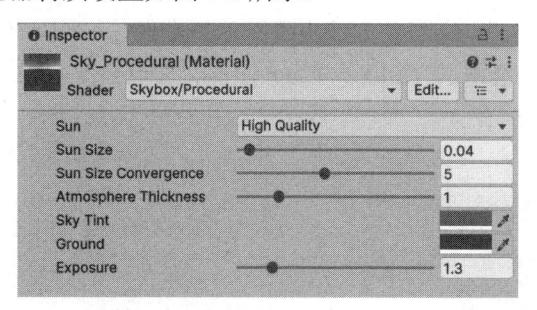

图 4-6

程序化天空盒着色器材质属性的功能说明如表 4-4 所示。

表 4-4

属性	功能说明
Sun	Unity 在天空盒中生成太阳圆盘所使用的方法。选项说明如下。 • None：在天空盒中禁用太阳圆盘。 • Simple：在天空盒中绘制简化的太阳圆盘。 • High Quality：在天空盒中绘制太阳圆盘
Sun Size	太阳圆盘的大小修改器。数值越大会使太阳圆盘看起来越大，当将此数值设置为 0 时会使太阳圆盘消失
Sun Size Convergence	太阳的大小收敛。数值越小会使太阳圆盘看起来越大。仅在将 Sun 设置为 High Quality 的情况下，才显示此属性
Atmosphere Thickness	大气的密度。密度越高的大气吸收的光线越多
Sky Tint	要将天空着色成的颜色
Ground	地面（地平线以下区域）的颜色
Exposure	调整天空的曝光

课堂任务 1：制作天空盒

任务步骤：

步骤（1）运行 Unity Hub，选择"项目"选项卡，单击右上角的"新项目"按钮。

步骤（2）在打开的窗口中，将"编辑器版本"设置为 2023.1.15f1，选择 Universal 3D 项目模板。

步骤（3）在"项目设置"选区中为项目指定一个保存的位置，如 D:\UnityProject。这里读者可以根据自己的实际情况进行更改，并将"项目名称"设置为 Exercise_4。完成设置后，单击"创建项目"按钮，创建一个新项目。

步骤（4）在 Windows 文件资源管理器中，解压缩"第 4 章课堂素材.rar"文件，把解压缩后的所有文件和文件夹都复制到项目的 Assets 文件夹中。

步骤（5）选择菜单栏中的 File->Save As（文件->另存为）命令，把场景保存到 Scenes 文件夹中，并命名为"课堂任务 1"。

步骤（6）在 Project（项目）窗口中，打开 Assets/Skyboxes/6Sided 文件夹，创建一个材质，将其重命名为 Skybox_6Sided。选中该材质，在 Inspector（检查器）窗口中，将材质的 Shader 更改为 Skybox/6 Sided，Front 设置为 Assets/Skyboxes/6Sided 文件夹中的 day_sky_front.jpg 文件，使用同样的方法设置其他几个面，如图 4-7 所示。

步骤（7）选择菜单栏中的 Window->Rendering->Lighting（窗口->渲染->光照）命令，在 Environment（环境）选项卡中，将 Skybox Material（天空盒材质）设置为 Skybox_6Sided，如图 4-8 所示。

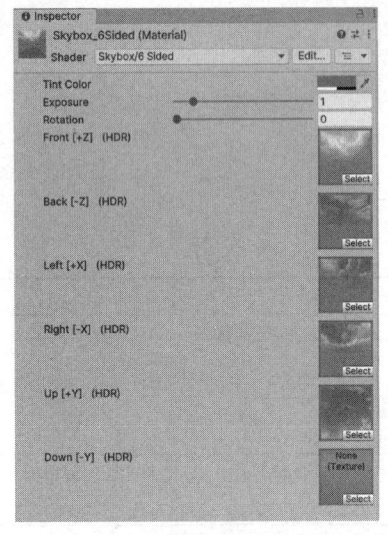

图 4-7

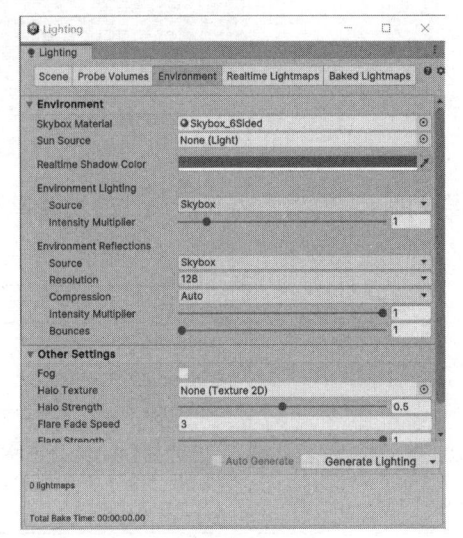

图 4-8

效果如图 4-9 所示。

图 4-9

步骤（8）在 Project（项目）窗口中，选择 Assets/Skyboxes/Cubemap 文件夹中的 Skycube.jpg 文件。在 Inspector（检查器）窗口中，将 Texture Shape 设置为 Cube，单击 Apply（应用）按钮，如图 4-10 所示。

步骤（9）在 Project（项目）窗口中，打开 Assets/Skyboxes/Cubemap 文件夹，创建一个材质，并将其重命名为 Skybox_Cubemap。选中该材质，在 Inspector（检查器）窗口中，将材质的 Shader 更改为 Skybox/Cubemap，Cubemap 设置为 Assets/Skyboxes/Cubemap 文件夹中的 Skycube，如图 4-11 所示。

步骤（10）选择菜单栏中的 Window->Rendering->Lighting（窗口->渲染->光照）命令，在 Environment（环境）选项卡中，将 Skybox Material（天空盒材质）设置为 Skybox_Cubemap。

步骤（11）在 Project（项目）窗口中，打开 Assets/Skyboxes/Panoramic 文件夹，创建一

个材质，并将其重命名为 Skybox_Panoramic。选中该材质，在 Inspector（检查器）窗口中，将材质的 Shader 更改为 Skybox/Panoramic，Spherical 设置为 Assets/Skyboxes/Panoramic 文件夹中的 Skypanoramic.jpg 文件，如图 4-12 所示。

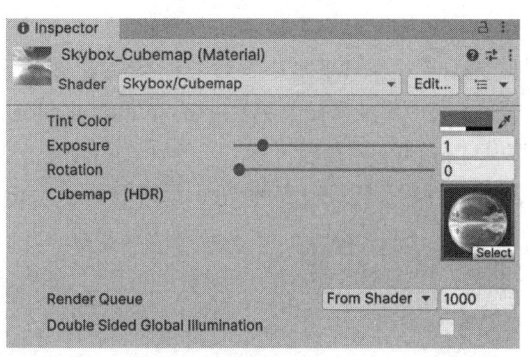

图 4-11

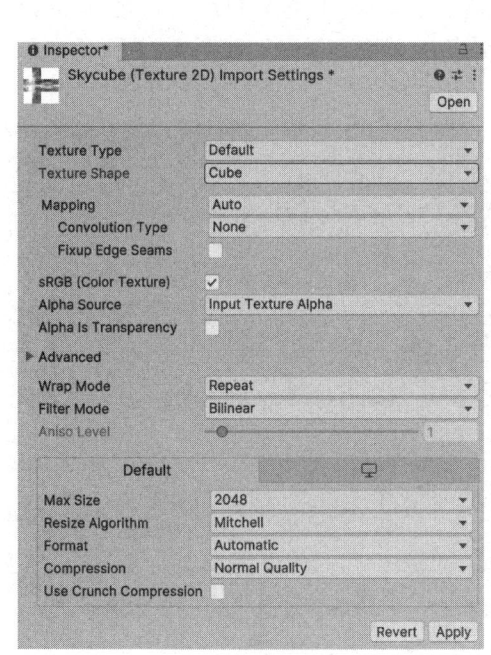

图 4-10

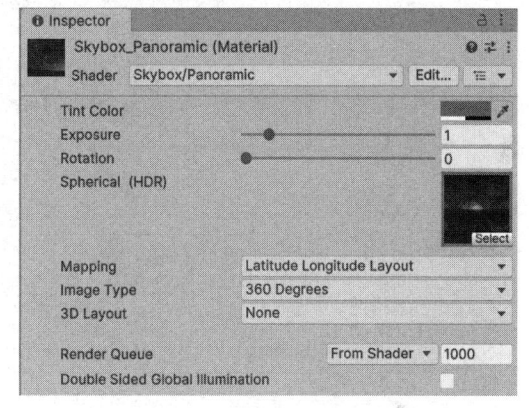

图 4-12

步骤（12）选择菜单栏中的 Window->Rendering->Lighting（窗口->渲染->光照）命令，在 Environment（环境）选项卡中，将 Skybox Material（天空盒材质）设置为 Skybox_Panoramic。

步骤（13）选择菜单栏中的 File->Save（文件->保存）命令，保存场景。

项目任务 7：制作石湖天空盒

任务步骤：

步骤（1）运行 Unity Hub，打开 StoneLake 项目。

步骤（2）在 Windows 文件资源管理器中，解压缩"第 4 章项目素材.rar"文件，把解压缩后的所有文件和文件夹都复制到项目的 Assets 文件夹中。

步骤（3）选择菜单栏中的 File->Save As（文件->另存为）命令，把"项目任务 6"场景保存到 Scenes 文件夹中，并重命名为"项目任务 7"。

步骤（4）在 Project（项目）窗口中，展开 Assets/Skyboxes 文件夹，选择菜单栏中的 Assets->Create->Material（资产->创建->材质）命令，在它下面新建一个材质，并将其重命名为 Skybox_Day。

步骤（5）在 Project（项目）窗口中，选中 Skybox_Day 材质。在 Inspector（检查器）

窗口中，将 Shader 更改为 Skybox/6 Sided。

步骤（6）Project（项目）窗口中，展开 Assets/Skyboxes 文件夹，把 sky_front.jpg 文件拖到 Inspector（检查器）窗口的 Front 属性上，使用同样的方法把其他 4 个图像文件拖到对应的属性上，如图 4-13 所示。天空盒有 6 个面，这里缺少底部的图像文件，由于底部会被地形遮挡，因此即使缺少底部的图像文件，也不会影响整体视觉效果。

步骤（7）选择菜单栏中的 Window->Rendering->Lighting（窗口->渲染->光照）命令，打开 Lighting（光照）窗口，选择 Environment 选项卡，把 Skybox_Day 材质拖到 Skybox Material 属性上，用刚才新建的天空盒材质替换默认的天空盒材质，如图 4-14 所示。

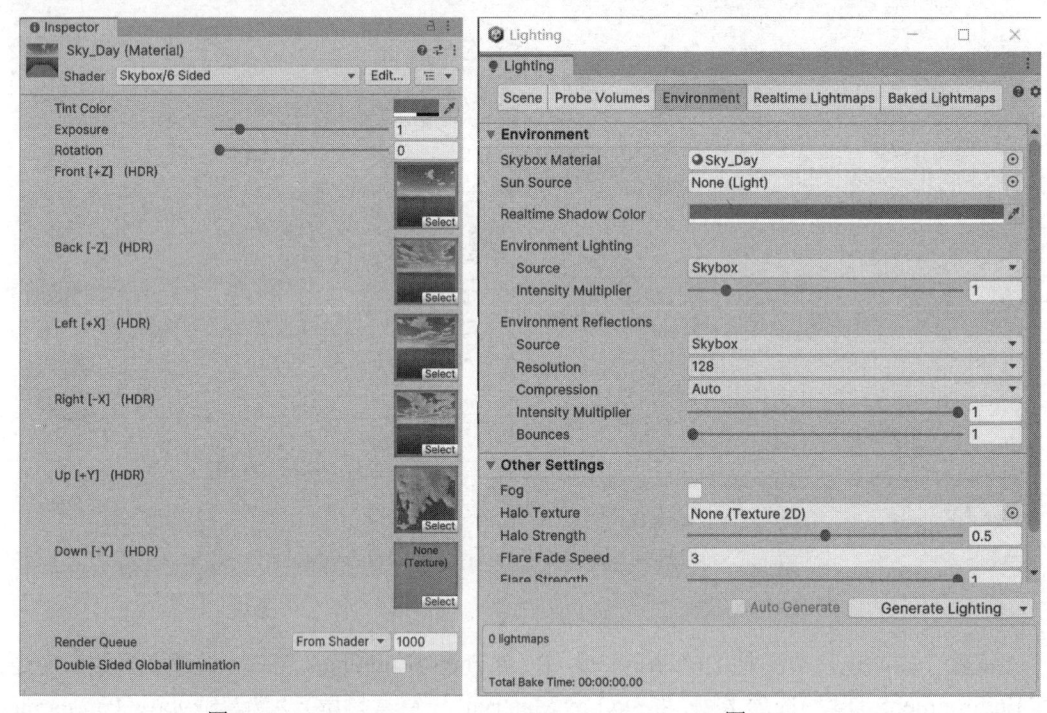

图 4-13　　　　　　　　　　　　　　图 4-14

步骤（8）添加自定义的天空盒后，场景效果如图 4-15 所示。

图 4-15

步骤（9）选择菜单栏中的 File->Save（文件->保存）命令，保存场景。

4.3 光源

光源通常是指能够自己发光的物体。在 Unity 中，可以作为光源的有 3 种：灯光、自发光物体和环境光。

4.3.1 灯光

1. 灯光类型

Unity 中灯光有以下几种类型。

1）Point

Point（点光源）是指位于场景中某一点并向所有方向均匀发射光的灯光，如图 4-16 所示。

2）Spot

Spot（聚光灯）是指位于场景中某一点并以锥形发射光的灯光，如图 4-17 所示。

3）Directional

Directional（平行光）是一种位于无限远处且仅在一个方向上发射光的灯光，如图 4-18 所示。

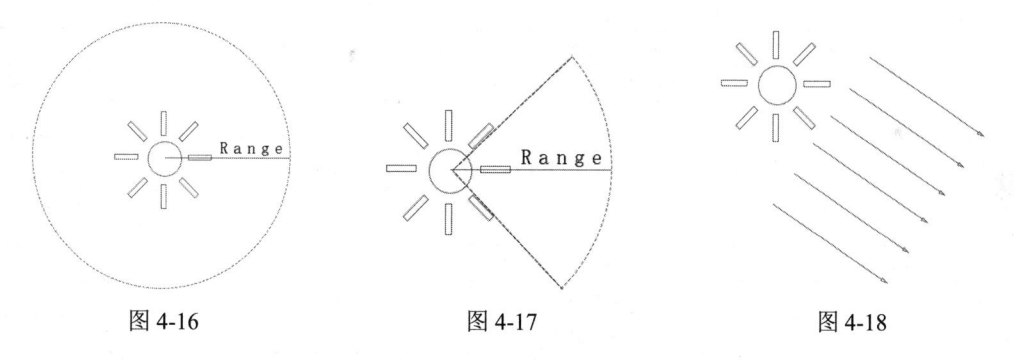

图 4-16　　　　　　　图 4-17　　　　　　　图 4-18

4）Area

Area（区域光）是一种由场景中的矩形或圆盘定义的灯光，在其表面区域向所有方向均匀发射光，但仅从矩形或圆盘的一侧发出，如图 4-19 所示。

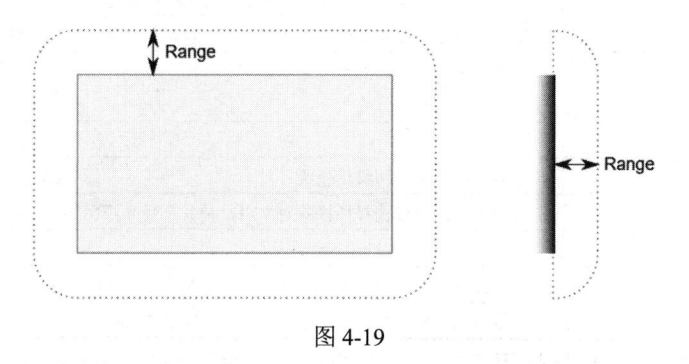

图 4-19

2. Light 组件

Unity 中的灯光一般是通过 Light 组件实现的，如图 4-20 所示。

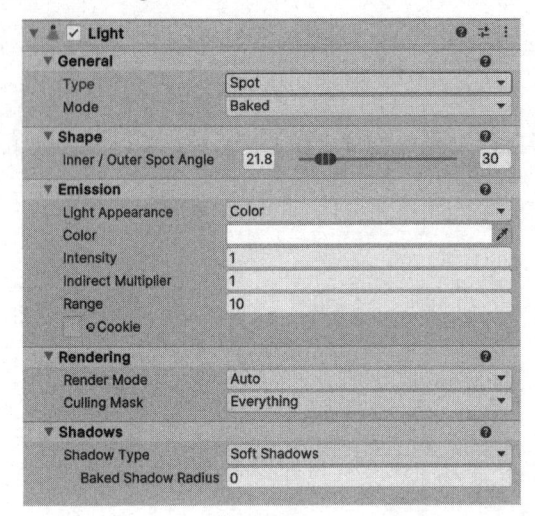

图 4-20

Light（灯光）组件中属性的功能说明如表 4-5 所示。

表 4-5

属性	功能说明
General 组	
Type	当前的灯光类型，包括 Directional、Point、Spot 和 Area（矩形或圆盘光）
Mode	指定灯光模式，包括 Realtime、Mixed 和 Baked
Shape 组	
Inner/Outer Spot Angle	只适用聚光灯，内/外部聚光灯角度
Shape	只适用区域光，具有 Rectangle 和 Disc 两种形状
Emission 组	
Light Appearance	选择灯光用哪种方式表示外观
Filter	指定一种颜色，用于对光源进行着色（Tint）
Temperature	设置灯光色温
Color	设置灯光的颜色
Intensity	设置灯光的亮度
Indirect Multiplier	用于更改间接光的强度。如果此数值小于 1，则每次反弹时反弹的灯光都会变暗；如果此数值大于 1，则会使灯光在每次反弹时都更亮
Range	定义从对象中心发射的光的传播距离（仅限于点光源、聚光灯和区域光）
Cookie	指定用于投射阴影的纹理遮罩。例如，用于创建轮廓或灯光的图案照明（仅限于点光源、聚光灯和平行光）
Rendering 组	
Render Mode	设置所选光源的渲染优先级
Culling Mask	使用此属性可以选择性排除对象组，使其不受光源影响
Shadows 组	
Shadow Type	确定此灯光是投射硬阴影、软阴影，还是完全不投射阴影
Baked Shadow Radius	设置烘焙阴影半径。仅用于 Mode 为 Mixed 或 Baked

Light 组件中的 Mode 属性用于定义光源的目标用途，如表 4-6 所示。

表 4-6

灯光模式	特点	局限性
Realtime	Unity 会在运行时为实时光源执行光照计算,每帧进行一次。实时光源的属性可以在运行时更改,用于在角色或可移动的几何体上提供光照和投射阴影。 在默认情况下,实时光源仅为场景提供实时直接照明。如果使用的是内置渲染管道,并且在项目中启用了 Enlighten 实时全局照明,则实时光源也会为场景提供实时间接照明	实时光源运行时的计算成本很高,尤其是在复杂场景中或低端硬件上。 由于实时光源在默认情况下仅为场景提供直接光照,因此阴影看起来完全是黑色的,并且没有任何间接光照效果(如颜色反弹)。这可能会导致场景中的光照不真实
Baked	Unity 在运行时之前预先计算烘焙光源产生的光照,而不会将这些光源包括在任何运行时的光照计算中。由于复杂的计算是预先执行的,因此烘焙光源可以减少运行时的着色成本,并减少阴影的渲染成本。 烘焙光源用于照亮在运行时不会发生变化的对象,如景物	无法在运行时更改烘焙光源的属性。 烘焙光源不影响镜面反射光照。 动态游戏对象不会接收来自烘焙光源的光线或阴影
Mixed	Unity 为混合光源预先执行一些计算,另一些计算则会在运行时执行。在运行时,更改混合光源的属性会更新光源的实时光照,但不会更新烘焙光照	由于混合光源总是至少结合一些实时光源和一些烘焙光源,因此混合光源总是比完全烘焙光源涉及更多的运行时计算,并且比完全实时光源占用更高的内存

课堂任务 2:设置三种灯光模式

任务步骤:

步骤(1)运行 Unity Hub,打开 Exercise_4 项目。

步骤(2)选择菜单栏中的 File->Open Scene(文件->打开场景)命令,打开"课堂任务 2"场景。

步骤(3)在默认情况下,场景中的 floor 游戏对象和 Cube 游戏对象都是静态游戏对象,即在 Inspector(检查器)窗口中 Static 复选框默认为勾选状态;Sphere 游戏对象和 Cylinder 游戏对象是动态游戏对象,即在 Inspector(检查器)窗口中 Static 复选框默认为未勾选状态。场景中的平行光默认为 Realtime 模式,单击 Play(播放)按钮,开始播放,可以看到场景中的 4 个游戏对象都受到了平行光的照射,并且 3 个游戏对象在地面上产生了阴影。当运行时,在 Inspector(检查器)窗口中改变 Cube 游戏对象的 Position 值,光影效果会实时发生变化,如图 4-21 所示。

步骤(4)单击 Stop(停止)按钮,结束播放。将平行光设置为 Baked 模式,这时 Unity 会对静态游戏对象烘焙光影信息。等待烘焙结束后,单击 Play(播放)按钮,重新播放,这时可以看到 Cube 静态游戏对象在 floor 静态游戏对象上产生光影效果,而 Sphere 和 Cylinder 两个动态游戏对象则没有光影效果,如图 4-22 所示。

图 4-21    图 4-22

步骤（5）单击 Stop（停止）按钮，结束播放，把平行光设置为 Mixed 模式，这时 Unity 会重新烘焙光影信息，等待烘焙结束后，单击 Play（播放）按钮，重新播放，这时可以看到 Cube 静态游戏对象在 floor 静态游戏对象上产生光影效果，Sphere 和 Cylinder 两个动态游戏对象也像 Realtime 模式一样在地面上产生光影效果，如图 4-23 所示。

图 4-23

步骤（6）选择菜单栏中的 File->Save（文件->保存）命令，保存场景。

4.3.2 自发光物体

自发光物体与区域光一样，自发光材质在其表面区域发射光。它们会在场景中产生反射光，并且在游戏过程中可以更改颜色和强度等相关属性。虽然 Enlighten real-time Global Illumination 不支持区域照明，但是使用自发光材质仍然可以实现类似的实时柔和照明效果。

Emission（自发光）是标准着色器的属性，允许场景中的静态对象发光。在默认情况下，Emission 值为 0。这意味着，使用标准着色器指定材质的对象不会发光。发光材质仅直接影响场景中的静态几何体。如果需要动态几何体（如角色）接受发光材质发出的光，则必须使用光照探针。

课堂任务 3：制作自发光物体

任务步骤：

步骤（1）运行 Unity Hub，打开 Exercise_4 项目。

步骤（2）选择菜单栏中的 File->Open Scene（文件->打开场景）命令，打开"课堂任务 3"场景。此时，场景中一片漆黑，这是因为场景中没有光源、天空盒或环境光照明所导致的。

步骤（3）在 Project（项目）窗口的 Assets/Materials 文件夹中，创建一个材质，将其重命名为 M_NeonLight。在 Inspector（检查器）窗口中，勾选 Emission（自发光）复选框，将 Emission Map 的颜色设置为黄色，Intensity 设置为 2，如图 4-24 所示。

步骤（4）将场景中的 NeonLight 游戏对象的材质设置为 M_NeonLight。此时，自发光物体照亮了场景中的静态游戏对象，而 Cube 动态游戏对象不会受发光物体的影响，所以 Cube 动态游戏对象是黑色的，如图 4-25 所示。

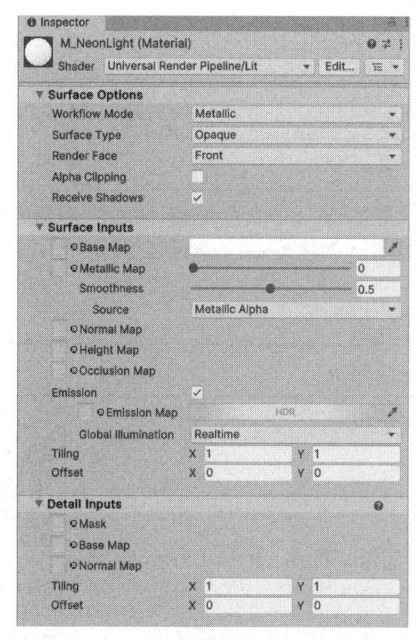

图 4-24　　　　　　　　　　　　图 4-25

步骤（5）选择菜单栏中的 File->Save（文件->保存）命令，保存场景。

4.3.3　环境光

环境光也被称为漫射环境光，是场景周围存在的光，并非来自任何特定的光源。它是影响场景整体外观和亮度的重要因素。

环境光可以在 Lighting（光照）窗口中进行设置，如图 4-26 所示。Environment Lighting 组包含可影响当前场景中环境光的设置。

图 4-26

Environment Lighting 组属性的功能说明如表 4-7 所示。

表 4-7

属性	功能说明
Source	使用此属性可以定义场景中环境光的光源颜色。Source 默认为 Skybox，即使用 Skybox 材质中设置的天空盒颜色来确定来自不同角度的环境光。如果将 Source 设置为 Gradient，则可以为来自天空、地平线和地面的环境光选择单独的颜色，并在它们之间平滑混合。如果将 Source 设置为 Color，则对所有环境光使用单调颜色
Ambient Color	使用此属性可以设置场景中环境光的颜色和亮度

课堂任务 4：实现环境光照明

任务步骤：

步骤（1）运行 Unity Hub，打开 Exercise_4 项目。

步骤（2）选择菜单栏中的 File->Save As（文件->另存为）命令，把"课堂任务 3"场景保存到 Scenes 文件夹中，并命名为"课堂任务 4"。

步骤（3）选择菜单栏中的 Window->Rendering->Lighting（窗口->渲染->光照）命令，在 Environment（环境）选项卡中，将 Ambient Color（环境颜色）设置为青色，使 Cube 动态游戏对象也受到环境光的影响，如图 4-27 所示。

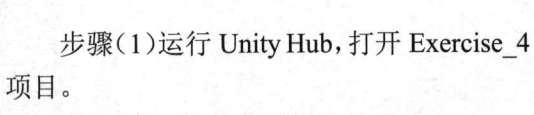

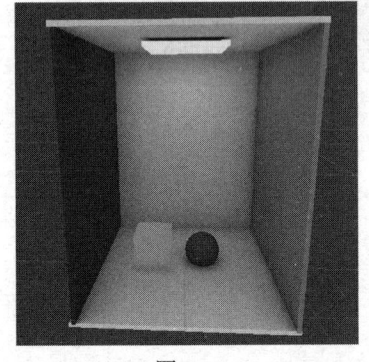

图 4-27

步骤（4）选择菜单栏中的 File->Save（文件->保存）命令，保存场景。

4.4 全局光照

全局光照是用来模拟光的传播和反弹等复杂行为的算法，能够计算直接光、间接光、环境光和反射光。全局光照可以使渲染出来的光照效果更加真实、丰富，但是要精确地仿真全局光照非常有挑战性，付出的代价也比较高。

全局光照分为烘焙全局光照和实时全局光照。

4.4.1 烘焙全局光照

烘焙全局光照不实时计算场景中物体的光影，而是先把光影信息烘焙成光照贴图，再贴到物体上面，这样不需要进行实时计算，比较节省性能。

当将场景中的灯光设置为 Baked 模式，场景中的物体设置为静态物体后，物体在经过光照之后，还会对其他物体产生间接光照影响。在打开烘焙全局光照之后，暗的部分也会因为其他物体的反射而变亮。在烘焙完成后，灯光就可以从场景中删除，因为已经将光照贴图贴到物体上，所以运行时不需要灯光。

烘焙全局光照由光照贴图、光照探针、反射探针组成。

1. 光照贴图

光照贴图（Light Map）过程将预先计算场景中表面的亮度，并将结果存储在被称为光照贴图的纹理中供以后使用。

光照贴图可以包含直接光和间接光。该光照纹理可以与颜色和凹凸之类的对象表面信息材质相关联的着色器一起使用。烘焙到光照贴图中的数据在运行时无法更改。实时灯光可以在光照贴图场景的顶部叠加和添加使用，但不能以交互方式更改光照贴图本身。

课堂任务 5：使用光照贴图

任务步骤：

步骤（1）运行 Unity Hub，打开 Exercise_4 项目。

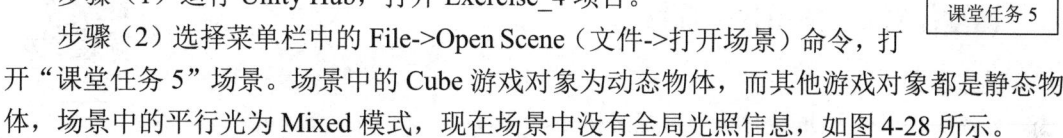

步骤（2）选择菜单栏中的 File->Open Scene（文件->打开场景）命令，打开"课堂任务 5"场景。场景中的 Cube 游戏对象为动态物体，而其他游戏对象都是静态物体，场景中的平行光为 Mixed 模式，现在场景中没有全局光照信息，如图 4-28 所示。

步骤（3）选择菜单栏中的 Window->Rendering->Lighting（窗口->渲染->光照）命令，打开 Lighting（光照）窗口。在 Scene（场景）选项卡中，勾选 Baked Global Illumination（烘焙全局照明）复选框。需要注意的是，不要勾选 Auto Generate（自动生成）复选框，如图 4-29 所示。

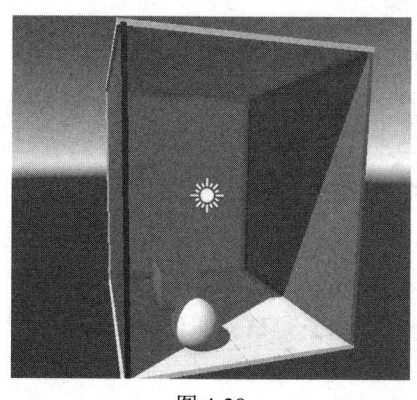

图 4-28 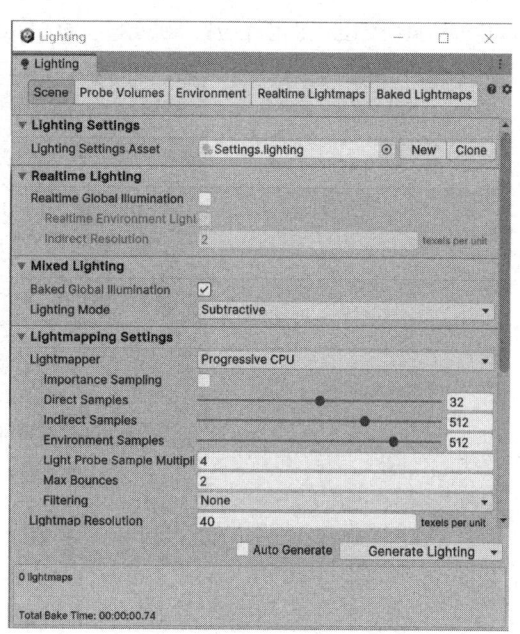　　　　　　　　　　图 4-29

步骤（4）单击 Generate Lighting 按钮，完成烘焙后，在 Baked Lightmaps（烘焙光照贴图）选项卡中可以看到生成的光照贴图，场景中的 Sphere 静态物体受两边红色（左边）和绿色（右边）墙壁的影响，在侧面也会有相应的红色和绿色，这是间接光照的效果。而 Cube

动态物体没有该效果。

步骤（5）选择菜单栏中的 File->Save（文件->保存）命令，保存场景。

2. 光照探针

光照探针（Light Probe）与光照贴图类似，存储了有关场景中的光照的"烘焙"信息。不同之处在于，光照贴图存储的是有关光线照射到场景中表面的光照信息，而光照探针存储的是有关光线穿过场景中空白空间的信息。光照探针可以在烘焙期间测量（探测）光照的场景位置。在运行时，系统将使用距离动态游戏对象最近的探针的值来估算照射到这些对象的间接光。

光照探针的主要用途是为场景中的移动物体提供高质量的光照（包括间接反射光）。光照探针的次要用途是在对静态物体使用 Unity 的 LOD（细节级别）系统时提供该物体的光照信息。

课堂任务 6：使用光照探针

任务步骤：

步骤（1）运行 Unity Hub，打开 Exercise_4 项目。

步骤（2）选择菜单栏中的 File->Save As（文件->另存为）命令，把"课堂任务 5"场景保存到 Scenes 文件夹中，并命名为"课堂任务 6"。

步骤（3）选择菜单栏中的 GameObject->Light->Light Probe Group（游戏对象->光照->光照探测器组）命令，为场景添加光照探针。在 Inspector（检查器）窗口中单击 Edit Light Probe Positions 按钮，调整位置，使光充满房间的内部，如图 4-30 所示。

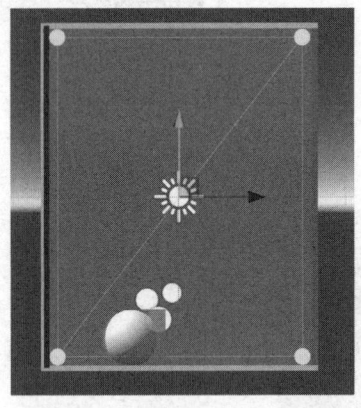

图 4-30

步骤（4）选择菜单栏中的 Window->Rendering->Lighting（窗口->渲染->光照）命令，打开 Lighting（光照）窗口，单击 Generate Lighting 按钮，重新烘焙光照信息。等待烘焙结束后，Cube 动态物体也受到红色和绿色墙壁的间接光照的影响。

步骤（5）选择菜单栏中的 File->Save（文件->保存）命令，保存场景。

3. 反射探针

CG 电影和动画通常具有高度逼真的反射，这些反射的准确性同时伴随着处理时间的高成本,虽然这对电影来说不是问题,但是它严重限制了反射物体在实时游戏中的使用。

传统上,游戏使用一种被称为反射贴图的技术来模拟来自对象的反射,同时将处理开销保持在可接受的水平。此技术假定场景中的所有反射对象都可以反射完全相同的周围环境。如果汽车处于开放空间中,则此技术将非常有效。如果汽车驶入隧道但天空仍然在窗户上产生明显反射,则会让效果看起来很奇怪。

Unity 使用反射探针(Reflection Probe)改进了基本反射贴图,因为这种探针可以在场景的关键点上对视觉环境进行采样。在通常情况下,应将这些探针放置在反射对象外观发生明显变化的每个点上(如隧道、建筑物附近区域和地面颜色变化的地方)。当反射对象靠近探针时,反射探针采样的反射信息可用于对象的反射贴图,即对象的反射来自反射探针采样的反射信息中。此外,当几个探针位于彼此附近时,Unity 可以在它们之间进行插值,从而实现反射的逐渐变化。因此,使用反射探针可以产生非常逼真的反射,也可以将处理开销控制在可接受的水平。

课堂任务 7:使用反射探针

任务步骤:

步骤(1)运行 Unity Hub,打开 Exercise_4 项目。

步骤(2)选择菜单栏中的 File->Open Scene(文件->打开场景)命令,打开"课堂任务 7"场景。

步骤(3)在 Project(项目)窗口中,展开 Assets/Materials 文件夹,选择菜单栏中的 Assets-> Create->Material(资产->创建->材质)命令,创建一个材质,并重命名为 M_Reflection。在 Inspector(检查器)窗口中,将 Metallic Map 设置为 1,Smoothness 设置为 1。

步骤(4)把场景中的 StaticSphere 静态游戏对象和 DymicSphere 动态游戏对象的材质都改为 M_Reflection。此时,StaticSphere 游戏对象和 DymicSphere 游戏对象都具有反射效果,但是反射的是天空盒,而没有反射周围环境,这种反射是不正确的,如图 4-31 所示。

步骤(5)选择菜单栏中的 GameObject->Light->Reflection Probe(游戏对象->光照->反射探针)命令,创建反射探针。在 Inspector(检查器)窗口中,单击 Box Projection Bounds 按钮,调整边界使它充满房间,如图 4-32 所示。

图 4-31 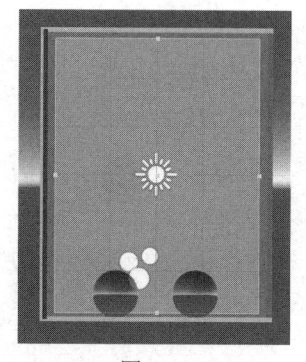　　　　　　　　　　图 4-32

步骤(6)选择菜单栏中的 Window->Rendering-> Lighting(窗口->渲染->光照)命令,

打开 Lighting（光照）窗口，单击 Generate Lighting 按钮，重新烘焙光照信息。等待烘焙结束后，StaticSphere 游戏对象和 DymicSphere 游戏对象都对周围环境具有反射效果，如图 4-33 所示。

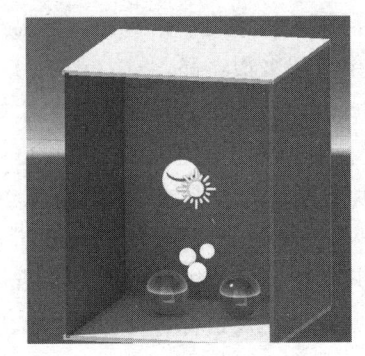

图 4-33

步骤（7）选择菜单栏中的 File->Save（文件->保存）命令，保存场景。

4.4.2 实时全局光照

和烘焙全局光照一样，实时全局光照也需要预先的烘焙过程。但与烘焙全局光照不同的是，实时全局光照并不预先计算场景中动态物体的反射信息，而预先计算场景中静态物体表面所有可能的发射光路，并在运行时结合灯光的位置、方向等信息实时计算出全局光照的结果。

课堂任务 8：实现实时全局光照

任务步骤：

步骤（1）运行 Unity Hub，打开 Exercise_4 项目。

步骤（2）选择菜单栏中的 File->Open Scene（文件->打开场景）命令，打开"课堂任务 8"场景。

步骤（3）场景中的平行光为 Realtime 模式，Cube 游戏对象为动态物体，而其他游戏对象都为静态物体。

步骤（4）选择菜单栏中的 Window->Rendering->Lighting（窗口->渲染->光照）命令，打开 Lighting（光照）窗口。在 Scene 选项卡中，勾选 Realtime Global Illumination 复选框，取消勾选 Baked Global Illumination 复选框，单击 Generate Lighting 按钮，生成光照贴图，如图 4-34 所示。

场景中的 Sphere 静态物体通过勾选 Realtime Global Illumination 复选框可以烘焙光照贴图，具有间接光照效果，而 Cube 动态物体则没有光照效果，如果需要给动态物体添加间接光照效果，则可以通

图 4-34

过在场景中添加光照探针来实现。

步骤（5）选择菜单栏中的 File->Save（文件->保存）命令，保存场景。

项目任务 8：设置场景光照

任务步骤：

步骤（1）运行 Unity Hub，打开 StoneLake 项目。

步骤（2）选择菜单栏中的 File->Save As（文件->另存为）命令，把"项目任务 7"场景保存到 Scenes 文件夹中，并重命名为"项目任务 8"。

步骤（3）选择场景中的 Directional Light，在 Inspector（检查器）窗口中，将 Mode 设置为 Mixed 模式。为了达到下午的光照效果，将 Rotation X、Y、Z 分别设置为 65、60、60。

步骤（4）选择菜单栏中的 Window->Rendering->Lighting（窗口->渲染->光照）命令，打开 Lighting（光照）窗口。在 Scene 选项卡中，单击 New 按钮，生成 Light Setting Asset，勾选 Realtime Global Illumination 复选框和 Baked Global Illumination 复选框，单击 Generate Lighting 按钮，烘焙光照贴图，如图 4-35 所示。

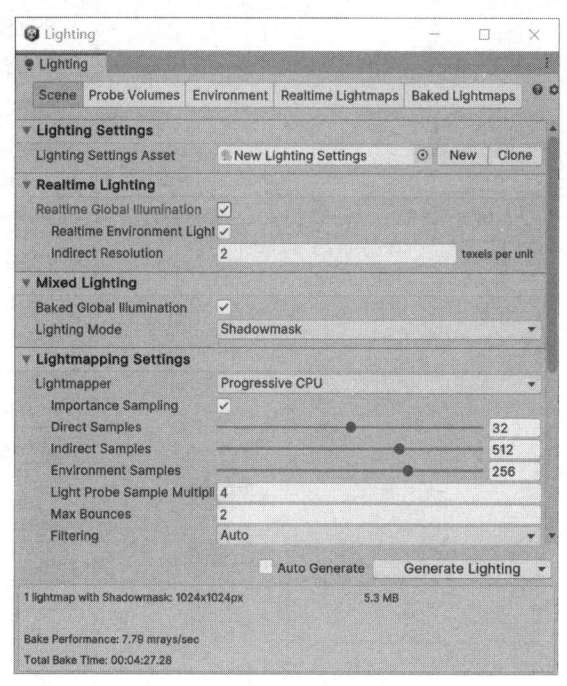

图 4-35

步骤（5）选择菜单栏中的 File->Save（文件->保存）命令，保存场景。

拓展任务 2

任务要求：将场景中不需要移动的物体设置为静态物体，同时将灯光模式设置为 Mixed 模式，注意动态物体全局光照是否存在问题，如有请修改。

第 5 章 粒子系统

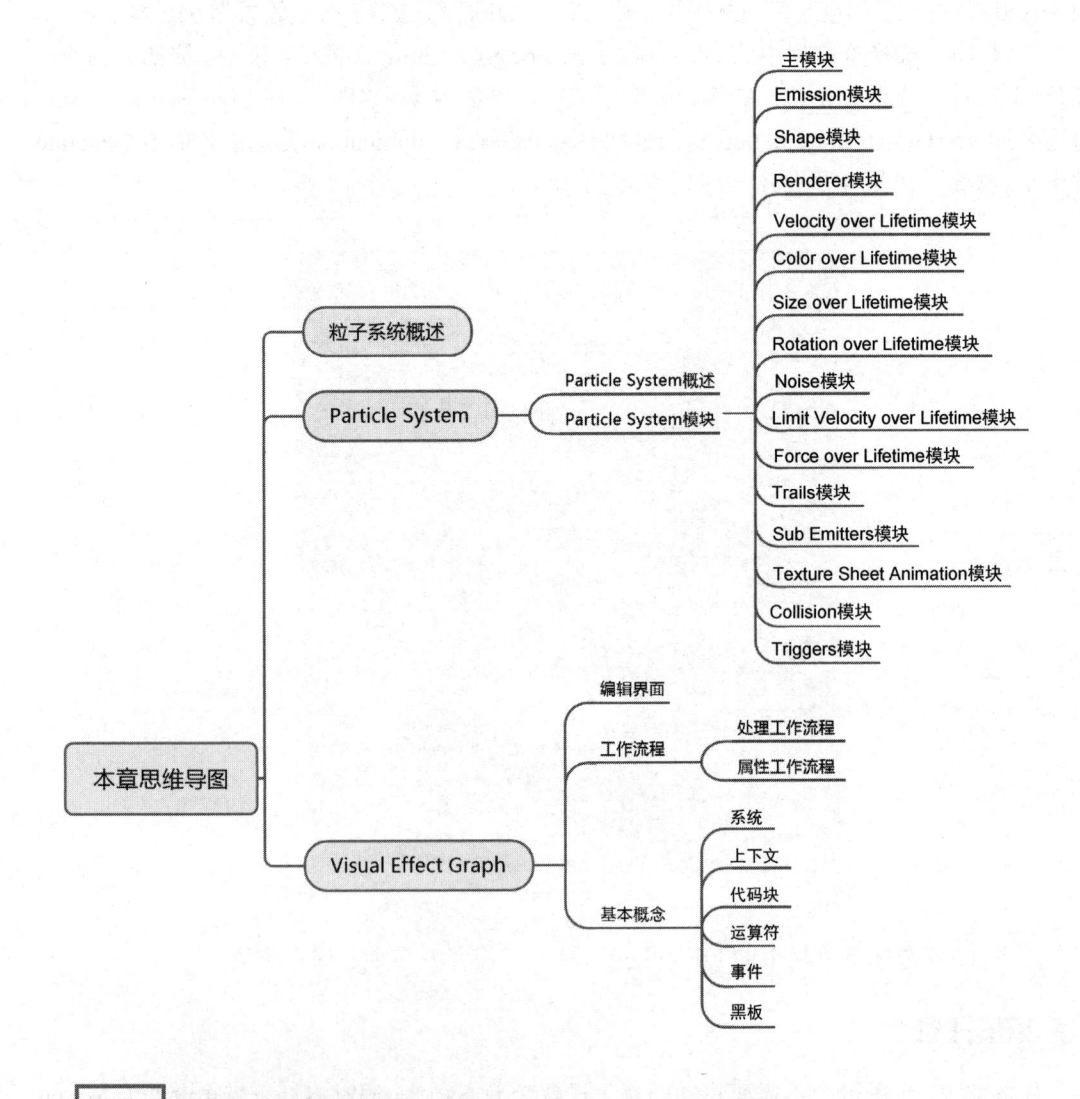

本章思维导图：

- 粒子系统概述
- Particle System
  - Particle System概述
  - Particle System模块
    - 主模块
    - Emission模块
    - Shape模块
    - Renderer模块
    - Velocity over Lifetime模块
    - Color over Lifetime模块
    - Size over Lifetime模块
    - Rotation over Lifetime模块
    - Noise模块
    - Limit Velocity over Lifetime模块
    - Force over Lifetime模块
    - Trails模块
    - Sub Emitters模块
    - Texture Sheet Animation模块
    - Collision模块
    - Triggers模块
- Visual Effect Graph
  - 编辑界面
  - 工作流程
    - 处理工作流程
    - 属性工作流程
  - 基本概念
    - 系统
    - 上下文
    - 代码块
    - 运算符
    - 事件
    - 黑板

5.1 粒子系统概述

当在 Unity 中创建火焰、烟雾之类的动态对象时，很难用 3D Mesh（3D 网格）或 2D

Sprite（2D 精灵）来描绘，这时粒子系统非常有用。一个粒子系统可以模拟并渲染许多被称为粒子的小图像或网格以产生视觉效果。系统中的每个粒子代表效果中的单个图形元素。系统共同模拟每个粒子以产生完整效果的印象。

为了在创作粒子系统时提供灵活性，Unity 提供了两种解决方案。如果项目的目标平台支持计算着色器，则 Unity 允许同时使用这两种解决方案。这两种粒子系统解决方案具体如下。

- Particle System：内置粒子系统，该解决方案允许通过 C#脚本对系统及其包含的粒子进行完全的读/写访问，可以使用粒子系统 API 为粒子系统创建自定义行为。
- Visual Effect Graph：该解决方案可以在 GPU 上运行模拟数百万个粒子并创建大规模的视觉效果。Visual Effect Graph 还包含一个视觉图形编辑器，用于创作可高度定制的视觉效果。

两种粒子系统解决方案的对比如表 5-1 所示。

表 5-1

功能	Particle System	Visual Effect Graph
渲染管线兼容性	内置渲染管线、URP 渲染管线、HDRP 渲染管线	URP 渲染管线、HDRP 渲染管线
可实现的粒子数	CPU，数千	GPU，数百万
粒子系统创作	简单模块的创作过程，使用 Inspector（检查器）窗口中的粒子系统（Particle System）组件。每个模块代表粒子的一种预定义行为	可高度定制的创作过程，使用图形视图
物理	粒子可以与 Unity 的基础物理系统进行交互	粒子可以与 Visual Effect Graph 中定义的特定元素进行交互
脚本交互	这种粒子系统解决方案可以使用 C#脚本在运行时对粒子系统进行全面自定义，也可以对系统中的每个粒子进行读/写操作，还可以响应碰撞事件。粒子系统组件还提供播放控制 API。这意味着，我们可以使用脚本来播放和暂停粒子效果，并使用自定义步长来模拟粒子效果	这种粒子系统解决方案可以公开图形属性，并通过 C#脚本访问这些属性，从而对效果实例进行自定义，也可以使用事件接口来发送自定义事件，以及可以由图形处理的附加数据。视觉效果（Visual Effect）组件还提供播放控制 API。这意味着，我们可以使用脚本来播放和暂停粒子效果，并使用自定义步长来模拟粒子效果

5.2 Particle System

Unity 的内置粒子系统可以用于为 Unity 支持的每个平台创建粒子效果。内置粒子系统在 CPU 上模拟粒子行为，这种技术主要具有以下优点。

- 可以使用 C#脚本与系统及其中的各个粒子进行交互。
- 粒子系统可以使用 Unity 的基础物理系统，从而与场景中的碰撞体进行交互。

5.2.1 Particle System 概述

通过选择菜单栏中的 GameObject-> Effects->Particle System 命令，可以创建粒子系统。粒子系统是作为组件存在的，而粒子系统组件具有许多属性。为了方便起见，Inspector 将

▶ Unity 虚拟现实开发任务驱动式教程

它们组织成多个称作"模块"的可折叠部分，如图 5-1 所示。

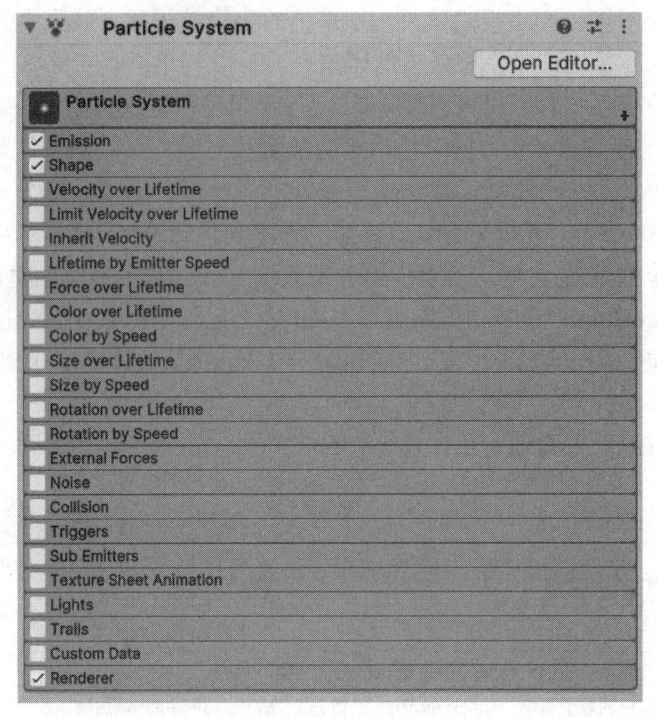

图 5-1

Unity 默认启用了 Emission 模块、Shape 模块和 Renderer 模块。这些模块是发射粒子的基础模型，就像每个游戏对象必须有一个 Transform 组件一样，如果不勾选这些模块的复选框，则会使粒子系统无法发射粒子。

📖 小贴士

单击 Particle System 右侧的 ≋ 按钮，在弹出的下拉列表中取消勾选 Show All Modules（显示所有模块）复选框，即可只显示勾选的模型。

当选择带有粒子系统组件的游戏对象时，在 Scene（场景）视图中会显示一个 Particles 粒子控制面板，如图 5-2 所示。

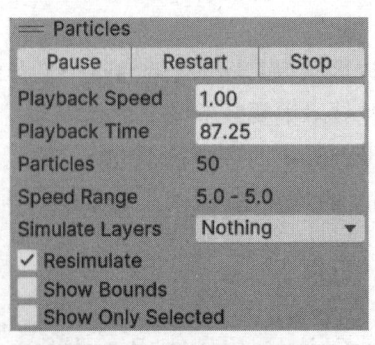

图 5-2

Particles 粒子控制面板中属性的功能说明如表 5-2 所示。

表 5-2

属性	功能说明
Pause	暂停播放
Restart	重新播放
Stop	停止播放
Playback Speed	用于加快或减慢粒子模拟速度,可以直接查看在高级状态下的效果
Playback Time	表示自系统启动以来经过的时间;这可能比实时更快或更慢,具体取决于播放速度
Particles	表示系统中当前有多少个粒子
Speed Range	表示粒子的速度范围
Simulate Layers	预览未选定的粒子系统。在默认情况下,只有选定的粒子系统才能在 Scene(场景)视图中播放。但是,将 Simulate Layers 设置为除 Nothing 以外的任何其他选项时,与 Layer Mask 匹配的效果会自动播放,而无须选择它们,这对于预览环境效果特别有用
Resimulate	勾选此复选框后,粒子系统会立即将属性更改为应用于已生成的粒子。取消勾选此复选框后,粒子系统会按原样保留现有粒子,仅将属性更改为应用于新粒子
Show Bounds	勾选此复选框后,Unity 显示选定粒子系统的包围体积。这些边界可以确定粒子系统当前是否在屏幕上
Show Only Selected	勾选此复选框后,Unity 隐藏所有非选定的粒子系统,便于专注产生单一效果

5.2.2 Particle System 模块

1. 主模块

主(Main)模块包含影响整个系统的全局属性。这些属性大多数用于控制新创建的粒子的初始状态。单击 Inspector(检查器)窗口中的 Particle System 组件,可以展开或折叠主模块。该模块的名称在 Inspector(检查器)中显示为 Particle System 组件所附加到的游戏对象的名称,如图 5-3 所示。

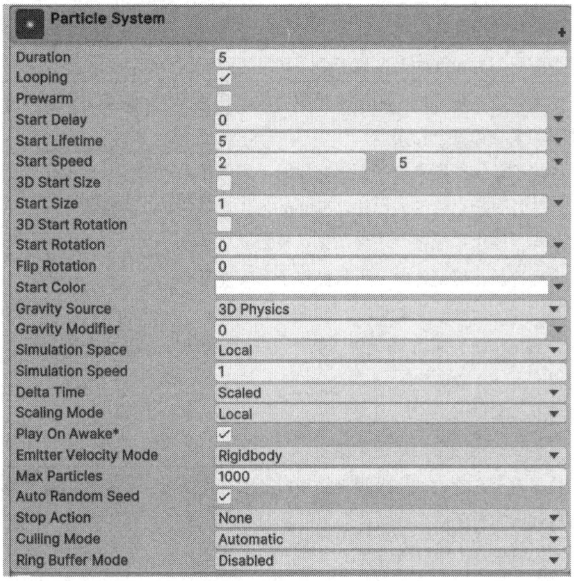

图 5-3

主模块属性的功能说明如表 5-3 所示。

表 5-3

属性	功能说明
Duration	粒子系统的运行时间
Looping	勾选此复选框后,系统将在其持续时间结束时再次启动并继续重复该循环
Prewarm	勾选此复选框后,系统将初始化,就像已经完成一个完整周期一样(仅当 Looping 复选框为勾选状态时才有效)
Start Delay	用于设置系统开始发射前的延迟时间(以秒为单位)
Start Lifetime	粒子的初始生命周期
Start Speed	每个粒子的初始速度
3D Start Size	勾选此复选框后,可以分别控制每个轴的大小
Start Size	每个粒子的初始大小
3D Start Rotation	勾选此复选框后,可以分别控制每个轴的旋转
Start Rotation	每个粒子的初始旋转角度
Flip Rotation	使一些粒子以相反的方向旋转
Start Color	每个粒子的初始颜色
Gravity Modifier	缩放 Physics 窗口中设置的重力值。当此值为 0 时会关闭重力
Simulation Space	• Local(局部空间):控制粒子在局部空间中的运动位置,因此粒子与父对象一起移动。 • World(世界空间):控制粒子在世界空间中的运动位置,因此粒子不会跟随父对象一起移动。 • Custom(自定义):控制粒子与选择的自定义对象一起移动
Simulation Speed	调整整个系统更新的速度
Delta Time	在 Scaled 和 Unscaled 之间进行选择。其中,Scaled 使用 Time 窗口中的 Time Scale 值,而 Unscaled 将忽略该值。此属性对于出现在暂停菜单(Pause Menu)上的粒子系统非常有用
Scaling Mode	选择如何使用变换中的缩放,可以设置为 Hierarchy、Local 或 Shape。Local 仅应用粒子系统变换缩放,忽略任何父级。Shape 将缩放应用于粒子起始位置,但不影响粒子大小
Play on Awake	勾选此复选框后,粒子系统会在创建对象时自动启动
Emitter Velocity Mode	选择粒子系统如何计算继承速度和发射模块使用的速度。该系统可以使用 Rigidbody(刚体)组件(如果存在)或通过跟踪变换组件的运动来计算速度。如果不存在 Rigidbody(刚体)组件,则系统默认使用其变换组件
Max Particles	系统中同时允许的最多粒子数。如果达到限制,则移除一些粒子
Auto Random Seed	如果勾选此复选框,则每次播放的粒子系统看起来都会不同。如果取消勾选此复选框,则每次播放的系统都完全相同
Stop Action	当属于系统的所有粒子都已完成时,可以使系统执行某种操作。当一个系统的所有粒子都已死亡,并且系统存活时间已超过 Duration 设定的值时,判定该系统已停止。对于循环系统,只有在通过脚本停止系统时,才会发生这种情况
Culling Mode	选择粒子在屏幕外时是否暂停粒子系统模拟。 • Automatic:自动模式。 • Pause And Catch-up:暂停但是没有完全暂停,当再次出现在屏幕时,需要计算出它应该在的位置。 • Pause:暂停模拟。 • Always Simulate:总是模拟
Ring Buffer Mode	粒子不会在它们的生命周期结束时死亡,而是会一直存货到最大粒子缓冲区满,届时新的粒子将取代旧的粒子。 • Disabled:禁用该模式。 • Pause Until Replaced:暂停直到替换。 • Loop Until Replaced:循环直到替换

2. Emission 模块

Emission（发射）模块中的属性会影响粒子系统发射的速率和时间，如图 5-4 所示。

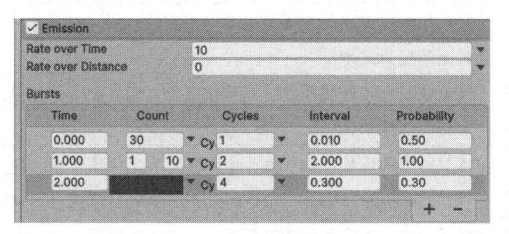

图 5-4

Emission 模块属性的功能说明如表 5-4 所示。

表 5-4

属性	功能说明
Rate over Time	每个时间单位发射的粒子数
Rate over Distance	每个移动距离单位发射的粒子数
Bursts 组	爆发是指生成粒子的事件。通过这些设置可以允许在指定时间发射粒子
Time	设置发射爆发粒子的时间（粒子系统开始播放后的秒数）
Count	设置可能发射的粒子数
Cycles	设置播放爆发次数
Interval	设置触发每个爆发周期的间隔时间（以秒为单位）
Probability	控制每个爆发事件生成粒子的可能性。数值越大系统产生粒子的可能性越高，当数值为 1 时，将保证系统产生粒子

3. Shape 模块

Shape（形状）模块用于定义可以发射粒子的体积或表面，以及起始速度的方向。Shape 属性可以定义发射体积的形状，其余模块属性会根据 Shape 属性的设置而变化。这里只列出 Shape 属性为 Cone 的属性，如图 5-5 所示。

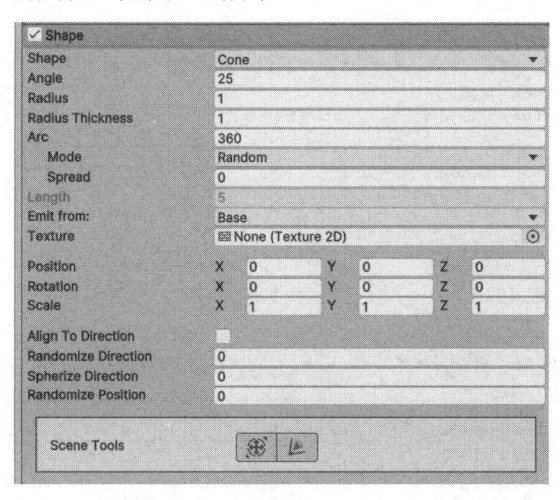

图 5-5

如果将 Shape 设置为 Cone，则 Shape 模块属性的功能说明如表 5-5 所示。

表 5-5

属性	功能说明
Shape	发射体积的形状。Cone 表示从锥体的底部或主体发射粒子。根据粒子与锥体中心线的距离按比例发射粒子
Angle	锥体在其顶点处的角度。当此数值为 0 时，生成圆柱体；当此数值为 90 时，生成圆盘
Radius	形状的圆形半径
Radius Thickness	发射粒子的体积比例。如果此数值为 0，则表示从形状的外表面发射粒子。如果此数值为 1，则表示从整个体积发射粒子。介于两者之间的数值将使用体积的一定比例
Arc	形成发射器形状的整圆的角部
Mode	定义 Unity 如何在形状的弧形周围生成粒子
Spread	弧形周围可产生粒子的离散间隔
Length	锥体的长度
Emit from	锥体发射粒子的部分：Base 或 Volume
Texture	用于为粒子着色和丢弃粒子的纹理
Position	发射器形状的偏移量
Rotation	旋转发射器形状
Scale	缩放发射器形状的大小
Align to Direction	是否根据粒子的初始行进方向定向粒子
Randomize Direction	将粒子方向朝随机方向混合。如果将 Randomize Direction 设置为 0，则此设置不起作用。如果将 Randomize Direction 设置为 1，则粒子方向完全随机
Spherize Direction	将粒子方向朝球面方向混合，从它们的变换中心向外行进。如果将 Spherize Direction 设置为 0，则此设置不起作用。如果将 Spherize Direction 设置为 1，则粒子方向从中心向外（与将 Shape 设置为 Sphere 时的行为相同）
Randomize Position	按随机量移动粒子，直到指定的数值。如果将其设置为 0，则此设置无效。任何其他数值都会对粒子的移动位置应用一些随机性

4. Renderer 模块

Renderer（渲染器）模块的设置决定了粒子的图像或网格如何被其他粒子变换、着色和绘制，如图 5-6 所示。

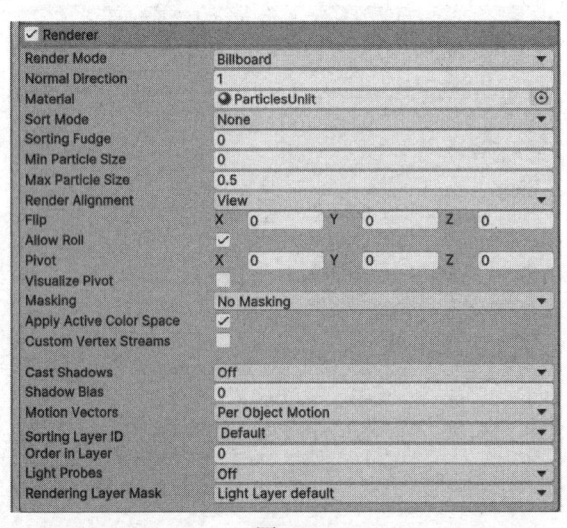

图 5-6

Renderer 模块属性的功能说明如表 5-6 所示。

表 5-6

属性	功能说明
Render Mode	Unity 如何从图形图像或网格中生成渲染图像。 • Billboard：Unity 将粒子渲染为公告牌，用来面向在渲染对齐中指定的方向。 • Stretched Billboard：粒子面向摄像机，并应用了各种可能的缩放。 • Horizontal Billboard：粒子平面与 xz 地板平面平行。 • Vertical Billboard：粒子在世界空间的 y 轴上直立，但转向面向摄像机。 • Mesh：Unity 用 3D 网格而不是公告牌渲染粒子。 • None：Unity 不会渲染任何粒子。如果只想渲染轨迹并隐藏任何默认粒子渲染，则这与轨迹模块一起使用会很有用
Normal Direction	指定如何计算公告牌的照明。如果此数值为 0，则表示 Unity 按照公告牌是一个球体来计算照明。如果此数值为 1，则表示 Unity 按照公告牌是一个平面四边形来计算照明。 此属性仅在使用公告牌渲染模式（公告牌、拉伸公告牌、水平公告牌或垂直公告牌）时可用
Material	Unity 用于渲染粒子的材质
Trail Material	Unity 用于渲染粒子轨迹的材质。此属性仅在启用 Trails 模块时可用
Sort Mode	Unity 使用粒子系统绘制和覆盖粒子的顺序
Sorting Fudge	粒子系统排序的偏差。数值越小，粒子在其他透明物体（包括其他粒子系统）前面出现的可能性越大。此设置仅影响场景中显示的整个粒子系统，而不会对系统中的单个粒子执行排序
Min Particle Size	最小粒子大小，表示为视图大小的一小部分。此属性仅在使用公告牌渲染模式（公告牌、拉伸公告牌、水平公告牌或垂直公告牌）时可用
Max Particle Size	最大粒子大小，表示为视图大小的一小部分。此属性仅在使用公告牌渲染模式（公告牌、拉伸公告牌、水平公告牌或垂直公告牌）时可用
Render Alignment	此属性确定粒子公告牌所面向的方向
Flip	在指定轴上镜像一定比例的粒子。数值越大翻转的粒子越多
Allow Roll	控制面向摄像机的粒子是否可以围绕摄像机的 z 轴旋转。在 VR 应用中需要取消勾选此复选框，因为 HMD（头戴式显示器）在滚动时可能会导致粒子系统出现不希望的粒子旋转
Pivot	修改旋转粒子的中心轴的中心点。此数值是粒子大小的乘数
Visualize Pivot	如果勾选此复选框，则在 Scene（场景）视图中预览粒子轴点
Masking	设定粒子系统渲染的粒子与精灵遮罩交互时的行为方式
Apply Active Color Space	如果勾选此复选框，则在使用线性渲染时，粒子颜色在传递到 GPU 之前会进行适当的转换
Custom Vertex Streams	是否配置材质的顶点着色器中可用的粒子属性
Cast Shadows	如果启用该属性，则在阴影投射灯光照射到粒子系统上时会产生阴影
Shadow Bias	沿着灯光的方向移动阴影。这将删除因公告牌近似体积而导致的阴影瑕疵
Motion Vectors	设置是否使用运动向量来跟踪此粒子系统的变换组件从一帧到下一帧的每像素屏幕空间运动
Sorting Layer ID	渲染器的排序图层的名称
Order in Layer	此渲染器在排序图层中的顺序
Light Probes	基于探针的光照插值模式
Rendering Layer Mask	渲染层掩码

5. Velocity over Lifetime 模块

Velocity over Lifetime（生命周期内速度）模块用于控制粒子在其生命周期内的速度，如图 5-7 所示。

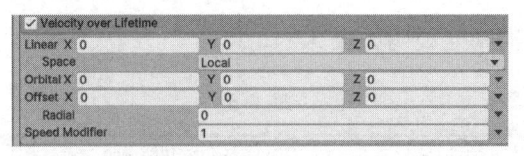

图 5-7

Velocity over Lifetime 模块属性的功能说明如表 5-7 所示。

表 5-7

属性	功能说明
Linear X、Y、Z	粒子在 x、y 和 z 轴上的线性速度
Space	指定 Linear 属性的 x、y、z 轴是参照本地空间，还是世界空间
Orbital X、Y、Z	粒子围绕 x、y 和 z 轴的轨道速度
Offset X、Y、Z	轨道中心的位置，适用于轨道运行粒子
Radial	粒子远离/朝向中心位置的径向速度
Speed Modifier	当粒子进行定向运动或四散运动时，这个属性是速度的倍数，简单一点可以改为将粒子速度乘以该数值

6. Color over Lifetime 模块

Color over Lifetime（生命周期内颜色）模块用于指定粒子的颜色和透明度在其生命周期中是如何变化的，如图 5-8 所示。

图 5-8

Color over Lifetime 模块属性的功能说明如表 5-8 所示。

表 5-8

属性	功能
Color	粒子在其生命周期内的颜色渐变。渐变条的左侧点表示粒子寿命的开始，而渐变条的右侧点则表示粒子寿命的结束

7. Size over Lifetime 模块

Size over Lifetime（生命周期内大小）模块用于指定粒子的大小在其生命周期中是如何变化的，如图 5-9 所示。

图 5-9

Size over Lifetime 模块属性的功能说明如表 5-9 所示。

表 5-9

属性	功能
Separate Axes	在每个轴上独立控制粒子大小
Size	通过一条曲线定义粒子的大小在其生命周期内是如何变化的

课堂任务 1：制作五彩缤纷的气泡

任务步骤：

步骤（1）运行 Unity Hub，选择"项目"选项卡，单击右上角的"新项目"按钮。

步骤（2）在打开的窗口中，将"编辑器版本"设置为 2023.1.15f1，选择 Universal 3D 项目模板。

步骤（3）在"项目设置"选区中为项目指定一个保存的位置，如 D:\UnityProject。这里读者可以根据自己的实际情况进行更改，并将"项目名称"更改为 Exercise_5。完成设置后，单击"创建项目"按钮，创建一个新项目。

步骤（4）在 Windows 文件资源管理器中，解压缩"第 5 章课堂素材.rar"文件，把解压缩后的所有文件和文件夹都复制到项目的 Assets 文件夹中。

步骤（5）选择菜单栏中的 File->Save As（文件->另存为）命令，把场景保存到 Scenes 文件夹中，并命名为"课堂任务 1"。

步骤（6）选择菜单栏中的 GameObject->Effects->Particle System（游戏对象->效果->粒子系统）命令，创建一个粒子系统，并将其重命名为 P_Bubble。

步骤（7）在 Project（项目）窗口中，展开 Assets/VFX/Textures 文件夹，选择 bubble.png 文件。在 Inspector（检查器）窗口中，勾选 Alpha Is Transparency 复选框，单击 Apply（应用）按钮，如图 5-10 所示。

步骤（8）在 Project（项目）窗口的 Assets/VFX 文件夹中，新建一个文件夹，并将其重命名为 Materials。在 Materials 文件夹中，新建一个材质，并将其重命名为 M_Bubble。在 Inspector（检查器）窗口中，将 Shader 设置为 Universal Render Pipeline/Particles/UnLit，Surface Type 设置为 Transparent，勾选 Alpha Clipping 复选框，将 Base Map 设置为 Assets/VFX/Textures/bubble.png，如图 5-11 所示。

图 5-10

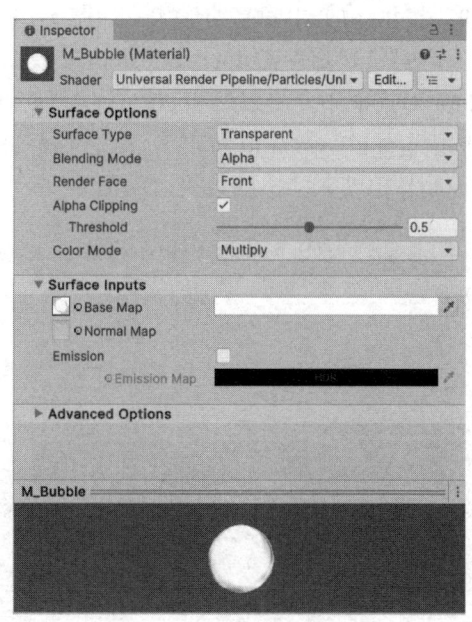

图 5-11

▶ Unity 虚拟现实开发任务驱动式教程

步骤（9）在 Hierarchy（层级）窗口中选择 P_Bubble 对象，在 Inspector（检查器）窗口中展开 Renderer 模块，将 Materials 设置为 Assets/VFX/Materials/M_Bubble。

步骤（10）展开 Shape 模块，将 Shape 设置为 Box，Scale X、Y、Z 分别设置为 10、10、1，使形状为扁平的长方体，如图 5-12 所示。

步骤（11）展开主模块，将 Start Lifetime 的范围设置为 1.5～2，Start Speed 的范围设置为 1.5～2，Start Size 的范围设置为 1～1.5，使粒子的生命周期、初始速度和初始大小都有一点随机性。将 Start Color 设置为黄色-紫色，如图 5-13 所示。

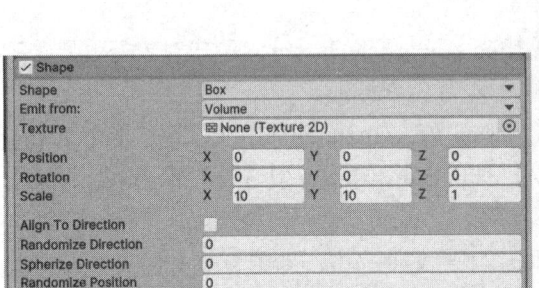

图 5-12 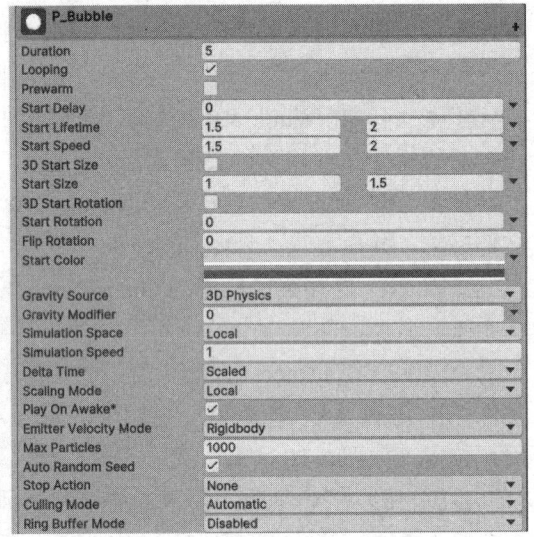　　　　　　　　　　　　　　　图 5-13

步骤（12）启用 Velocity over Lifetime 模块，将 Space 设置为 World 世界坐标系，Linear 更改为 Curve 曲线模式，选择 Y 方向，在 Particle System Curves 中将 Y 的值设置为 2，调整曲线为两边低中间高的形状，如图 5-14 所示。

步骤（13）启用 Color over Lifetime 模块，将 Color 设置为 Gradient 渐变模式。在 Gradient Editor 对话框中，在 20%和 70%的位置处增加两个 Alpha 色标，0%位置处的 Alpha 值为 0，20%位置处的 Alpha 值为 255，70%位置处的 Alpha 值为 255，100%位置处的 Alpha 值为 0，从而制作出淡入淡出的效果，如图 5-15 所示。

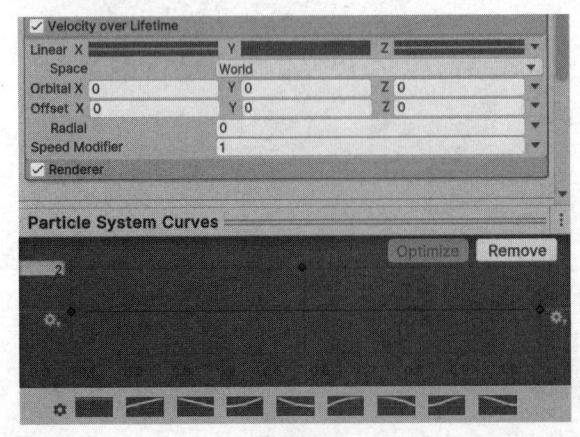

图 5-14 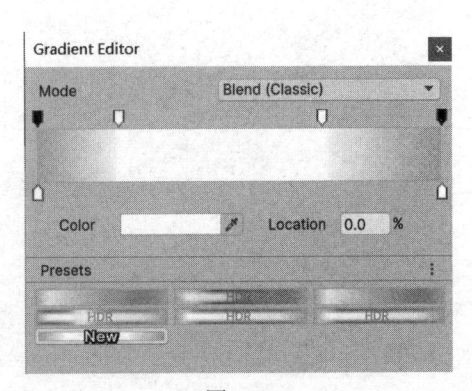　　　　　　　　　　　　　　　图 5-15

步骤（14）启用 Size over Lifetime 模块，在 Particle System Curves 中调整曲线为两边低中间高的形状，如图 5-16 所示。

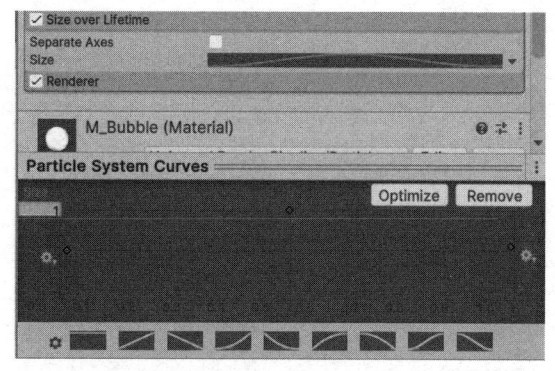

图 5-16

步骤（15）预览效果，选择菜单栏中的 File->Save（文件->保存）命令，保存场景。

课堂任务 2：制作飞溅的火花

任务步骤：

步骤（1）运行 Unity Hub，打开 Exercise_5 项目。

步骤（2）选择菜单栏中的 File->New Scene（文件->新建场景）命令，在弹出的对话框中选择 Basic（URP）模板，单击 Create（创建）按钮，创建一个新场景。

步骤（3）选择菜单栏中的 File->Save As（文件->另存为）命令，把新场景保存到 Scenes 文件夹中，并命名为"课堂任务 2"。

步骤（4）选择菜单栏中的 GameObject->Effects->Particle System（游戏对象->效果->粒子系统）命令，创建一个粒子系统，并将其重命名为 P_Spark。

步骤（5）在 Project（项目）窗口中，展开 Assets/VFX/Textures 文件夹，选择 circle.png 文件。在 Inspector（检查器）窗口中，勾选 Alpha Is Transparency 复选框，单击 Apply（应用）按钮。

步骤（6）在 Project（项目）窗口的 Assets/VFX/Materials 文件夹中，新建一个材质，并将其重命名为 M_Circle。在 Inspector（检查器）窗口中，将 Shader 设置为 Universal Render Pipeline/Particles/UnLit，Surface Type 设置为 Transparent，勾选 Alpha Clipping 复选框，将 Base Map 设置为 Assets/VFX/Textures/circle.png。

步骤（7）在 Hierarchy（层级）窗口中，选择 P_Spark 游戏对象。在 Inspector（检查器）窗口中，展开 Renderer 模块，将 Materials 设置为 Assets/VFX/Materials/M_Circle。

步骤（8）展开 Emission 模块，将 Rate over Time 设置为 0，单击 Bursts 底部的 + 按钮，增加一个爆发式粒子发射器，参数保持默认设置，如图 5-17 所示。

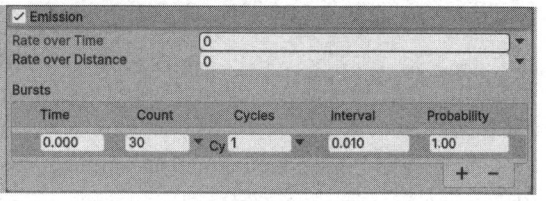

图 5-17

步骤（9）展开 Shape 模块，将 Shape 设

置为 Sphere，Radius 设置为 0.5，如图 5-18 所示。

步骤（10）展开主模块，将 Start Lifetime 设置为 0.2，Start Speed 设置为 30，Start Size 设置为 0.1，使瞬间爆发出火花，如图 5-19 所示。

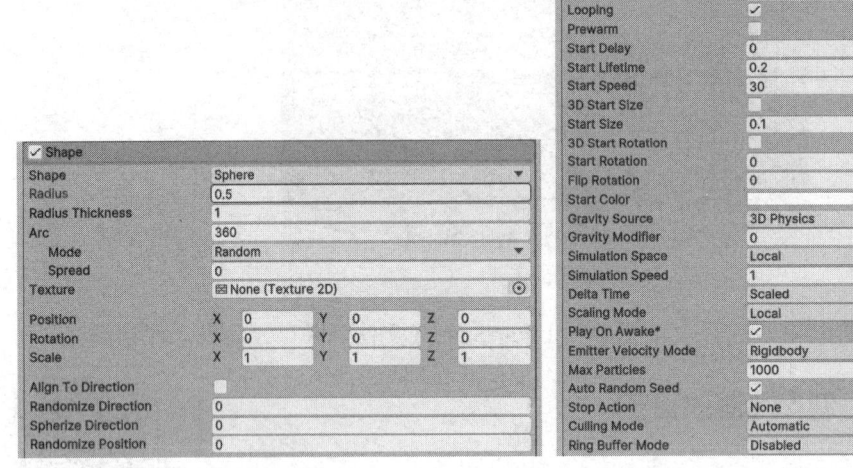

图 5-18　　　　　　　　　　　　　　图 5-19

步骤（11）启用 Velocity over Lifetime 模块，将 Speed Modifier 设置为 Curve，在 Particle System Curves 中将曲线右侧关键点的数值调整为 0，如图 5-20 所示。

步骤（12）展开 Renderer 模块，将 Render Mode 设置为 Stretched Billboard，Speed Scale 设置为 0.1，Length Scale 设置为 1，如图 5-21 所示。

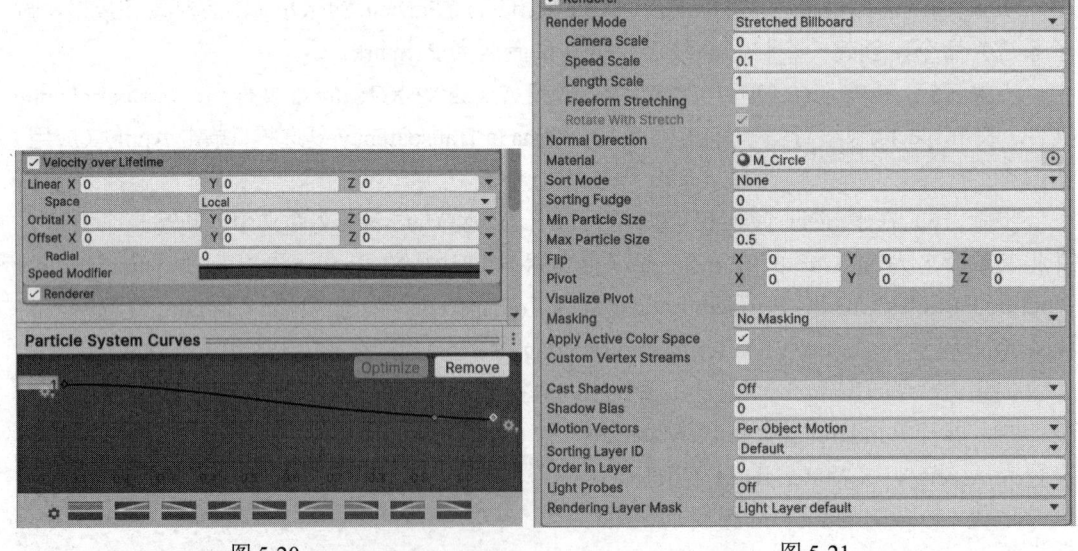

图 5-20　　　　　　　　　　　　　　图 5-21

步骤（13）启用 Color over Lifetime 模块，在 Gradient Editor 对话框中增加两个 Alpha 色标，Alpha 色标从左到右的数值分别为 0、255、255、0；增加 4 个颜色色标，颜色色标从左到右分别为白色、白色、黄色、橙色、灰色、黑色，如图 5-22 所示。

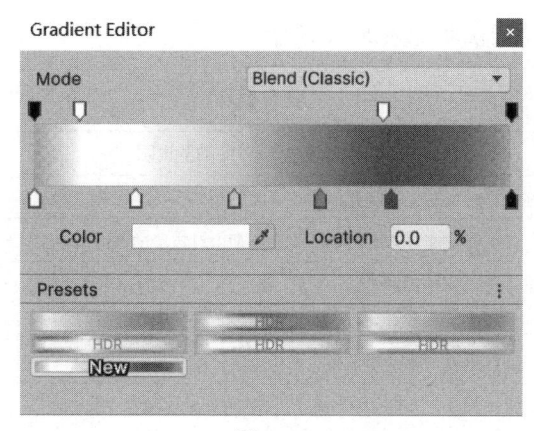

图 5-22

步骤（14）预览效果，选择菜单栏中的 File->Save（文件->保存）命令，保存场景。

8. Rotation over Lifetime 模块

Rotation over Lifetime（生命周期内旋转）模块可以用于配置粒子在移动时的旋转，如图 5-23 所示。

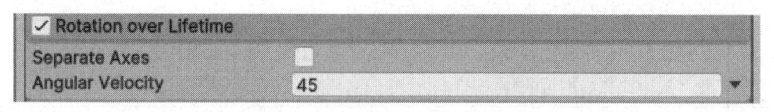

图 5-23

Rotation over Lifetime 模块属性的功能说明如表 5-10 所示。

表 5-10

属性	功能
Separate Axes	允许根据每个轴指定旋转。勾选此复选框后，即可为 x、y 和 z 轴中的每个轴设置旋转
Angular Velocity	旋转速度（以度/秒为单位）

9. Noise 模块

Noise（噪音）模块可以用于为粒子移动添加湍流，如图 5-24 所示。

图 5-24

Noise 模块属性的功能说明如表 5-11 所示。

表 5-11

属性	功能说明
Separate Axes	是否在每个轴上独立控制强度和重新映射
Strength	通过一条曲线定义噪声在粒子的生命周期内对粒子的影响有多强。数值越大，粒子移动越快、越远
Frequency	数值越小产生的噪声越柔和、平滑，数值越大产生的噪声越强烈、起伏。此属性可以控制粒子改变行进方向的频率，以及方向变化的突然程度
Scroll Speed	随着时间的推移，移动噪声场会产生更不可预测和不稳定的粒子移动
Damping	勾选此复选框后，强度与频率成正比。将这些数值绑在一起意味着可以在保持相同行为但具有不同大小的同时缩放噪声场
Octaves	指定组合多少层重叠噪声来产生最终噪声值。使用更多层可以提供更丰富、更有趣的噪声，但会显著增加性能成本
Octave Multiplier	对于每个附加的噪声图层，按此比例降低强度
Octave Scale	对于每个附加的噪声图层，按此乘数调整频率
Quality	较低的质量设置可以显著降低性能成本，但也会影响噪声的有趣程度
Remap	是否将最终噪声值重新映射到不同的范围
Remap Curve	描述最终噪声值如何变换的曲线。例如，我们可以使用此属性来创建从高点开始并以零结束的曲线，从而选择噪声场的较低范围并忽略较高范围
Position Amount	用于控制噪声对粒子位置影响程度的乘数
Rotation Amount	用于控制噪声对粒子旋转（以度/秒为单位）影响程度的乘数
Size Amount	用于控制噪声对粒子大小影响程度的乘数

课堂任务 3：制作旋转的魔法阵

任务步骤：

步骤（1）运行 Unity Hub，打开 Exercise_5 项目。

步骤（2）选择菜单栏中的 File->New Scene（文件->新建场景）命令，在弹出的对话框中选择 Basic（URP）模板，单击 Create（创建）按钮，创建一个新场景。

步骤（3）选择菜单栏中的 File->Save As（文件->另存为）命令，把新场景保存到 Scenes 文件夹中，并命名为"课堂任务 3"。

步骤（4）选择菜单栏中的 GameObject->Effects->Particle System（游戏对象->效果->粒子系统）命令，创建一个粒子系统，并将其重命名为 P_Magic。

步骤（5）在 Project（项目）窗口中，展开 Assets/VFX/Textures 文件夹，选择 magic.jpg 文件。在 Inspector（检查器）窗口中，将 Alpha Source 设置为 From Gray Scale，勾选 Alpha Is Transparency 复选框，单击 Apply（应用）按钮，如图 5-25 所示。

步骤（6）在 Project（项目）窗口的 Assets/VFX/Materials 文件夹中，新建一个材质，并将其重命名为 M_Magic。在 Inspector（检查器）窗口中，将 Shader 设置为 Universal Render Pipeline/Particles/UnLit，勾选 Alpha Clipping 复选框，将 Threshold 设置为 0.1，Base Map 设置为 Assets/VFX/Textures/magic.jpg，如图 5-26 所示。

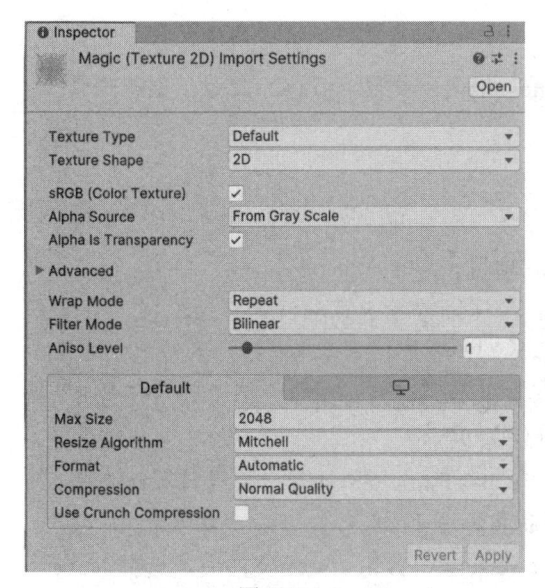

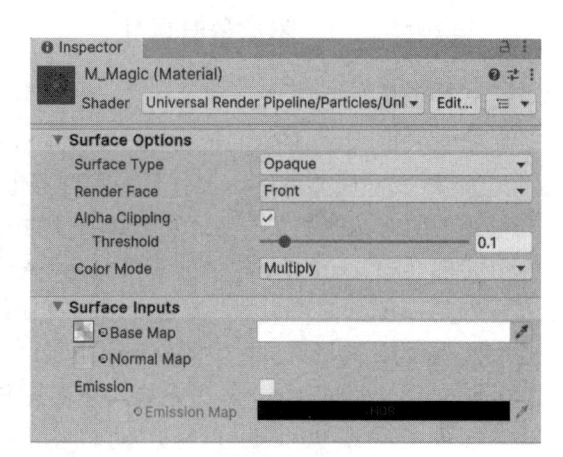

图 5-25   图 5-26

步骤（7）在 Hierarchy（层级）窗口中，选择 P_Magic 对象。在 Inspector（检查器）窗口中，展开 Renderer 模块，将 Materials 设置为 Assets/VFX/Materials/M_Magic，Render Mode 设置为 Horizontal Billboard，使魔法阵平行于地面。

步骤（8）禁用 Shape 模块。

步骤（9）启用 Rotation over Lifetime 模块，将 Angular Velocity 设置为 180，这样旋转一圈需要 2 秒。

步骤（10）展开主模块，将 Start Lifetime 设置为 2，Start Speed 设置为 0，Start Size 设置为 1.5，如图 5-27 所示。

图 5-27

步骤（11）展开 Emission 模块，将 Rate over Time 设置为 0.5，表示 2 秒发射一个粒子。

步骤（12）展开主模块，勾选 Prewarm 复选框，这样粒子就会在开始播放时出现，而不是等待一段时间后出现。

步骤（13）预览效果，选择菜单栏中的 File->Save（文件->保存）命令，保存场景。

项目任务 9：添加落叶效果

任务步骤：

步骤（1）运行 Unity Hub，打开 StoneLake 项目。

步骤（2）在 Windows 文件资源管理器中，解压缩"第 5 章项目素材.rar"文件，把解压缩后的所有文件和文件夹都复制到项目的 Assets 文件夹中。

步骤（3）选择菜单栏中的 File->Save As（文件->另存为）命令，把"项目任务 8"场景保存到 Scenes 文件夹中，并重命名为"项目任务 9"。

步骤（4）选择菜单栏中的 GameObject->Effects->Particle System（游戏对象->效果->粒子系统）命令，创建一个粒子系统，并将其重命名为 P_Leaf。

步骤（5）在 Project（项目）窗口中，展开 Assets/VFX/Textures 文件夹，选择 leaf.png 文件。在 Inspector（检查器）窗口中，勾选 Alpha Is Transparency 复选框，单击 Apply（应用）按钮。

步骤（6）在 Project（项目）窗口的 Assets/VFX 文件夹中，新建一个文件夹，并将其重命名为 Materials。在 Materials 文件夹中，新建一个材质，并将其重命名为 M_Leaf。在 Inspector（检查器）窗口中，将 Shader 更改为 Universal Render Pipeline/Particles/UnLit，Render Face 设置为 Both 双面渲染，勾选 Alpha Clipping 复选框，将 Base Map 设置为 Assets/VFX/Textures/leaf.png，如图 5-28 所示。

步骤（7）在 Hierarchy（层级）窗口中，选择 P_Leaf 对象。在 Inspector（检查器）窗口中，展开 Renderer 模块，将 Materials 设置为 Assets/VFX/Materials/M_Leaf。

步骤（8）展开 Shape 模块，将 Shape 设置为 Box，Rotation Y 设置为 180，向下发散粒子，将 Scale X、Y、Z 分别设置为 5、5、1，如图 5-29 所示。

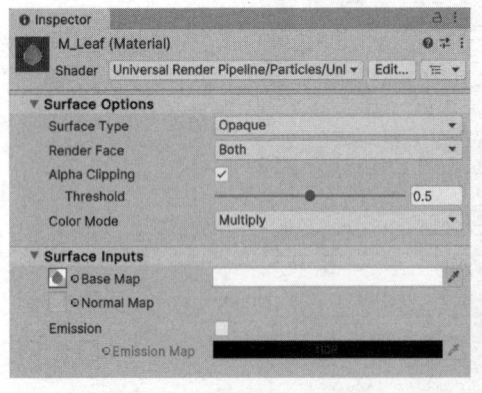

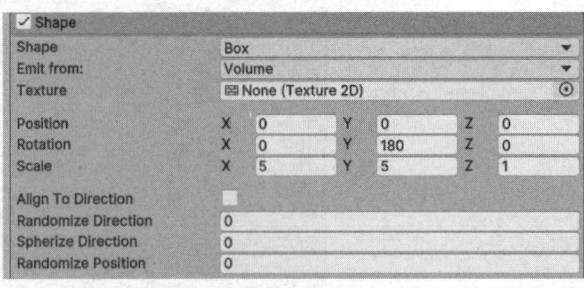

图 5-28

图 5-29

步骤（9）展开主模块，勾选 Prewarm 复选框，将 Start Lifetime 的范围设置为 30～35，Start Speed 的范围设置为 0.2～0.5，Start Size 的范围设置为 0.1～0.15，勾选 3D Start Rotation 复选框，将 X、Y、Z 的范围都设置为 0～360，Start Color 设置为 RGB（123,108,53），Max Particles 设置为 5，如图 5-30 所示。

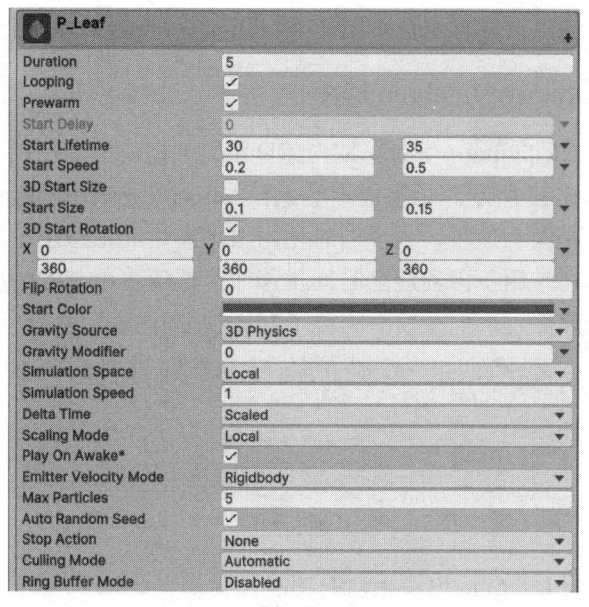

图 5-30

步骤（10）启用 Rotation over Lifetime 模块，将 Angular Velocity 设置为 20，如图 5-31 所示。

图 5-31

步骤（11）启用 Noise 模块，将 Strength 设置为 0.1，Frequency 设置为 0.2，如图 5-32 所示。

图 5-32

步骤（12）在 Project（项目）窗口的 Assets/VFX 文件夹中，新建一个文件夹，并将其重命名为 Prefabs。把 Hierarchy 窗口中的 P_Leaf 粒子对象拖到 Project（项目）窗口的 Assets/VFX/Prefabs 文件夹中，生成预制件。把预制件拖到场景中，实现多添加几处落叶的效果。

步骤（13）选择菜单栏中的 GameObject->Create Empty（游戏对象->创建空对象）命令，创建空对象，并将其重命名为 VFX。在 Hierarchy（层级）窗口中，将 P_Leaf 粒子对象设置为它的子对象。

步骤（14）预览效果，选择菜单栏中的 File->Save（文件->保存）命令，保存场景。

10. Limit Velocity over Lifetime 模块

Limit Velocity over Lifetime（生命周期内速度限制）模块用于控制粒子在其生命周期的速度降低方式，如图 5-33 所示。该模块本质上和 Velocity over Lifetime 模块是相对的，一个是控制速度，一个是限制速度，很少同时使用。该模块非常适用于模拟会减慢粒子速度的空气阻力，特别是在使用下降曲线随时间推移而降低速度限制的情况下。例如，爆炸或烟花最初以极快的速度爆发，但是发射的粒子在穿过空气的过程中会迅速减速。

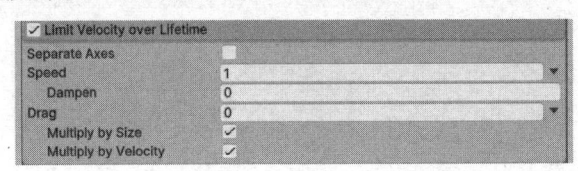

图 5-33

Limit Velocity over Lifetime 模块属性的功能说明如表 5-12 所示。

表 5-12

属性	功能说明
Separate Axes	按照 x、y、z 轴来分别设置限速值
Speed	设置粒子的速度限制
Space	选择速度限制是适用局部空间，还是世界空间。仅当 Separate Axes 复选框为勾选状态时，此属性才可用
Dampen	当粒子速度超过速度限制时，粒子速度降低的比例
Drag	对粒子速度施加线性阻力
Multiply by Size	勾选此复选框后，较大的粒子会更大程度上受到阻力系数的影响
Multiply by Velocity	勾选此复选框后，较快的粒子会更大程度上受到阻力系数的影响

11. 生命周期内受力模块

通过 Force over Lifetime（生命周期内受力）模块中指定的力（如风或吸力）可以使粒子加速，如图 5-34 所示。

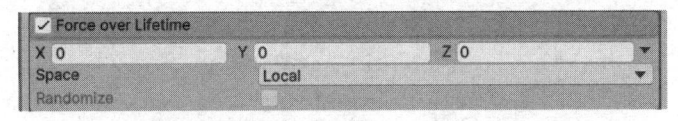

图 5-34

Force over Lifetime 模块属性的功能说明如表 5-13 所示。

表 5-13

属性	功能说明
X、Y、Z	在 x、y 和 z 轴上施加到每个粒子的力
Space	选择是在局部空间还是在世界空间中施力
Randomize	在使用 Two Constants 或 Two Curves 模式时，勾选此复选框可以在每个帧定义的范围内选择新的作用力方向，因此会产生更动荡、更不稳定的运动

12. Trails 模块

Trails（轨迹）模块用于在粒子尾部添加一个轨迹效果。此模块与轨迹渲染器（Trail Renderer）组件共享许多属性，但 Trails 模块提供了将轨迹轻松附加到粒子中，以及从粒子中继承各种属性的功能。使用 Trails 模块可以制作各种效果，如子弹、烟雾和魔法视觉效果。

Particles 模式可以根据粒子自身路径渲染轨迹，属性如图 5-35 所示。

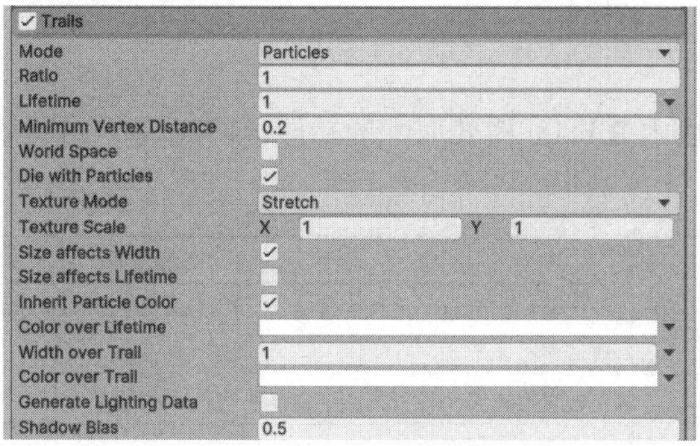

图 5-35

Trails 模块中 Particles 模式属性的功能说明如表 5-14 所示。

表 5-14

属性	功能说明
Mode	选择如何为粒子系统生成轨迹。Particle 模式可以创建每个粒子在自身路径中留下固定轨迹的效果
Ratio	一个介于 0 和 1 之间的数值，表示已分配轨迹的粒子的比例。Unity 支持随机分配轨迹，因此该值表示概率
Lifetime	轨迹中每个顶点的生命周期，表示为所属粒子的生命周期的乘数。当将每个新顶点添加到轨迹时，该顶点将在其存在时间超过其总生命周期后消失
Minimum Vertex Distance	定义粒子在其轨迹接收新顶点之前必须经过的距离
World Space	勾选此复选框后，即便使用 Local Simulation Space，轨迹顶点也不会相对于粒子系统的游戏对象移动。相反，轨迹顶点会被置于世界空间中，并忽略粒子系统的任何移动
Die With Particles	如果勾选此复选框，则轨迹会在粒子死亡时立即消失。如果取消勾选此复选框，则剩余的轨迹会根据自身的剩余生命周期自然到期
Texture Mode	选择纹理应用于粒子轨迹的方式
Texture Scale	设置纹理在 x、y 轴上的缩放比例
Size affects Width	如果勾选此复选框，则轨迹宽度受粒子大小影响
Size affects Lifetime	如果勾选此复选框，则轨迹生命周期受粒子大小影响
Inherit Particle Color	如果勾选此复选框，则轨迹颜色由粒子颜色调制
Color over Lifetime	控制整个轨迹在其附着粒子的整个生命周期内的颜色
Width over Trail	控制轨迹沿其长度的宽度
Color over Trail	控制轨迹沿其长度的颜色
Generate Lighting Data	如果勾选此复选框，则可以在构建轨迹几何体时包含法线和切线。这样允许它们使用具有场景光照的材质，如通过标准着色器或自定义着色器
Shadow Bias	沿着灯光的方向移动阴影。这样可以消除因使用公告牌轨迹几何体近似体积而导致的阴影伪影

Ribbon 模式将所有粒子相连接，属性如图 5-36 所示。

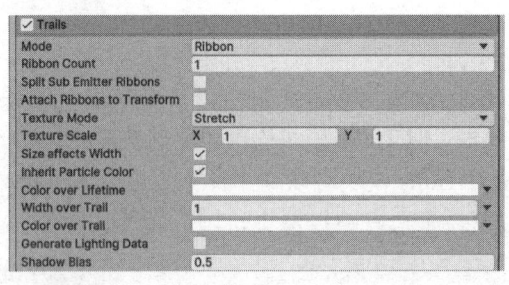

图 5-36

Trails（轨迹）模块中 Ribbon 模式属性的功能说明如表 5-15 所示。

表 5-15

属性	功能说明
Mode	选择如何为粒子系统生成轨迹。Ribbon 模式可以创建根据存活时间连接每个粒子的轨迹带
Ribbon Count	设置要在整个粒子系统中渲染的轨迹带的数量
Split Sub Emitter Ribbons	当在子发射器上使用时，轨迹带将独立连接每个父粒子中的粒子
Attach Ribbons to Transform	如果勾选此复选框，则将每个轨迹带连接到变换组件的位置
Texture Mode	选择纹理应用于粒子轨迹的方式
Texture Scale	设置纹理在 x、y 轴上的缩放比例
Size affects Width	如果勾选此复选框，则轨迹宽度受粒子大小影响
Inherit Particle Color	如果勾选此复选框，则轨迹颜色由粒子颜色调制
Color over Lifetime	控制整个轨迹在其附着粒子的整个生命周期内的颜色
Width over Trail	控制轨迹沿其长度的宽度
Color over Trail	控制轨迹沿其长度的颜色
Generate Lighting Data	如果勾选此复选框，则可以在构建轨迹几何体时包含法线和切线。这样允许它们使用具有场景光照的材质，如通过标准着色器或自定义着色器
Shadow Bias	沿着灯光的方向移动阴影。这样可以消除由于使用公告牌轨迹几何体近似体积而导致的阴影伪影

13. 子发射器模块

Sub Emitters（子发射器）模块可以用于设置子发射器，如图 5-37 所示。这些子发射器是在粒子生命周期的某些阶段的粒子位置处创建的附加粒子发射器。

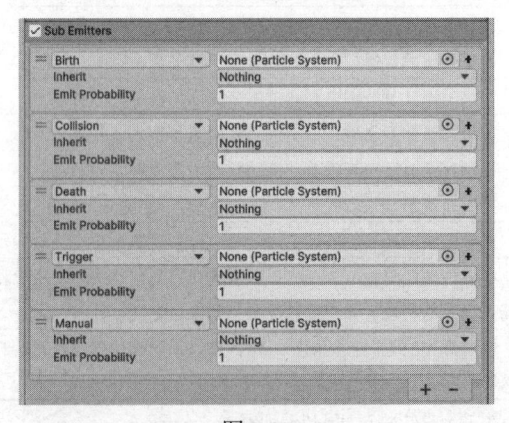

图 5-37

要触发子发射器，可以使用以下条件，如表 5-16 所示。

表 5-16

属性	功能说明
Birth	粒子的创建时间
Collision	粒子与对象发生碰撞的时间
Death	粒子的销毁时间
Trigger	粒子与触发碰撞体相互作用的时间
Manual	仅在通过脚本进行请求时触发
Inherit	每个新创建的粒子从父粒子继承的属性。可继承属性包括大小、旋转、颜色和生命周期
Emit Probability	设置子发射器事件的触发概率。数值为 1 可以保证事件将触发，而更小的数值则会降低概率

课堂任务 4：制作烟花

任务步骤：

步骤（1）运行 Unity Hub，打开 Exercise_5 项目。

步骤（2）选择菜单栏中的 File->New Scene（文件->新建场景）命令，在弹出的对话框中选择 Basic（URP）模板，单击 Create（创建）按钮，创建一个新场景。

步骤（3）选择菜单栏中的 File->Save As（文件->另存为）命令，把新场景保存到 Scenes 文件夹中，并命名为"课堂任务 4"。

步骤（4）选择菜单栏中的 GameObject->Effects->Particle System（游戏对象->效果->粒子系统）命令，创建一个粒子系统，并将其重命名为 P_Fireworks。

步骤（5）在 Inspector（检查器）窗口的 Renderer 模块中，将 Material 设置为 Assets/VFX/Materials/M_Circle。

步骤（6）展开 Emission 模块，将 Rate over time 设置为 0，在 Bursts 组中单击 + 按钮，添加爆发式发射粒子，将 Count 设置为 10，如图 5-38 所示。

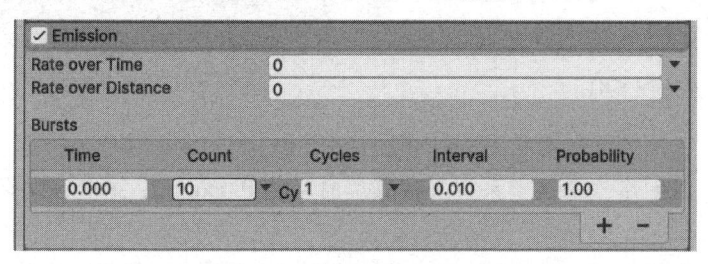

图 5-38

步骤（7）展开主模块，将 Start Lifetime 设置为 0.3，Start Speed 设置为 20，Start Size 设置为 0.2，Start Color 范围设置为黄色-紫色，如图 5-39 所示。

步骤（8）启用 Trails 模块，将 Width over Trail 设置为 Curve，在 Particle System Curves 中调整曲线，将范围设置为 0.7 到 0，使轨迹宽度由大到小，如图 5-40 所示。

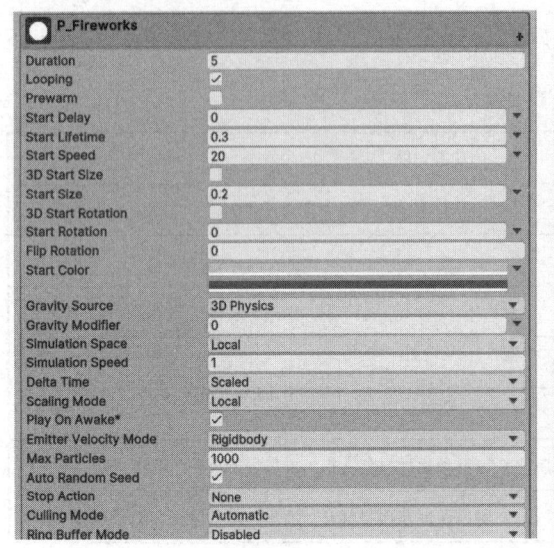

图 5-39

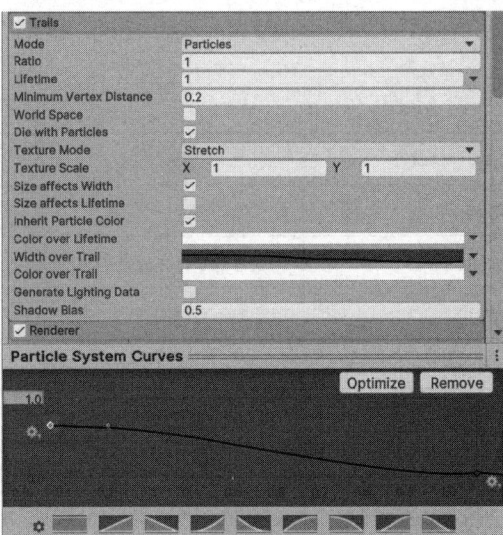

图 5-40

步骤（9）展开 Renderer 模块，将 Trail Material 设置为 Default-Line，如图 5-41 所示。

步骤（10）启用 Limit Velocity over Lifetime 模块，将 Drag 设置为 Curve，调整曲线，使 Drag 值从 0 到 1，粒子速度逐渐减慢，如图 5-42 所示。

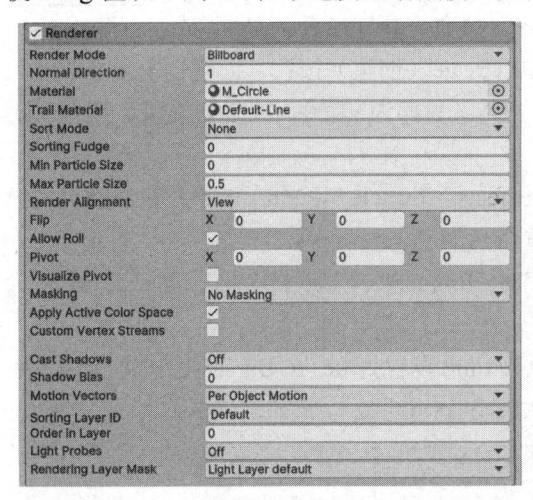

图 5-41

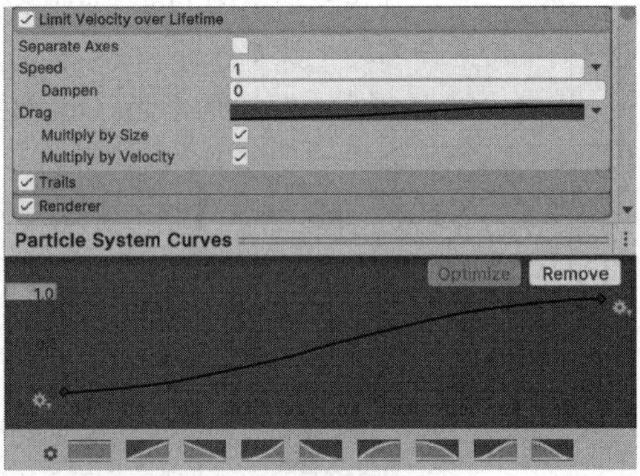

图 5-42

步骤（11）选择菜单栏中的 GameObject->Effects->Particle System（游戏对象->效果->粒子系统）命令，创建一个粒子系统，将其重命名为 P_Boom，并将其设置为 P_Fireworks 游戏对象的子对象。

步骤（12）选择 P_Fireworks 游戏对象，启用 Sub Emitters 模块，在设置 Death 时，触发 P_Boom 子发射器，将 Inherit 设置为 Color，以继承颜色，如图 5-43 所示。

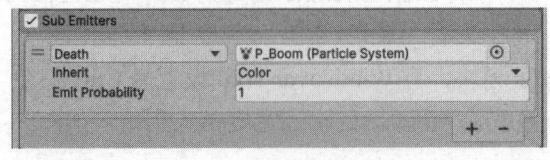

图 5-43

步骤（13）选择 P_Boom 游戏对象，在 Inspector（检查器）窗口中，将 Materials 设置为 Assets/VFX/Materials/M_Circle。

步骤（14）展开 Emission 模块，将 Rate over Time 设置为 0，在 Bursts 组中单击+按钮，创建爆发式发射粒子，这里保持默认设置。

步骤（15）展开主模块，将 Start Lifetime 设置为 0.3，Start Speed 设置为 10，Start Size 设置为 0.1。

步骤（16）启用 Force over Lifetime 模块，将 Space 设置为 World，Y 设置为-50，添加向下的力，如图 5-44 所示。

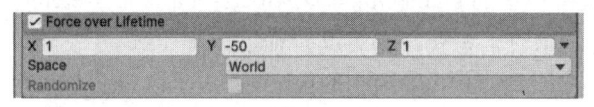

图 5-44

步骤（17）预览效果，选择菜单栏中的 File->Save（文件->保存）命令，保存场景。

14. Texture Sheet Animation 模块

由于粒子的图形不必是静止的图像，因此 Texture Sheet Animation（纹理表格动画）模块允许将纹理视为可作为动画帧进行播放的一组单独子图像。其中，Sprite 模式属性包含在 Grid 模式属性中。Grid 模式属性如图 5-45 所示。

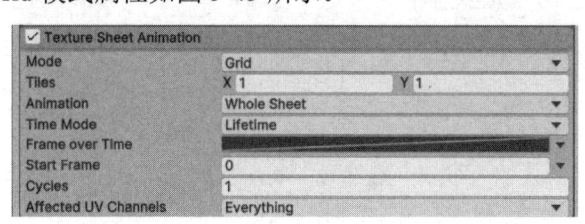

图 5-45

Texture Sheet Animation 模块中 Grid 模式属性的功能说明如表 5-17 所示。

表 5-17

属性	功能说明
Mode	选择 Grid 模式
Tiles	纹理在水平（X）和垂直（Y）方向上划分的区块数量
Animation	包括 Whole Sheet 和 Single Row（精灵图集的每一行代表一个单独的动画序列）两个选项
Row Mode	使粒子系统从纹理帧中选择一行以生成动画。仅当 Animation 为 Single Row 时，此属性才可用
Time Mode	选择粒子系统如何在动画中对帧进行采样。 • Lifetime：在粒子的生命周期内使用动画曲线对帧进行采样。 • Speed：根据粒子的速度对帧进行采样。速度范围指定选择帧的最小和最大速度范围。 • FPS：根据指定的每秒帧数值对帧进行采样
Row	从精灵图集中选择特定行以生成动画。仅当 Row Mode 为 Custom 时，此属性才可用
Frame over Time	通过一条曲线指定动画帧随着时间的推移如何增加
Start Frame	允许指定粒子动画应从哪一帧开始
Cycles	动画序列在粒子生命周期内重复的次数
Affected UV Channels	允许指定影响粒子系统的 UV 通道

课堂任务5：制作火焰

任务步骤：

步骤（1）运行Unity Hub，打开Exercise_5项目。

步骤（2）选择菜单栏中的File->New Scene（文件->新建场景）命令，在弹出的对话框中选择Basic（URP）模板，单击Create（创建）按钮，创建一个新场景。

步骤（3）选择菜单栏中的File->Save As（文件->另存为）命令，把新场景保存到Scenes文件夹中，并命名为"课堂任务5"。

步骤（4）选择菜单栏中的GameObject->Effects->Particle System（游戏对象->效果->粒子系统）命令，创建一个粒子系统，并将其重命名为P_Fire。

步骤（5）在Project（项目）窗口的Assets/VFX/Materials文件夹中新建一个材质，并将其重命名为M_Fire。在Inspector（检查器）窗口中，将Shader更改为Universal Render Pipeline/Particles/UnLit，Surface Type设置为Transparent，勾选Alpha Clipping复选框，将Base Map设置为Assets/VFX/Textures/ LargeFlame_8x8.tif，勾选Emission复选框，将Emission Map设置为Assets/VFX/Textures/ LargeFlame_8x8.tif，如图5-46所示。

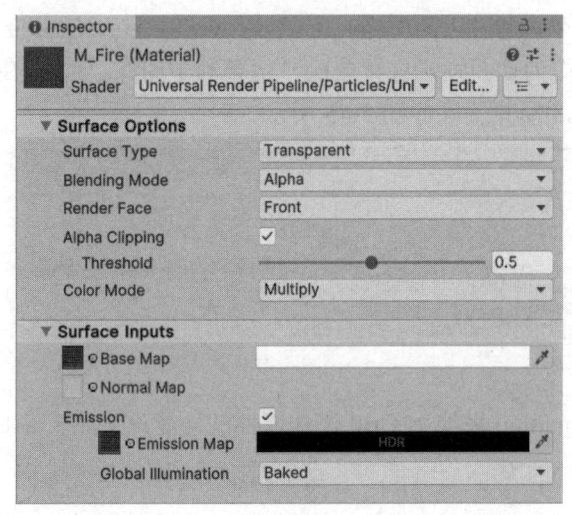

图5-46

步骤（6）在Hierarchy（层级）窗口中，选择P_Fire游戏对象。在Inspector（检查器）窗口中，展开Renderer模块，将Materials设置为Assets/VFX/Materials/M_Fire。

步骤（7）启用Texture Sheet Animation模块，将Tiles X、Y分别设置为8、8，Start Frame设置为在0到63之间取一个随机值，Cycles设置为2.5。

步骤（8）展开Shape模块，将Shape设置为Circle，Radius设置为0.5。

步骤（9）展开主模块，将Duration设置为10，勾选Prewarm复选框，将Start Lifetime设置为4，Start Speed设置为0，Start Size设置为1～3，如图5-47所示。

步骤（10）展开Emission模块，将Rate over Time设置为2，减少粒子数量。

步骤（11）展开Renderer模块，将Pivot Y设置为0.45，使火焰的底部位于发射器Circle处。

步骤（12）启用Color over Lifetime模块，在Gradient Editor对话框中，增加两个Alpha

色标，Alpha 色标从左到右的数值分别为 0、255、255、0，如图 5-48 所示。

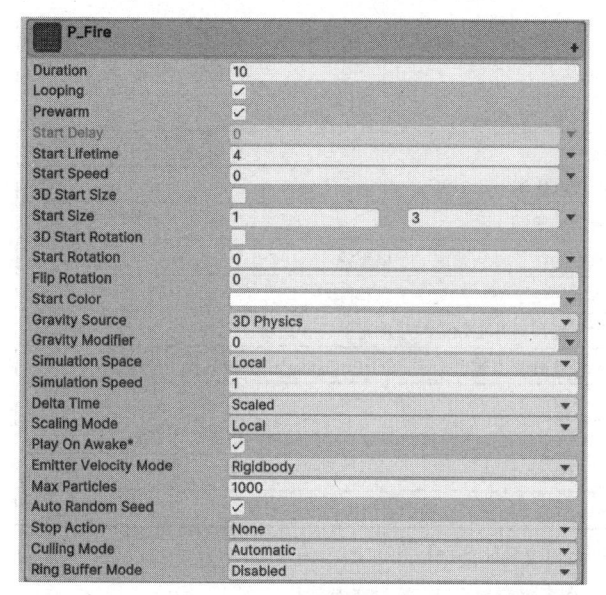

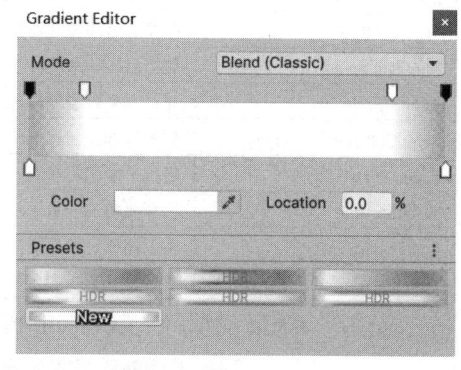

图 5-47

图 5-48

步骤（13）选择 Project（项目）窗口中的 Assets/VFX/Materials/M_Fire 材质，将 Emission Map 的颜色设置为 RGB（190,190,190），Intensity 设置为 1.4，增加火焰的亮度。

步骤（14）预览效果，选择菜单栏中的 File->Save（文件->保存）命令，保存场景。

15. Collision 模块

Collision（碰撞）模块用于控制粒子如何与场景中的游戏对象碰撞。使用 Type 下拉列表可以定义碰撞设置是应用于 Planes，还是应用于 World。如果选择 World 选项，则使用 Mode 下拉列表定义碰撞设置是应用于 2D 还是 3D 世界。

在使用 Planes 类型时，Collision 模块属性如图 5-49 所示。

图 5-49

在使用 Planes 类型时，Collision 模块属性的功能说明如表 5-18 所示。

表 5-18

属性	功能说明
Type	选择 Planes 类型
Planes	用于定义碰撞平面的变换的可扩展列表
Dampen	粒子碰撞后损失的速度比例
Bounce	粒子碰撞后从表面反弹的速度比例
Lifetime Loss	粒子碰撞后损失的总生命周期比例
Min Kill Speed	碰撞后运动速度低于此速度的粒子将从系统中予以移除
Max Kill Speed	碰撞后运动速度高于此速度的粒子将从系统中予以移除
Radius Scale	允许调整粒子碰撞球体的半径，使其更贴近粒子图形的可视边缘
Send Collision Messages	如果勾选此复选框，则可以从脚本中通过 OnParticleCollision()函数检测粒子碰撞
Scene Tools	碰撞平面编辑模式
Visualization	选择要将 Scene（场景）视图中的碰撞平面辅助图标显示为线框网格或实体平面
Scale Plane	用于缩放碰撞平面大小
Visualize Bounds	是否将 Scene（场景）视图中每个粒子的碰撞边界渲染为线框形状

在使用 World 类型时，Collision 模块属性如图 5-50 所示。

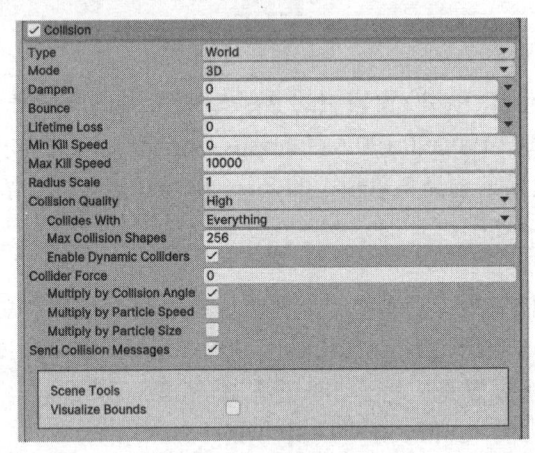

图 5-50

在使用 World 类型时，Collision 模块属性的功能说明如表 5-19 所示。

表 5-19

属性	功能说明
Type	选择 World 模式
Mode	3D 或 2D
Dampen	粒子碰撞后损失的速度比例
Bounce	粒子碰撞后从表面反弹的速度比例
Lifetime Loss	粒子碰撞后损失的总生命周期比例
Min Kill Speed	碰撞后运动速度低于此速度的粒子将从系统中予以移除
Max Kill Speed	碰撞后运动速度高于此速度的粒子将从系统中予以移除
Radius Scale	允许调整粒子碰撞球体的半径，使其更贴近粒子图形的可视边缘
Collision Quality	用于设置粒子碰撞的质量。此属性会影响有多少粒子可以穿过碰撞体。在较低的质量水平下，粒子有时会穿过碰撞体，但需要的计算资源较少
Collides With	粒子只会与所选图层上的对象发生碰撞

续表

属性	功能说明
Max Collision Shapes	粒子碰撞可以包括碰撞形状的个数。多余的形状会被忽略，且地形优先
Enable Dynamic Colliders	动态碰撞体是指未配置为运动学的任何碰撞体。勾选此复选框可以将这些碰撞体包括在粒子碰撞响应的对象集中。如果取消勾选此复选框，则粒子仅对与静态碰撞体的碰撞做出响应
Collider Force	在粒子碰撞后对物理碰撞体施力。这对于用粒子推动碰撞体很有用
Multiply by Collision Angle	在向碰撞体施力时，是否根据粒子与碰撞体之间的碰撞角度来缩放力的强度。掠射角将比正面碰撞产生更小的力
Multiply by Particle Speed	在向碰撞体施力时，是否根据粒子的速度来缩放力的强度。快速移动的粒子会比缓慢移动的粒子产生更大的力
Multiply by Particle Size	在向碰撞体施力时，是否根据粒子的大小来缩放力的强度。较大的粒子会比较小的粒子产生更大的力
Send Collision Messages	如果勾选此复选框，则可以从脚本中通过 OnParticleCollision()函数检测粒子碰撞
Visualize Bounds	是否将 Scene（场景）视图中每个粒子的碰撞边界渲染为线框形状

16. Triggers 模块

Triggers（触发器）模块可以通过粒子与场景中一个或多个碰撞体的相互作用来访问和修改粒子，如图 5-51 所示。在启用此模块时，粒子系统将在附加的脚本上调用 OnParticleTrigger()回调函数，因此可以根据粒子相对于场景中碰撞体的位置来访问粒子列表。

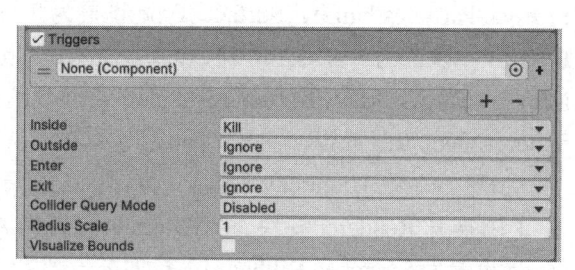

图 5-51

Triggers 模块属性的功能说明如表 5-20 所示。

表 5-20

属性	功能说明
Colliders	碰撞体列表，确定粒子与哪些碰撞体发生触发事件
Inside	指定粒子系统在粒子位于碰撞体内的每一帧对粒子采取的操作。选项说明如下。 • Callback：将粒子添加到可在 OnParticleTrigger()回调函数中获取的列表中。 • Kill：销毁粒子。 • Ignore：忽略粒子
Outside	指定粒子系统在粒子位于碰撞体外的每一帧对粒子采取的操作。选项说明如下。 • Callback：将粒子添加到可在 OnParticleTrigger()回调函数中获取的列表中。 • Kill：销毁粒子。 • Ignore：忽略粒子
Enter	指定粒子系统在粒子进入碰撞体的帧对粒子采取的操作。选项说明如下。 • Callback：将粒子添加到可在 OnParticleTrigger()回调函数中获取的列表中。 • Kill：销毁粒子。 • Ignore：忽略粒子
Exit	指定粒子系统在粒子退出碰撞体的帧对粒子采取的操作。选项说明如下。 • Callback：将粒子添加到可在 OnParticleTrigger()回调函数中获取的列表中。 • Kill：销毁粒子。 • Ignore：忽略粒子
Collider Query Mode	指定此粒子系统用于获取有关粒子交互的碰撞体的信息的方法
Radius Scale	粒子的碰撞体边界
Visualize Bounds	是否在 Scene（场景）视图中显示每个粒子的碰撞体边界

课堂任务 6：制作飞溅的水花

任务步骤：

步骤（1）运行 Unity Hub，打开 Exercise_5 项目。

步骤（2）选择菜单栏中的 File->New Scene（文件->新建场景）命令，在弹出的对话框中选择 Basic（URP）模板，单击 Create（创建）按钮，创建一个新场景。

步骤（3）选择菜单栏中的 File->Save As（文件->另存为）命令，把新场景保存到 Scenes 文件夹中，并命名为"课堂任务 6"。

步骤（4）选择菜单栏中的 GameObject->Effects->Particle System（游戏对象->效果->粒子系统）命令，创建一个粒子系统，并将其重命名为 P_RainStorm。

步骤（5）在 Project（项目）窗口的 Assets/VFX/Materials 文件夹中，新建一个材质，并将其重命名为 M_WaterDrop。在 Inspector（检查器）中，将 Shader 更改为 Universal Render Pipeline/Particles/UnLit，Surface Type 设置为 Transparent，勾选 Alpha Clipping 复选框，将 Base Map 设置为 Assets/VFX/Textures/SphereAlbedo.tif，勾选 Emission 复选框，将 Normal Map 设置为 Assets/VFX/Textures/SplatNormal.tif，Emission Map 设置为 Assets/VFX/Textures/SphereAlbedo.tif，Emission 颜色设置为 RGB（40,40,40），如图 5-52 所示。

步骤（6）在 Hierarchy（层级）窗口中，选择 P_RainStorm 对象。在 Inspector（检查器）窗口中，展开 Renderer 模块，将 Materials 设置为 Assets/VFX/Materials/M_WaterDrop，Render Mode 设置为 Stretched Billboard（拉伸公告牌），Speed Scale 设置为 0.1，Length Scale 设置为 10，Sort Mode 设置为 By Distance，如图 5-53 所示。

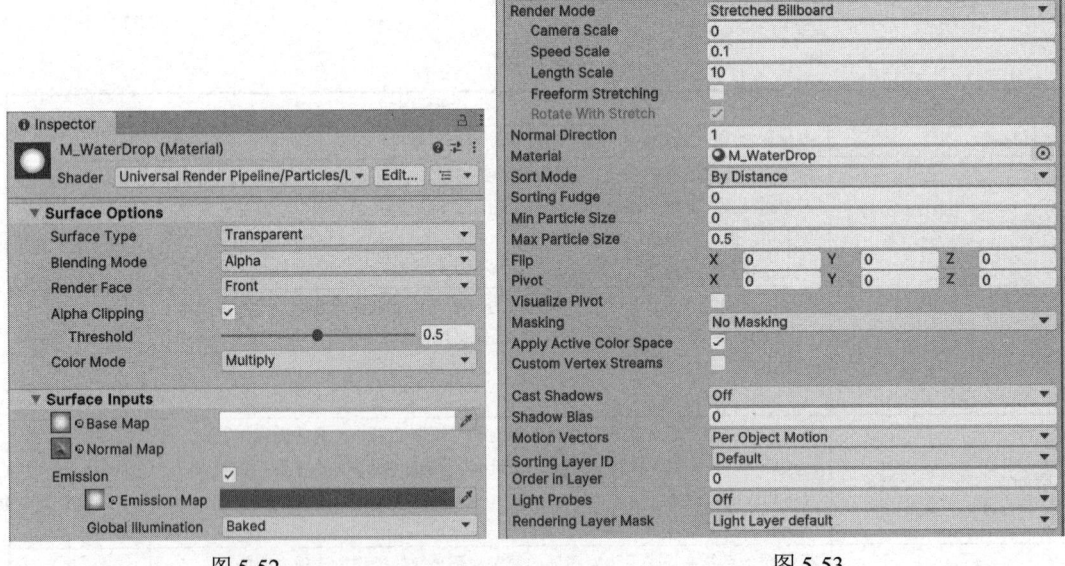

图 5-52

图 5-53

步骤（7）将 Transform 组件中的 Rotation X、Y、Z 分别设置为 78、0、0，向下发射粒子。

步骤（8）展开 Shape 模块，将 Angle 设置为 0，Radius 设置为 5，如图 5-54 所示。

步骤（9）展开主模块，将 Duration 设置为 10，勾选 Prewarm 复选框，将 Start Lifetime

设置为 2，Start Speed 设置为 10，Start Size 设置为 0.02～0.03，Simulation Space 设置为 World，如图 5-55 所示。

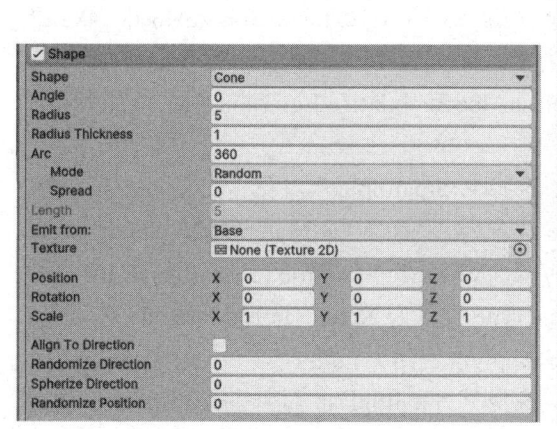

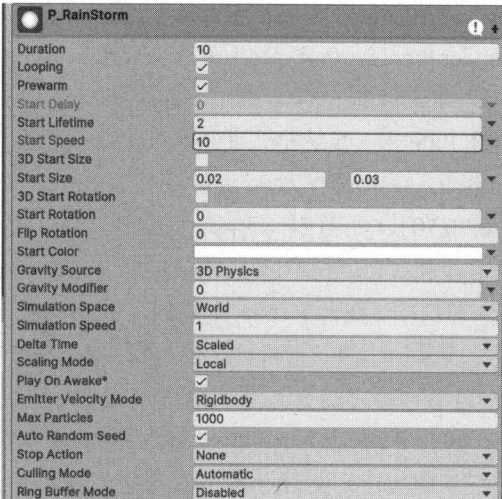

图 5-54

图 5-55

步骤（10）展开 Emission 模块，将 Rate over Time 设置为 Curve，Rate over Distance 设置为 20，在 Particle System Curves 中编辑曲线，使曲线两边小，中间值最大为 50，如图 5-56 所示。

步骤（11）选择菜单栏中的 GameObject->3D Object->Plane（游戏对象->3D 对象->平面）命令，创建一个平面。将 Scale X、Y、Z 分别设置为 2、1、2，把它移到粒子的下方。

步骤（12）选择 P_RainStorm 对象，启用 Collision 模块，单击 + 按钮，将刚才创建的平面设置为碰撞的平面，Bounce 设置为 0，Lifetime Loss 设置为 1，使粒子碰到平面后消失，如图 5-57 所示。

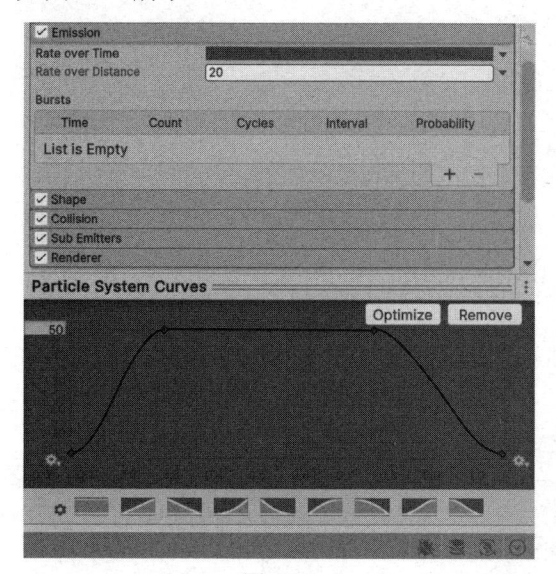

图 5-56

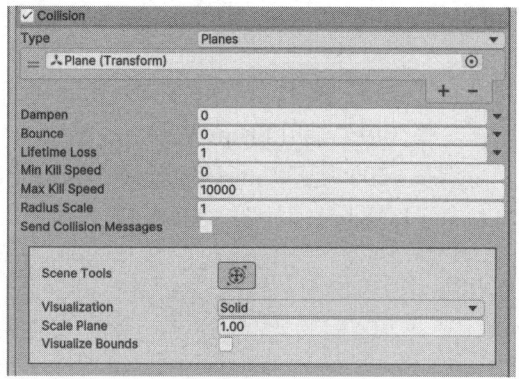

图 5-57

步骤（13）选择菜单栏中的 GameObject->Effects->Particle System（游戏效果->效果->

粒子系统）命令，创建一个粒子系统，并将其重命名为 P_SmallSplash。

步骤（14）在 Project（项目）窗口的 Assets/VFX/Materials 文件夹中，新建一个材质，并将其重命名为 M_SmallSplash。在 Inspector（检查器）窗口中，将 Shader 更改为 Universal Render Pipeline/Particles/UnLit，Surface Type 设置为 Transparent，Render Face 设置为 Both，勾选 Alpha Clipping 复选框，将 Base Map 设置为 Assets/VFX/Textures/ SplashAlbedo_4x8.tif，勾选 Emission 复选框，将 Normal Map 设置为 Assets/VFX/Textures/ SplashNormal_4x8.tif，Emission Map 设置为 Assets/VFX/Textures/ SplashAlbedo_4x8.tif，Emission 颜色设置为 RGB（70,70,70），如图 5-58 所示。

步骤（15）在 Hierarchy（层级）窗口中，选择 P_SmallSplash 对象。在 Inspector（检查器）窗口中，展开 Renderer 模块，将 Materials 设置为 Assets/VFX/Materials/M_SmallSplash。

步骤（16）在 Project（项目）窗口中，选择 Assets/VFX/Models/DropSplash.fbx。在 Inspector（检查器）窗口的 Rig 选项卡中，将 Animation Type 设置为 None，选择 Materials 选项卡，将 Material Creation Mode 设置为 None，单击 Apply（应用）按钮。

步骤（17）在 Hierarchy（层级）窗口中，选择 P_SmallSplash 对象。在 Inspector（检查器）窗口中，展开 Renderer 模块，将 Render Mode 设置为 Mesh，Meshes 设置为 DropSplash，Render Alignment 设置为 World，如图 5-59 所示。

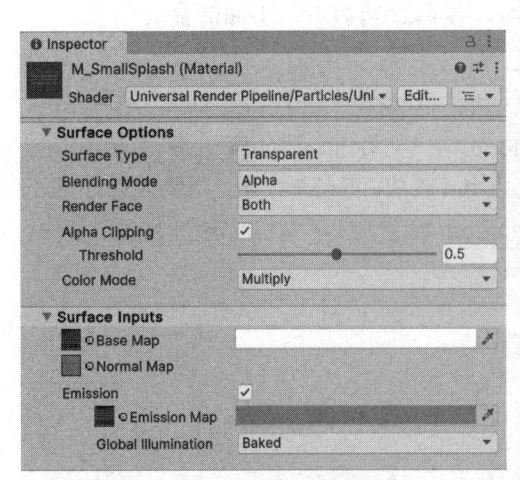

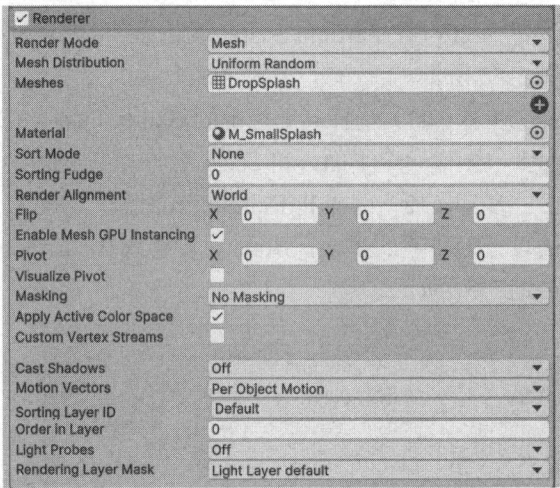

图 5-58

图 5-59

步骤（18）启用 Texture Sheet Animation 模块，将 Tiles X、Y 分别设置为 4、8。

步骤（19）禁用 Shape 模块。

步骤（20）展开 Emission 模块，将 Rate over Time 设置为 0，在 Bursts 组中单击 + 按钮，将 Count 设置为 1，如图 5-60 所示。

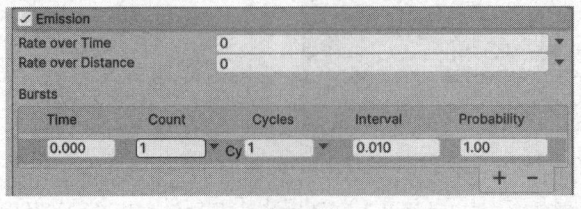

图 5-60

步骤（21）展开主模块，将 Start Lifetime 设置为 0.5，Start Speed 设置为 0，Start Size 范围设置为 5~15，勾选 3D Start Rotation 复选框，其中 Y 方向范围为 0~360，如图 5-61 所示。

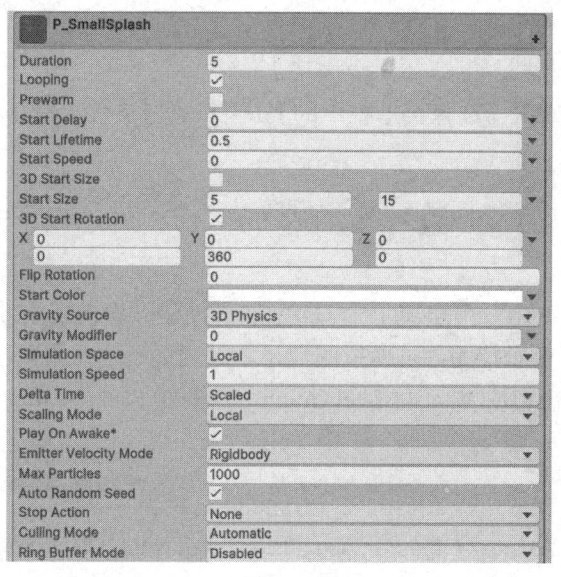

图 5-61

步骤（22）启用 Size over Lifetime 模块，勾选 Separate Axes 复选框，把 Y 方向最大值设为 2.0，如图 5-62 所示。

步骤（23）启用 Color over Lifetime 模块，在 Gradient Editor 对话框中增加两个 Alpha 色标，Alpha 色标从左到右的数值分别为 0、255、255、0，如图 5-63 所示。

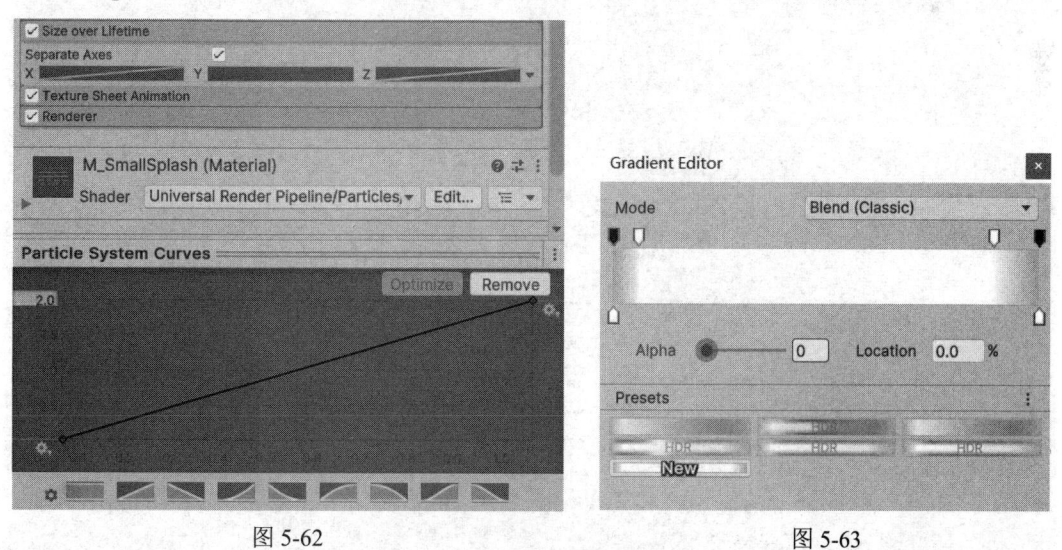

图 5-62　　　　　　　　　　　图 5-63

步骤（24）在 Hierarchy（层级）窗口中，将 P_SmallSplash 设置为 P_RainStorm 对象的子对象。

步骤（25）启用 P_RainStorm 对象的 Sub Emitters 模块，在选择 Collision 碰撞时，触发 P_SmallSplash 子发射器，如图 5-64 所示。

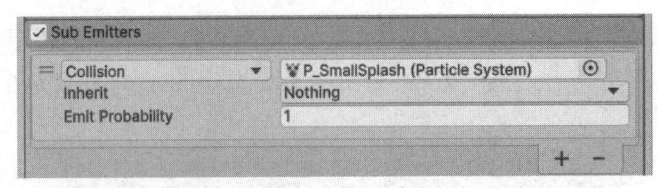

图 5-64

步骤（26）预览效果，选择菜单栏中的 File->Save（文件->保存）命令，保存场景。

5.3 Visual Effect Graph

Visual Effect Graph 是一个可用于为 Unity 项目创建大规模视觉效果的包。Visual Effect Graph 利用 GPU 模拟粒子行为，可模拟的粒子数量远远超过内置粒子系统，并且具有高度可自定义的行为。要想使用 Visual Effect Graph，需要在 Package Manager 中安装该资源包。

5.3.1 编辑界面

选择菜单栏中的 Assets->Create->Visual Effects->Visual Effect Graph（资产->创建->可视化效果->可视化效果图）命令，创建 Visual Effect Graph。Visual Effect Graph 编辑界面如图 5-65 所示。

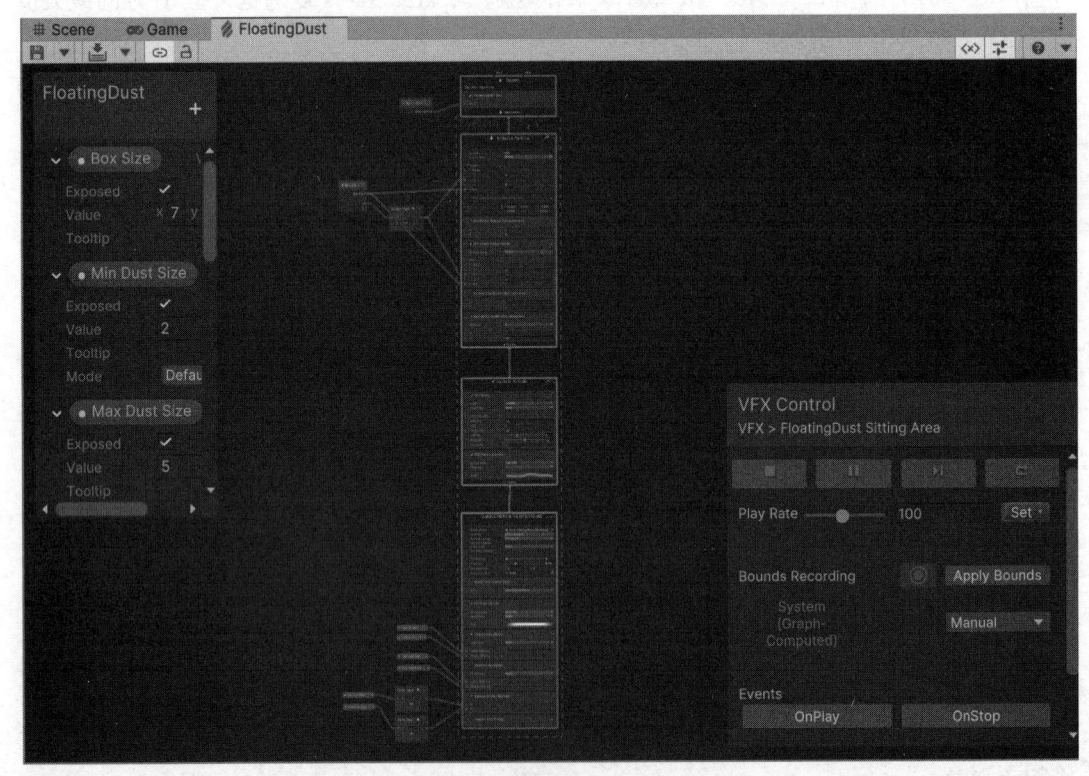

图 5-65

（1）Toolbar：工具栏，包含对 Visual Effect Graph 资产进行操作的功能。

- Save：保存当前打开的 Visual Effect Graph 及其子图。
- Compile：重新编译打开的 Visual Effect Graph。
- Auto Attach：允许将打开的 Visual Effect Graph 附加到游戏对象上。
- Blackboard：显示/隐藏 Blackboard 面板。
- VFX：显示/隐藏 VFX 控制面板。

（2）VFX Control：VFX 控制面板，显示对当前连接的游戏对象的控制。

- 控制播放选项。
- 触发事件。
- 使用调试模式。
- 记录 Visual Effect Graph 的边界。

（3）Blackboard：黑板面板，用于管理 Visual Effect Graph 使用的属性。

（4）Node Workspace：节点工作区，用于导航和编辑图形。

5.3.2 工作流程

Visual Effect Graph 可以使用两种不同的工作流程，具体如下。

1. 处理工作流程

处理工作流程是纵向逻辑，将可自定义的阶段按顺序连接在一起，定义完整的系统逻辑。处理工作流程可以在逻辑中决定在效果展现期间粒子的生成、初始化、更新和渲染发生的时间。

处理工作流程使用其位于上下文节点顶部和底部的流程插槽，将上下文连接起来。处理逻辑定义了视觉效果处理的不同阶段。每个阶段由一个称为上下文的大型彩色容器组成。每个上下文都可以连接到另一个兼容的上下文，用于定义下一阶段的处理如何使用当前上下文。上下文可以包含代码块中的元素。每个代码块都是一个可堆叠的节点，负责一个操作。可重新排列的代码块用来更改 Unity 处理视觉效果的顺序。Unity 从上到下执行上下文中的代码块。

纵向工作流程包含系统，系统包含上下文，上下文包含代码块，它们共同决定了视觉效果生命周期中发生的事情。

2. 属性工作流程

属性工作流程是横向逻辑，可以通过定义数学运算来影响粒子的外观和行为，进而增强视觉效果。属性工作流程使用代码块的属性插槽连接上下文。左边是输入，右边是输出。Visual Effect Graph 包含一个大型代码块和节点库，可以使用它来定义视觉效果的行为。创建的节点网络控制着从渲染管线传递到图形上下文中的代码块的横向数据流。

5.3.3 基本概念

1. 系统

系统（System）是 Visual Effect Graph 视觉效果的主要组成部分。每个系统都定义了渲染管线与其他系统一起进行模拟和渲染的独特部分。在图形中,由一系列连续上下文定义的系统显示为虚线轮廓,如图 5-66 所示。

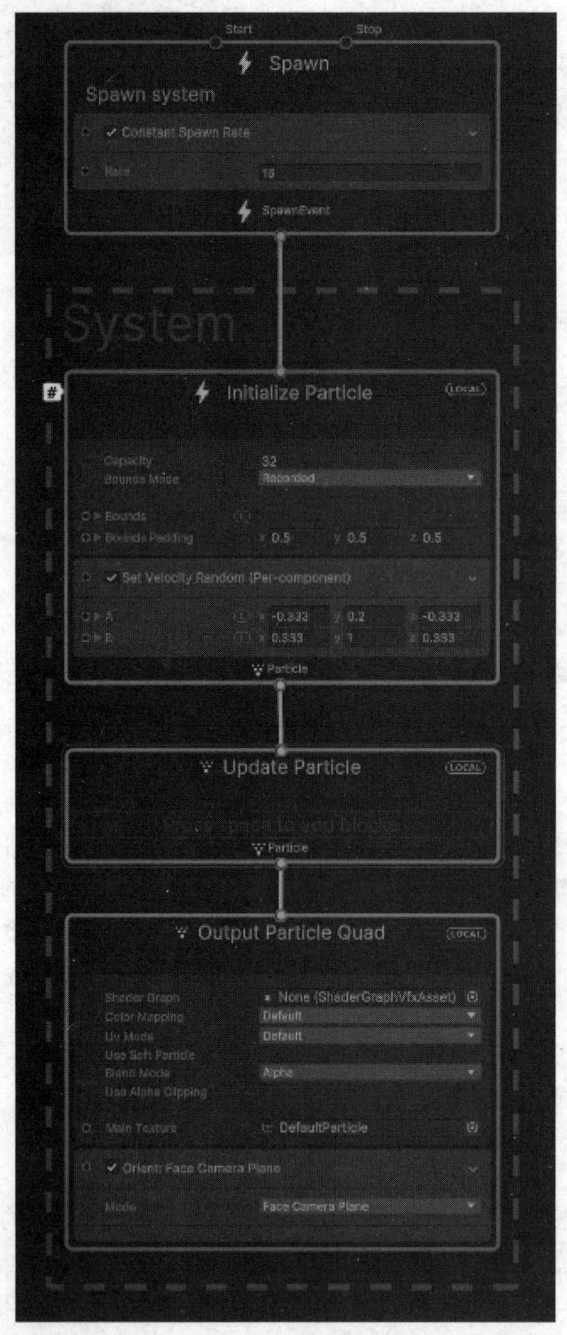

图 5-66

2. 上下文

上下文(Context)是 Visual Effect Graph 处理垂直工作流程并确定粒子生成及模拟方式的主要元素。在图形上组织上下文的方式定义了处理工作流程的操作顺序,将上下文连接在一起可以定义一个系统,如图 5-67 所示。

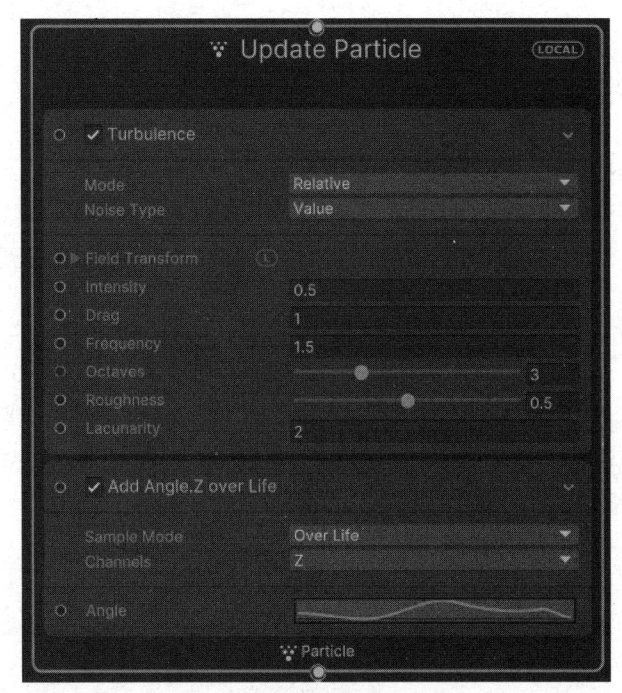

图 5-67

Visual Effect Graph 中 4 个常见的上下文如下。
- Spawn：如果处于活动状态，则 Unity 会每帧都调用它，并计算要生成的粒子数量。
- Initialize：Unity 会在每个粒子"诞生"时都调用它，这定义了粒子的初始状态。
- Update：Unity 的每帧都为所有粒子调用此上下文，并用它来执行模拟，如力和碰撞。
- Output：Unity 的每帧都为每个粒子调用此上下文。这决定了粒子的形状，并执行预渲染变换。

3. 代码块

代码块（Block）是可以堆叠到上下文中的节点。每个代码块负责一个操作。例如，设置粒子大小或设置随机颜色等。我们可以在上下文中创建和重新排序代码块，当 Unity 播放 Visual Effect Graph 时，使代码块从上到下执行，如图 5-68 所示。

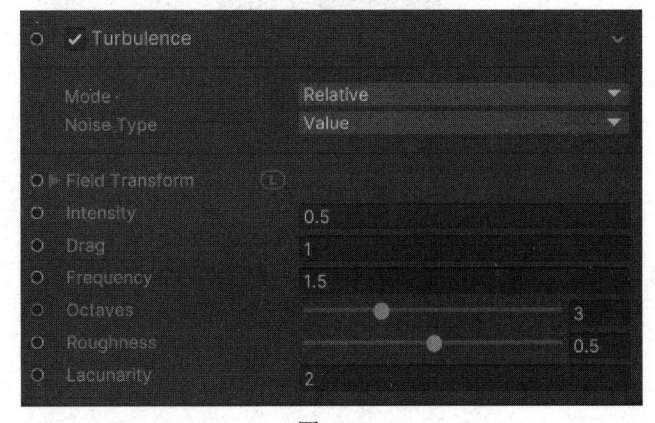

图 5-68

代码块由以下部分组成。
- Block Toggle：启用/禁用代码块。
- Block Name：代码块名称。
- Block Collapse：折叠/展开代码块。
- Settings：参数设置。
- Properties：属性。Properties 是可编辑字段，可以使用属性工作流程将其连接到图形元素上。

4. 运算符

运算符（Operator）是组成属性工作流程低级别运算的节点。这些节点允许在 Visual Effect Graph 中定义自定义表达式，以便在图形中创建自定义行为，使节点网络连接到属于代码块或上下文的端口上。

5. 事件

事件（Event）可以定义 Visual Effect Graph 的处理工作流程的输入。Spawn 和 Initialize 上下文使用事件作为它们的输入。

在通常情况下，事件只是一个表示事件名称的字符串。要在 Visual Effect Graph 中接收事件，需要创建一个 Event 上下文，并在 Event Name 属性中键入希望接收的事件的名称。Event 上下文没有输入流程插槽，只能将其输出流程插槽连接到 Spawn 或 Initialize 上下文中。

6. 黑板

黑板（Blackboard）是 Visual Effect Graph 窗口中用于管理变量的面板。在该面板中，我们可以对变量进行定义、排序和分类。在黑板中定义的属性是全局变量，可以在整个图形中多次使用，如图 5-69 所示。

图 5-69

项目任务 10：制作飞舞的蝴蝶

任务步骤：

步骤（1）运行 Unity Hub，打开 StoneLake 项目。

步骤（2）选择菜单栏中的 File->Save As（文件->另存为）命令，把"项目任务 9"场景保存到 Scenes 文件夹中，并重命名为"项目任务 10"。

步骤（3）选择菜单栏中的 Window->Package Manager（窗口->包管理器）命令，打开 Package Manager（包管理器）窗口，切换到 Unity Registry 选项卡，搜索 Visual Effect Graph，单击 Install（安装）按钮，安装 Visual Effect Graph 包，如图 5-70 所示。

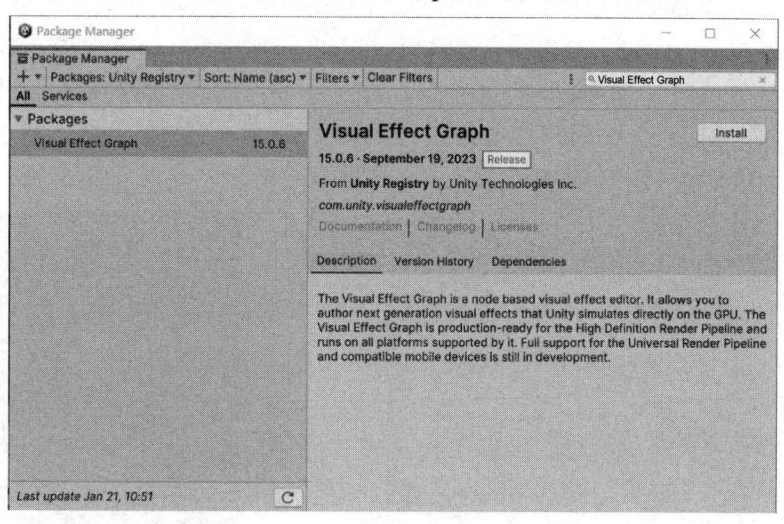

图 5-70

步骤（4）选择菜单栏中的 Edit->Preferences（编辑->首选项）命令，在 Preferences 窗口中选择 Visual Effects 选项，勾选 Experimental Operators/Blocks 复选框，启用实验性的运算符和代码块，如图 5-71 所示。

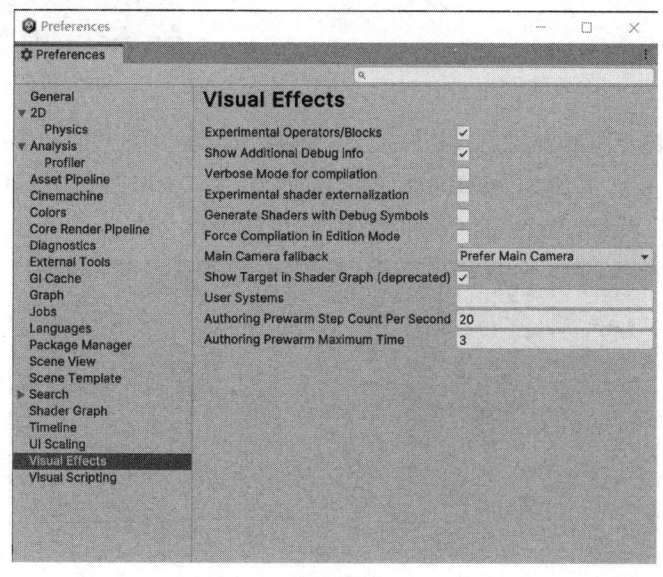

图 5-71

▶ Unity 虚拟现实开发任务驱动式教程

步骤（5）选择菜单栏中的 GameObject->Visual Effects->Visual Effect（游戏对象->可视化效果->可视化效果）命令，创建 Visual Effect 对象，将其重命名为 VE_Butterflies，把它移到场景中的花草间，同时将其设置为 VFX 的子对象。

步骤（6）在 Project（项目）窗口中，展开 Assets/VFX 文件夹，选择菜单栏中的 Assets->Create->Visual Effects->Visual Effect Graph（资产->创建->可视化效果->可视化效果图）命令，创建 Visual Effect Graph 资产，并将其重命名为 VEG_Butterflies。在 Hierarchy（层级）窗口中，选择 VE_Butterflies 对象。在 Inspector（检查器）窗口中，将 Visual Effect 组件中的 Asset Template 设置为 VEG_Butterflies，如图 5-72 所示。

步骤（7）在 Project（项目）窗口中，双击 VEG_Butterflies，进入编辑窗口。

步骤（8）打开 Blackboard 窗口，单击+按钮，先创建一个 float 类型的变量，按 F2 键，将其重命名为 Count，并将 Value 设置为 10；再创建一个 float 类型的变量，将其重命名为 Radius，并将 Value 设置为 1；最后创建一个 float 类型的变量，将其重命名为 WingAnimationSpeed，并将 Value 设置为 1，如图 5-73 所示。

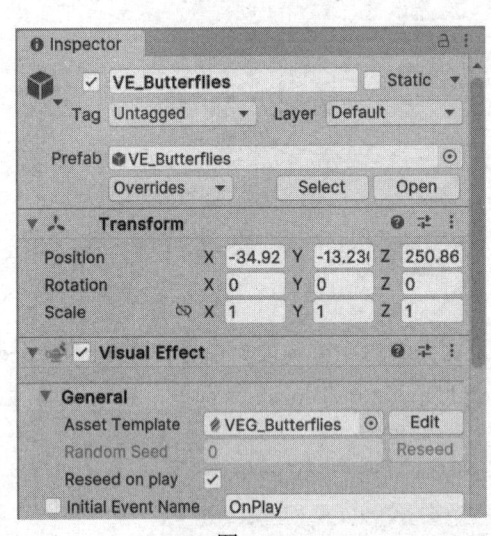

图 5-72

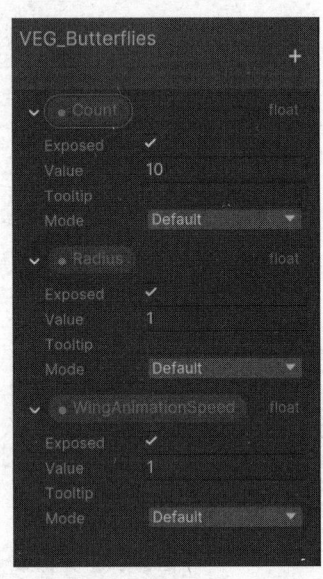

图 5-73

步骤（9）将粒子发射方式更改为爆发式。删除 Spawn 上下文中的 Constant Spawn Rate 代码块，按 Space 键，添加 Single Burst 代码块。把 Blackboard 窗口中的 Count 变量拖到节点工作区中，连接 Single Burst 的 Count 属性，如图 5-74 所示。

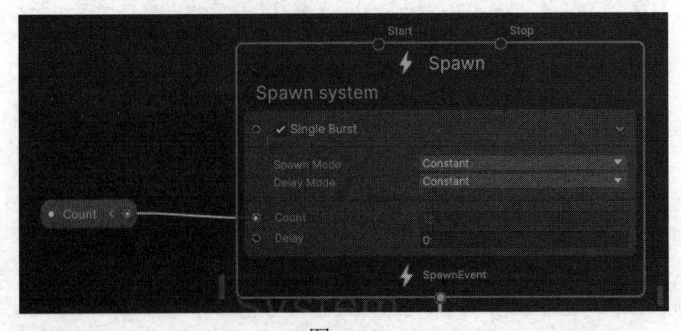

图 5-74

步骤（10）更改粒子纹理。在 Output Particle Quad 上下文中，将 Uv Mode 设置为 Flipbook，Main Texture 设置为 Assets/VFX/Textures/ButterFlies_8x1.png，Flip Book Size x、y 分别设置为 8、1，如图 5-75 所示。

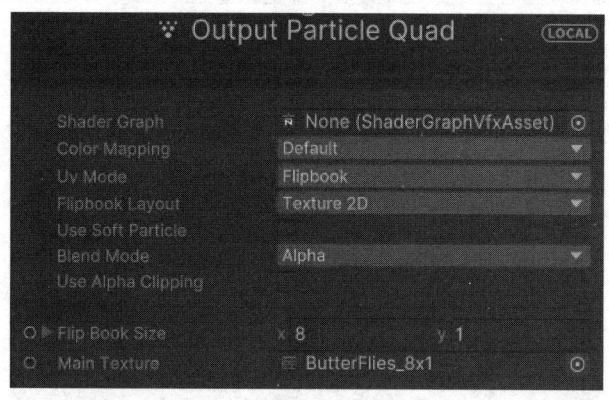

图 5-75

步骤（11）删除 Output Particle Quad 上下文中的 Set Size over Life 和 Set Color over Life 代码块。

步骤（12）删除 Initialize Particle 上下文中的 Set Velocity Random 和 Set Lifetime Random 代码块。

步骤（13）在 Initialize Particle 上下文中，按 Space 键，添加 Set Position(Shape:Arc Sphere) 代码块。在 Inspector（检查器）窗口中，将 Composition Position 设置为 Add，Position Mode 设置为 Volume。把 Blackboard 中的 Radius 变量拖到节点工作区中，连接 Arc Sphere 的 Radius 属性，如图 5-76 所示。

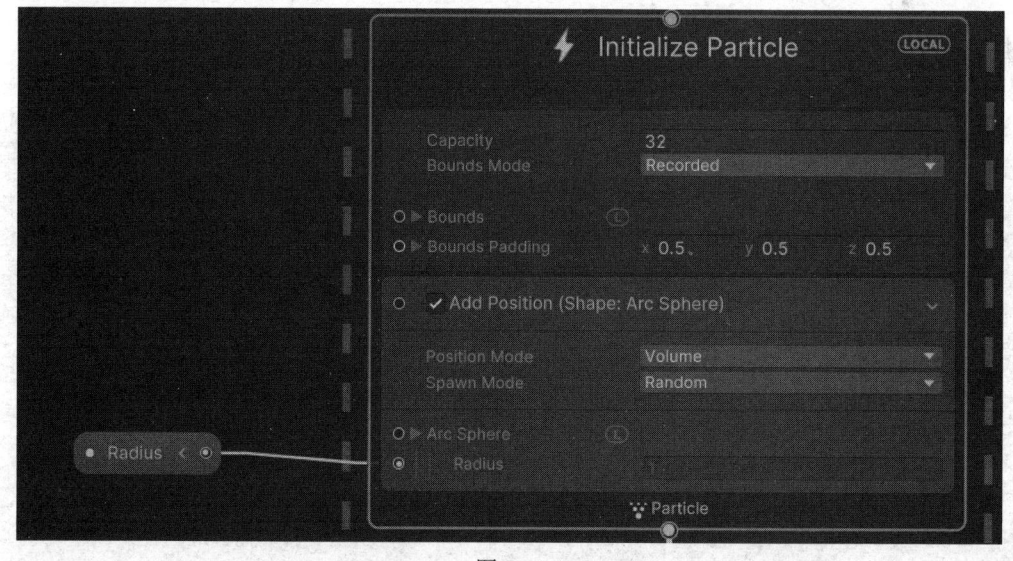

图 5-76

步骤（14）生成多种不同的蝴蝶。在 Initialize Particle 上下文中，按 Space 键，添加 Set Tex Index 代码块。在空白处，按 Space 键，添加节点网络，将其连接 Set Tex Index 代码块的 Tex Index 属性，如图 5-77 所示。

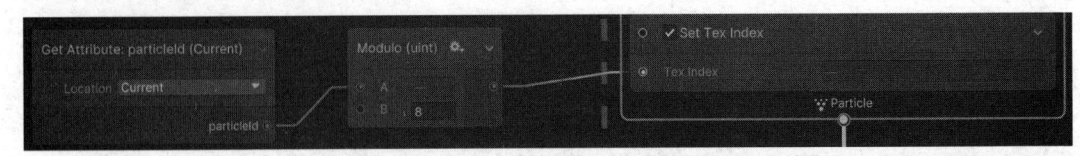

图 5-77

步骤（15）在 Initialize Particle 上下文中，按 Space 键，添加 Set Direction 代码块。

步骤（16）在 Initialize Particle 上下文中，按 Space 键，添加 Add Velocity from Direction & Speed(Random Direction)代码块。在 Inspector（检查器）窗口中，将 Speed Mode 设置为 Random，Min Speed 设置为 0.2，如图 5-78 所示。

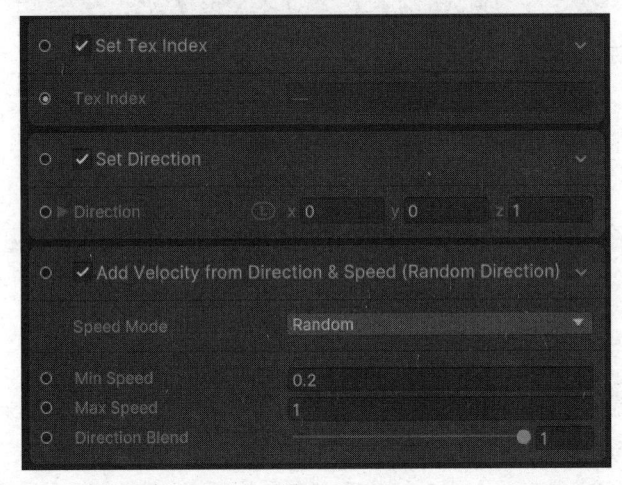

图 5-78

步骤（17）改变蝴蝶的前进方向。在 Update Particle 上下文中，按 Space 键，添加 Force 代码块。在空白处，按 Space 键，添加节点网络，将其连接 Force 代码块的 Force 属性，如图 5-79 所示。

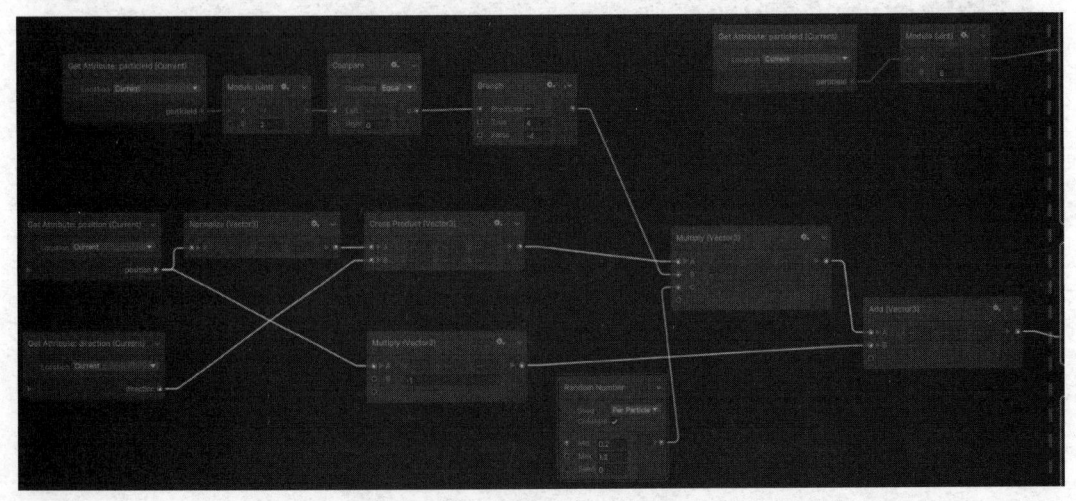

图 5-79

步骤（18）在 Update Particle 上下文中，按 Space 键，添加 Turbulence 代码块。在空白处，按 Space 键，添加 Total Time(Game)节点，将其连接 Position Y 属性，如图 5-80 所示。

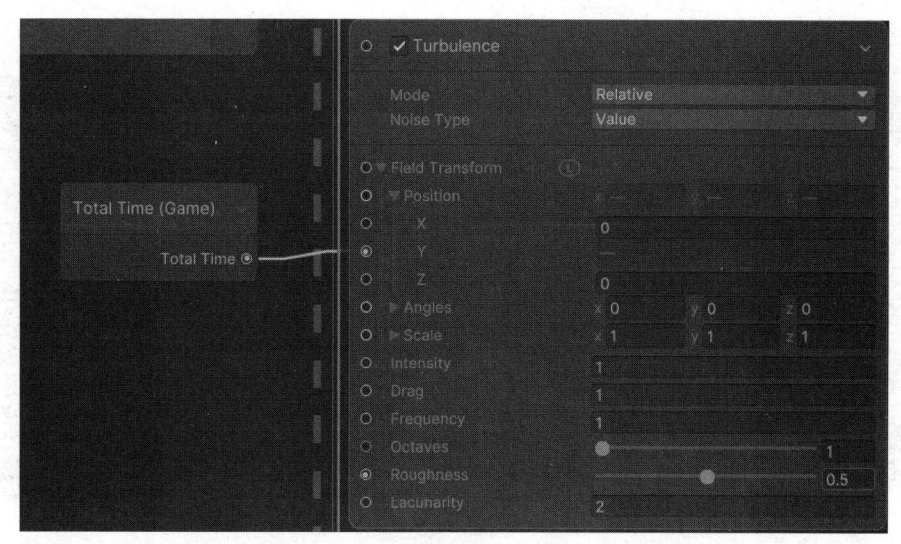

图 5-80

步骤（19）调整蝴蝶的速度。在 Update Particle 上下文中，按 Space 键，添加 Set Velocity 代码块。在空白处，按 Space 键，添加节点网络，将其连接 Set Velocity 代码块的 velocity 属性，如图 5-81 所示。

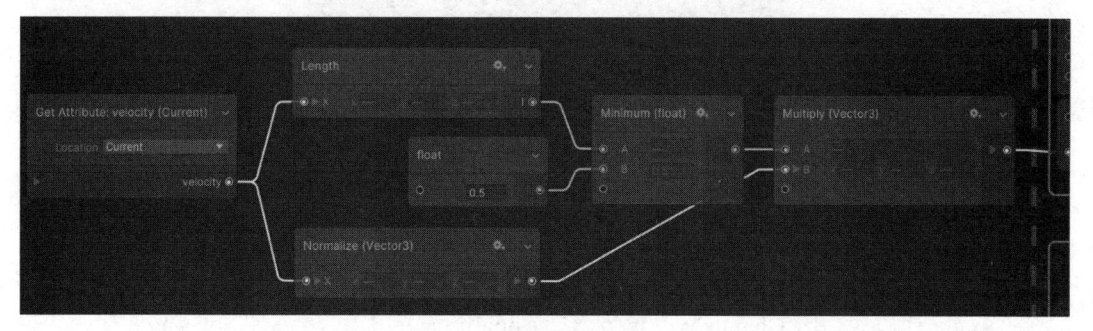

图 5-81

步骤（20）在 Update Particle 上下文中，按 Space 键，添加 Set Scale 代码块，将 Channels 设置为 XY，Scale x 设置为 0.6，如图 5-82 所示。

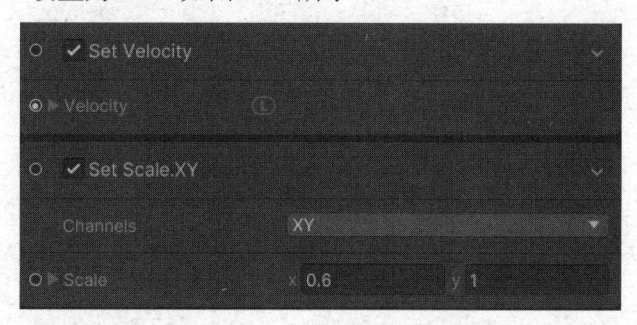

图 5-82

步骤（21）设置蝴蝶面向前进方向。在 Output Particle Quad 上下文中，将 Orient 代码块中的 Mode 设置为 Advanced。在空白处，按 Space 键，添加节点网络，将其连接 Axis Z 和 Axis Y 属性，如图 5-83 所示。

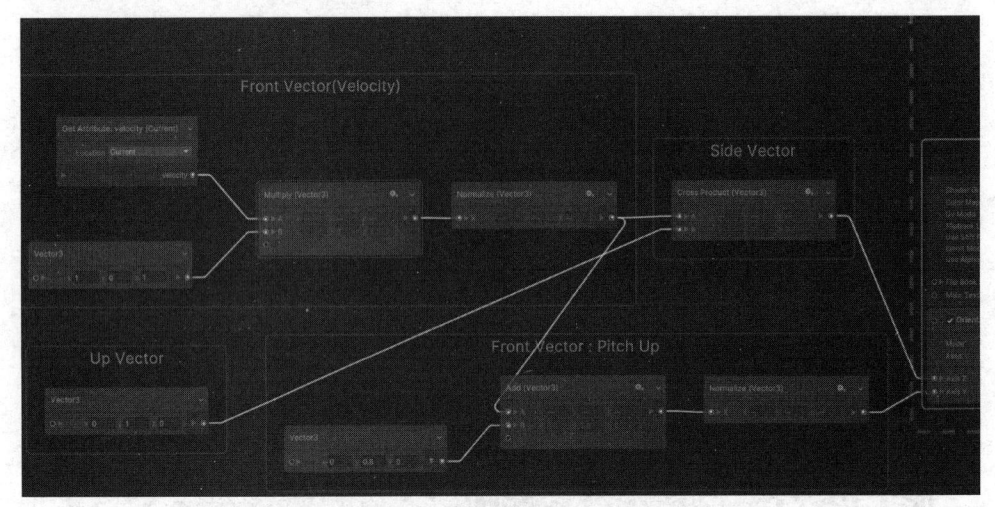

图 5-83

步骤（22）设置蝴蝶的轴心点。在 Update Particle 上下文中，按 Space 键，添加 Set Pivot 代码块，将 Channels 设置为 X，Pivot 设置为 0.45，如图 5-84 所示。

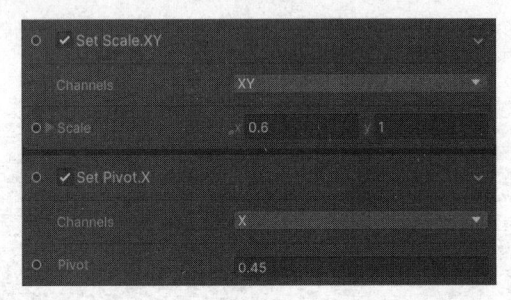

图 5-84

步骤（23）蝴蝶翅膀的扇动效果。在 Output Particle Quad 上下文中，按 Space 键，添加 Set Angle 代码块，将 Channels 设置为 X，Angle 设置为 12。再添加 Set Angle 代码块，将 Channels 设置为 Y。在空白处，按 Space 键，添加节点网络，将其连接 Set Angle 代码块的 Angle 属性，如图 5-85 所示。

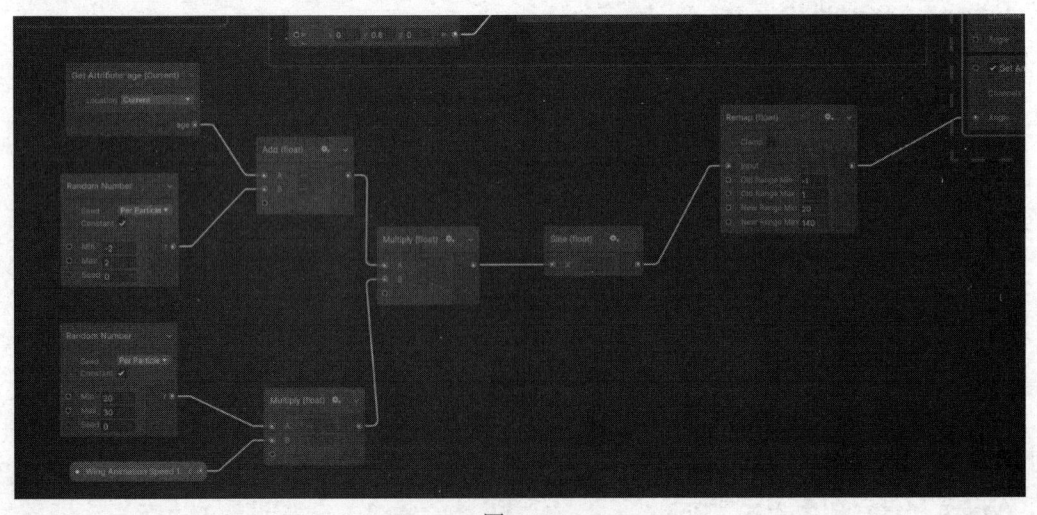

图 5-85

步骤（24）把 Output Particle Quad 上下文复制一份，将 Update Particle 上下文的输出连接 Output Particle Quad 上下文，并将相同的节点网络连接 Orient 代码块的 Axis Z 和 Axis Y 属性。在 Remap 节点后添加一个 Negate 节点，将其连接 Set Angle.Y 代码的 Angle 属性，如图 5-86 所示。

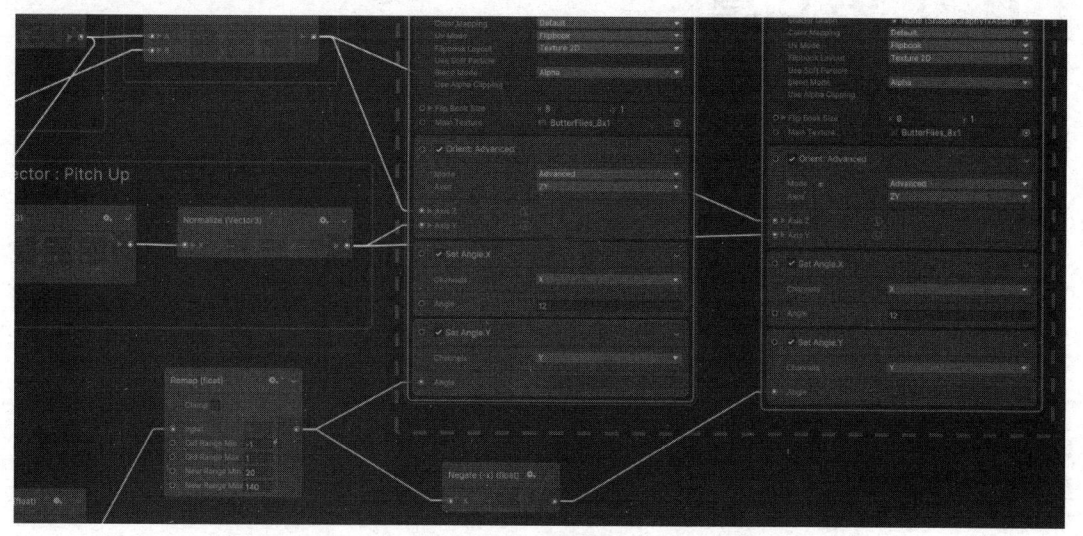

图 5-86

步骤（25）把 Hierarchy（层级）窗口中的 VE_Butterflies 对象拖到 Project（项目）窗口的 Assets/VFX/Prefabs 文件夹中，生成预制件。同时，把预制件拖到场景中，生成多个蝴蝶飞舞的效果。蝴蝶的数量可以在 Inspector（检查器）窗口中通过修改 Count 值来控制。

步骤（26）预览效果，选择菜单栏中的 File->Save（文件->保存）命令，保存场景。

拓展任务 3

任务要求：使用粒子系统制作花朵或竹叶飘落的效果，制作主角在场景中出现时的效果，制作抓住猫和老鼠时，猫和老鼠消失的粒子效果。

第 6 章 脚本

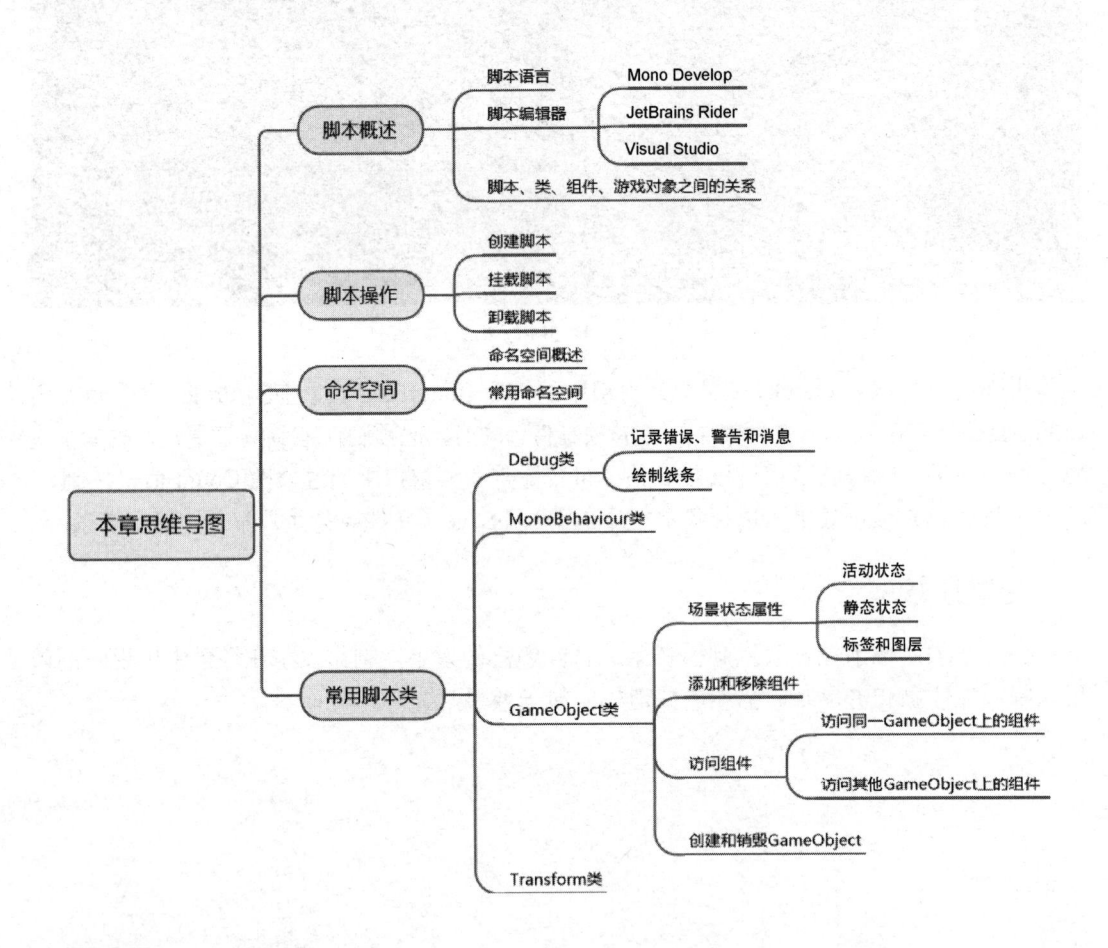

本章思维导图

- 脚本概述
  - 脚本语言
  - 脚本编辑器
    - Mono Develop
    - JetBrains Rider
    - Visual Studio
  - 脚本、类、组件、游戏对象之间的关系
- 脚本操作
  - 创建脚本
  - 挂载脚本
  - 卸载脚本
- 命名空间
  - 命名空间概述
  - 常用命名空间
- 常用脚本类
  - Debug类
    - 记录错误、警告和消息
    - 绘制线条
  - MonoBehaviour类
  - GameObject类
    - 场景状态属性
      - 活动状态
      - 静态状态
      - 标签和图层
    - 添加和移除组件
    - 访问组件
      - 访问同一GameObject上的组件
      - 访问其他GameObject上的组件
    - 创建和销毁GameObject
  - Transform类

6.1 脚本概述

Unity 中游戏对象的行为由附加的组件控制，虽然 Unity 的内置组件用途很广泛，但是在很多情况下必须超越组件可提供的功能来实现自己的游戏功能。Unity 允许使用脚本来自行创建组件。使用脚本可以触发游戏事件，随时修改组件属性，并以所需的任何方式响应用户的输入。脚本可以理解为附加在游戏对象上用于实现游戏对象特定行为的自定义组件。

6.1.1 脚本语言

Unity 的脚本语言运行于 Mono 之上，而 Mono 是在一个第三方开源的.NET 跨平台上实现的。因此，运行于 Mono 之上的应用可以使用.NET 库。

早期的 Unity 支持 UnityScript、C#和 Boo 三种脚本语言，可以使用任意一种脚本语言编写脚本。Unity 5.X 及以上版本推荐使用 C#作为脚本开发语言，而另外两种脚本语言逐渐被淘汰。

6.1.2 脚本编辑器

Unity 支持使用多个外部脚本编辑器编写脚本，选择菜单栏中的 Edit->Preferences（编辑->首选项）命令，打开 Preferences 窗口，选择 External Tools（外部工具）选项卡，在 External Script Editor（外部脚本编辑器）下拉列表中选择编辑器作为默认的编辑器。

1. MonoDevelop

MonoDevelop 是适用于 Windows、Linux、macOS 的开放源代码集成开发环境（IDE），但是自 Unity 2018.1 版本开始，Windows 和 macOS 上移除了 Unity 2018.1 中的 MonoDevelop 安装程序，不再支持使用它进行 Unity 开发。

2. JetBrains Rider

JetBrains Rider 是一款基于 IntelliJ 平台和 ReSharper 的跨平台.NET 集成开发环境（IDE），可以在多个平台上运行，如 Windows、macOS 和 Linux。

3. Visual Studio

Visual Studio 是 Microsoft 公司开发的功能强大的 IDE。它的 Professional、Enterprise 版是商业软件，还提供了免费的 Community 社区版。Visual Studio 是 Windows 和 macOS 上的默认集成开发环境（IDE）。在 Windows 平台上，推荐使用 Visual Studio 作为 Unity 开发的脚本编辑器。

6.1.3 脚本、类、组件、游戏对象之间的关系

在通常情况下，一个 C#脚本对应一个.cs 扩展名的脚本文件。该脚本文件可以包含多个 C#类，其中一个类名要和脚本文件名相同，并且它直接或间接继承 MonoBehaviour 类，这样该脚本才能作为组件挂载到游戏对象上。也就是说，Unity 的组件一定是脚本，但脚本不一定是组件。

Unity 的组件分为系统组件和自定义组件。其中，系统组件由 Unity 提供，而自定义组件则是用户自行编写的 C#脚本。系统组件和自定义组件都可以挂载到游戏对象上。

组件依附于游戏对象。从本质上说，游戏对象是 GameObject 类在场景中的实例化，用于充当组件的载体。把组件挂载到游戏对象上，相当于对组件进行实例化，使挂载此组件的游戏对象获得该组件实例提供的所有功能。

6.2 脚本操作

6.2.1 创建脚本

创建脚本有 3 种方法。

（1）选择菜单栏中的 Assets->Create->C# Script（资产->创建->C#脚本）命令，在 Project（项目）窗口的当前文件夹中新建一个 C#脚本。

（2）在 Project（项目）窗口中单击+按钮，在下拉列表中选择 C# Script 选项。

（3）在 Project（项目）窗口中右击，在弹出的快捷菜单中选择 Create->C# Script（创建->C#脚本）命令。

以上 3 种方法都会在 Project（项目）窗口的当前文件夹中创建一个 C#脚本。Unity 2023 不再强制要求 C#脚本名和 C#类名完全一致，但还是建议两者保持一致。如果要修改，则 C#脚本名和 C#类名同步修改。在一般情况下，在 Project（项目）窗口的 Assets 文件夹中创建一个名为 Scripts 的文件夹，用于存放所有的 C#脚本。

6.2.2 挂载脚本

这里的脚本仅指继承了 MonoBehaviour 类的脚本，即组件。挂载脚本的常用方法有以下 3 种。

（1）选中 Hierarchy（层级）窗口中的游戏对象，在 Inspector（检查器）窗口中，单击 Add Component 按钮，选择要添加的系统组件，或者在输入框中搜索自定义组件。

（2）把 Project（项目）窗口中的脚本拖到 Hierarchy（层级）窗口的游戏对象上。

（3）这种方法是集创建脚本和挂载脚本为一体的，建议使用。首先在 Hierarchy（层级）窗口中，选中要添加脚本的游戏对象；然后在 Inspector(检查器)窗口中，单击 Add Component 按钮，选择 New Script 选项，输入脚本名；最后把刚创建的 C#脚本拖到 Scripts 文件夹中。

6.2.3 卸载脚本

当不再需要该脚本时，选中游戏对象，在 Inspector（检查器）窗口中找到要卸载的脚本，在脚本名称上右击，在弹出的快捷菜单中选择 Remove Component 命令，即可卸载该脚本。需要注意的是，卸载脚本并没有把脚本文件从系统中删除。

6.3 命名空间

6.3.1 命名空间概述

命名空间（Namespace）是.NET 中使用的一种代码组织形式。命名空间的设计初衷是为了解决类名的冲突，在同一命名空间中类名不能重名，在不同命名空间中类名可以相同。

命名空间就是类的集合，在引用命名空间中的类时，必须在类名前加上命名空间。

在 C#中，使用 using 关键字声明一个要引用的命名空间。在引用类时，要在前面加上它所属的命名空间和"."。例如，要引用 System 命名空间中的 Console 类，可以使用以下两种方法。

- System.Console.WriteLine("Hello World");
- using System;

Console.WriteLine("Hello World");

6.3.2 常用命名空间

Unity 的常用命名空间如下。

- System：主要的命名空间，包括用于定义值和引用数据类型、事件和事件处理程序、接口、属性和处理异常的基础类与功能。
- System.Collections：用于定义各种对象集合的接口和类，如列表、队列、哈希表和字典等。
- System.Collections.Generic：用于定义泛型集合的接口和类。
- UnityEngine：Unity 独有的命名空间。在该命名空间下面又包含了数十个子命名空间，如 AI、Audio、XR、UI、Animations、SceneManagement、Events、Networking 等。这些子命名空间几乎囊括了 Unity 所有的核心类库。

6.4 常用脚本类

6.4.1 Debug 类

Debug 类用于可视化编辑器中的信息，这些信息可以帮助开发者了解或调查项目运行时发生的情况。例如，使用该类在 Console（控制台）窗口中打印消息，在 Scene（场景）视图和 Game（游戏）视图中绘制可视化线条等。

1．记录错误、警告和消息

Unity 本身会将错误、警告和消息记录到 Console（控制台）窗口中。Debug 类使开发者能够从自己的代码中执行完全相同的操作，具体如下。

```
Debug.Log("This is a log message.");
Debug.LogWarning("This is a warning message!");
Debug.LogError("This is an error message!");
```

上面的 3 种类型（错误、警告和消息）在 Console（控制台）窗口中都有自己的图标类型，如图 6-1 所示。

Debug 类还可以选择为这些日志方法提供第二个参数，以便将指示消息与特定的游戏对象关联起来，具体如下。

```
Debug.LogWarning("The Message is from this Game Object", this.gameObject);
```

这样做的好处是，当在 Console（控制台）窗口中单击消息时，与该消息关联的游戏对象会在 Hierarchy（层级）窗口中突出显示，从而允许开发者识别与该消息相关的游戏对象。在图 6-2 中可以看到，单击"The Message is from this Game Object"警告消息会突出显示 Cube 游戏对象。

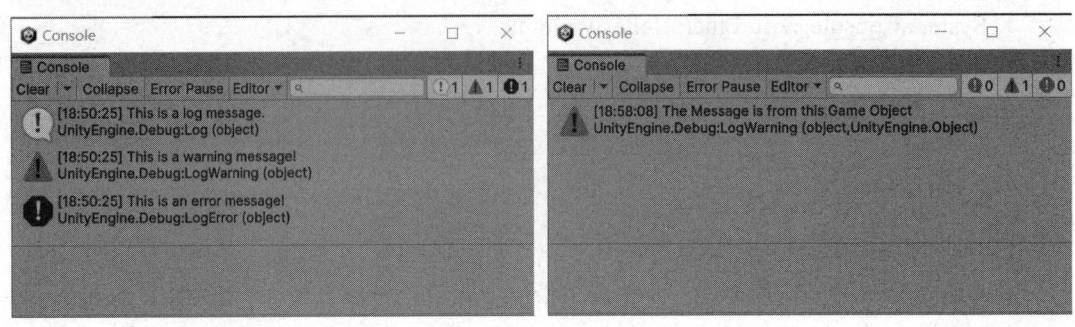

图 6-1　　　　　　　　　　　　　　　　图 6-2

课堂任务 1：设置 Debug 类的 Log 方法

任务步骤：

步骤（1）运行 Unity Hub，选择"项目"选项卡，单击右上角的"新项目"按钮。

步骤（2）在打开的窗口中，将"编辑器版本"设置为 2023.1.15f1，选择 Universal 3D 项目模板。

步骤（3）在"项目设置"选区中为项目指定一个保存的位置，如 D:\UnityProject。这里读者可以根据自己的实际情况进行更改，并将"项目名称"设置为 Exercise_6。完成设置后，单击"创建项目"按钮，创建一个新项目。

步骤（4）选择菜单栏中的 File->Save As（文件->另存为）命令，把场景保存到 Scenes 文件夹中，并命名为"课堂任务 1"。

步骤（5）选择菜单栏中的 GameObject->3D Object->Cube（游戏对象->3D 对象->立方体）命令，在场景中创建一个立方体。

步骤（6）在 Project（项目）窗口的 Assets 文件夹中，新建一个文件夹，并将其重命名为 Scripts。选择菜单栏中的 Assets->Create->C# Script（资产->创建->C#脚本）命令，创建一个 C#脚本，并将其重命名为 DebugLogTest。

步骤（7）把 Project（项目）窗口中的 DebugLogTest 脚本拖到 Hierarchy（层级）窗口的 Cube 游戏对象上。

步骤（8）双击 Project（项目）窗口中的 DebugLogTest 脚本，在 Visual Studio 编辑器中打开该脚本。DebugLogTest.cs 脚本文件的完整代码如下。

```
using System.Collections;
using System.Collections.Generic;
using UnityEngine;

public class DebugLogTest : MonoBehaviour
{
```

```csharp
    // Start is called before the first frame update
    void Start()
    {
        Debug.Log("This is a log message.");
        Debug.LogWarning("This is a warning message!");
        Debug.LogError("This is an error message!");
        Debug.LogWarning("The Message is from this Game Object", this.gameObject);
    }

    // Update is called once per frame
    void Update()
    {

    }
}
```

步骤（9）在 Visual Studio 编辑器中保存 C#文件，返回 Unity 编辑器，单击 Play（播放）按钮，开始播放，在 Console（控制台）窗口中输出信息，如图 6-3 所示。

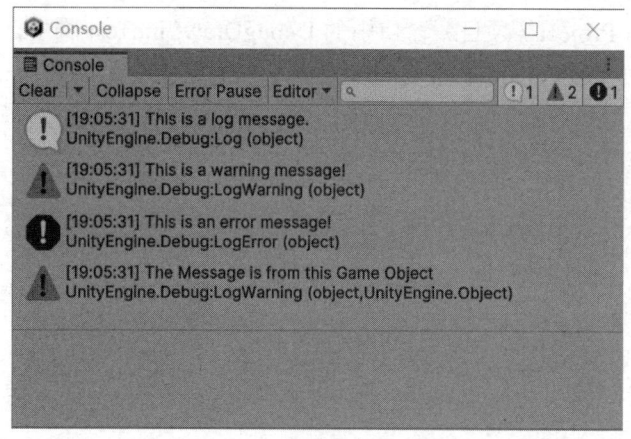

图 6-3

单击 Console（控制台）窗口的"The Message is from this Game Object"警告消息，即可在 Hierarchy（层级）窗口中高亮显示 Cube 游戏对象。

步骤（10）单击 Stop（停止）按钮，结束播放，选择菜单栏中的 File->Save（文件->保存）命令，保存场景。

2. 绘制线条

Debug 类还提供了两种在 Scene（场景）视图和 Game（游戏）视图中绘制线条的方法，即 DrawLine()和 DrawRay()，具体如下。

DrawLine(Vector3 start, Vector3 end, Color color = Color.white, float duration = 0.0f, bool depthTest = true);

DrawRay(Vector3 start, Vector3 dir, Color color = Color.white, float duration = 0.0f, bool depthTest = true);

课堂任务 2：设置 Debug 类的 DrawLine 方法

任务步骤：

步骤（1）运行 Unity Hub，打开 Exercise_6 项目。

步骤（2）选择菜单栏中的 File->New Scene（文件->新建场景）命令，在弹出的对话框中选择 Basic（URP）模板，单击 Create（创建）按钮，创建一个新场景。

步骤（3）选择菜单栏中的 File->Save As（文件->另存为）命令，把新场景保存到 Scenes 文件夹中，并命名为"课堂任务 2"。

步骤（4）选择菜单栏中的 GameObject->3D Object->Sphere（游戏对象->3D 对象->球体）命令，创建一个球体。把它在 Y 方向上向上移动一些距离。

步骤（5）在 Project（项目）窗口中，展开 Assets/Scripts 文件夹，选择菜单栏中的 Assets->Create->C# Script（资产->创建->C#脚本）命令，创建脚本，并重命名为 DebugDrawLineTest。

步骤（6）把 Project（项目）窗口中的 DebugDrawLineTest 脚本拖到 Hierarchy（层级）窗口的 Sphere 游戏对象上。

步骤（7）双击 Project（项目）窗口中的 DebugDrawLineTest 脚本，在 Visual Studio 编辑器中打开该脚本。DebugDrawLineTest.cs 脚本文件的完整代码如下。

```csharp
using System.Collections;
using System.Collections.Generic;
using UnityEngine;

public class DebugDrawLineTest : MonoBehaviour
{
    // Start is called before the first frame update
    void Start()
    {
        float height = transform.position.y;
        //使用 Debug.DrawLine 指示它与 Y 为 0 的平面的垂直距离
        Debug.DrawLine(transform.position, transform.position - Vector3.up * height, Color.magenta, 10);
    }

    // Update is called once per frame
    void Update()
    {

    }
}
```

步骤（8）在 Visual Studio 编辑器中，保存 C#文件，返回 Unity 编辑器，单击 Play（播放）按钮，开始播放，并在 Scene（场景）视图中进行查看，如图 6-4 所示。

图 6-4

步骤（9）单击 Stop（停止）按钮，结束播放。选择菜单栏中的 GameObject->3D Object->Cube（游戏对象->3D 对象->立方体）命令，创建一个立方体。

步骤（10）在 Project（项目）窗口中，展开 Assets/Scripts 文件夹，选择菜单栏中的 Assets->Create->C# Script（资产->创建->C#脚本）命令，创建脚本，并重命名为 DebugDrawRayTest。

步骤（11）把 Project（项目）窗口中的 DebugDrawRayTest 脚本拖到 Hierarchy（层级）窗口的 Cube 游戏对象上。

步骤（12）双击 Project（项目）窗口中的 DebugDrawRayTest 脚本，在 Visual Studio 编辑器中打开该脚本。DebugDrawRayTest.cs 脚本文件的完整代码如下。

```
using System.Collections;
using System.Collections.Generic;
using UnityEngine;

public class DebugDrawRayTest : MonoBehaviour
{
    // Start is called before the first frame update
    void Start()
    {

    }

    // Update is called once per frame
    void Update()
    {
        Vector3 forward = transform.TransformDirection(Vector3.forward) * 10;
        //从当前位置绘制10米长的绿色线条
        Debug.DrawRay(transform.position, forward, Color.green);
    }
}
```

步骤（13）单击 Play（播放）按钮，开始播放，并在 Scene（场景）视图中进行查看，如图 6-5 所示。

图 6-5

步骤（14）单击 Stop（停止）按钮，结束播放，选择菜单栏中的 File->Save（文件->保存）命令，保存场景。

6.4.2 MonoBehaviour 类

MonoBehaviour 类是一个基类，所有 Unity 脚本都默认派生自该类。当在 Project（项目）窗口中创建一个 C#脚本时，C#脚本类会自动继承 MonoBehaviour 类，并提供模板脚本。

MonoBehaviour 类提供了脚本生命周期功能，继承自它的 C#脚本，在运行时会按预定顺序执行大量事件方法。Unity 在脚本生命周期内主要事件方法的执行顺序如下。

Awake()->OnEnable()->Reset()->Start()->FixedUpdate()->OnTriggerXXX()->OnCollisionXXX()->OnMouseXXX()->Update()->LateUpdate()->OnDisable()->OnDestroy()

- Awake()：始终在任何 Start()方法之前并在实例化预制件之后调用此方法。如果游戏对象在启动期间处于非活动状态，则在激活之后才会调用 Awake()方法。
- OnEnable()：仅在游戏对象处于激活状态时调用，即在启用对象后立即调用此方法。在创建 MonoBehaviour 实例（如加载关卡或实例化具有脚本组件的游戏对象）时，会调用此方法。
- Reset()：调用 Reset()方法可以在脚本首次附加到对象和使用 Reset 命令时初始化脚本的属性。
- Start()：仅当启用脚本实例后，才会在第一次帧更新之前调用 Start()方法。
- FixedUpdate()：FixedUpdate()方法的调用频度经常高于 Update()方法的调用频度。如果帧率很低，则可以每帧都调用该方法多次；如果帧率很高，则可能在帧之间完全不调用该方法。在调用 FixedUpdate()方法之后将立即进行所有物理计算和更新。在 FixedUpdate()方法内应用运动计算时，不需要将值乘以 Time.deltaTime。这是因为 FixedUpdate()方法的调用基于可靠的计时器，该计时器独立于帧率。
- OnTriggerXXX()：调用与触发器相关的事件方法，如 OnTriggerEnter()方法、OnTriggerStay()方法、OnTriggerExit()方法。
- OnCollisionXXX()：调用与碰撞体相关的事件方法，如 OnCollisionEnter()方法、OnCollisionStay()方法、OnCollisionExit()方法。
- OnMouseXXX()：调用与鼠标相关的事件方法。
- Update()：每帧都调用一次 Update()方法。这是用于帧更新的主要方法。

- LateUpdate()：每帧都调用一次 LateUpdate()方法，并在 Update()方法调用完成后进行。在开始调用 LateUpdate()方法时，在 Update()方法中执行的所有计算便已完成。LateUpdate()方法的常见用途是跟随第三人称摄像机。如果在 Update()方法内让角色移动和转向，则可以在 LateUpdate()方法中执行所有摄像机移动和旋转计算。这样可以确保角色在摄像机跟踪其位置之前已完全移动。
- OnDisable()：当行为被禁用或处于非活动状态时，调用此方法。
- OnDestroy()：对象存在的最后一帧完成所有帧更新之后，调用此方法，可能应 Object.Destroy()方法要求或在场景关闭时销毁该对象。

课堂任务 3：设置 MonoBehaviour 类的主要事件方法执行顺序

任务步骤：

步骤（1）运行 Unity Hub，打开 Exercise_6 项目。

步骤（2）选择菜单栏中的 File->New Scene（文件->新建场景）命令，在弹出的对话框中选择 Basic（URP）模板，单击 Create（创建）按钮，创建一个新场景。

步骤（3）选择菜单栏中的 File->Save As（文件->另存为）命令，把新场景保存到 Scenes 文件夹中，并命名为"课堂任务 3"。

步骤（4）选择菜单栏中的 GameObject->3D Object->Cube（游戏对象->3D 对象->立方体）命令，创建一个立方体。

步骤（5）在 Project（项目）窗口中，展开 Assets/Scripts 文件夹，选择菜单栏中的 Assets->Create->C# Script（资产->创建->C#脚本）命令，创建脚本，并重命名为 MonoBehaviourTest。

步骤（6）把 Project（项目）窗口中的 MonoBehaviourTest 脚本拖到 Hierarchy（层级）窗口的 Cube 游戏对象上。

步骤（7）双击 Project（项目）窗口中的 MonoBehaviourTest 脚本，在 Visual Studio 编辑器中打开该脚本，并在其中输入代码。MonoBehaviourTest.cs 脚本文件的完整代码如下。

```
using System.Collections;
using System.Collections.Generic;
using UnityEngine;

public class MonoBehaviourTest : MonoBehaviour
{

    private void OnEnable()
    {
        Debug.Log("This is OnEnable");
    }

    private void OnDisable()
    {
        Debug.Log("This is OnDisable");
    }
```

```
    private void OnDestroy()
    {
        Debug.Log("This is OnDestroy");
    }

    private void LateUpdate()
    {
        Debug.Log("This is LateUpdate");
    }

    private void FixedUpdate()
    {
        Debug.Log("This is FixedUpdate");
    }

    private void Awake()
    {
        Debug.Log("This is Awake");
    }
    // Start is called before the first frame update
    void Start()
    {
        Debug.Log("This is Start");
    }

    // Update is called once per frame
    void Update()
    {
        Debug.Log("This is Update");
    }
}
```

步骤（8）在 Visual Studio 编辑器中，保存 C#文件，返回 Unity 编辑器，单击 Play（播放）按钮，开始播放。Console（控制台）窗口的输出信息如图 6-6 所示。

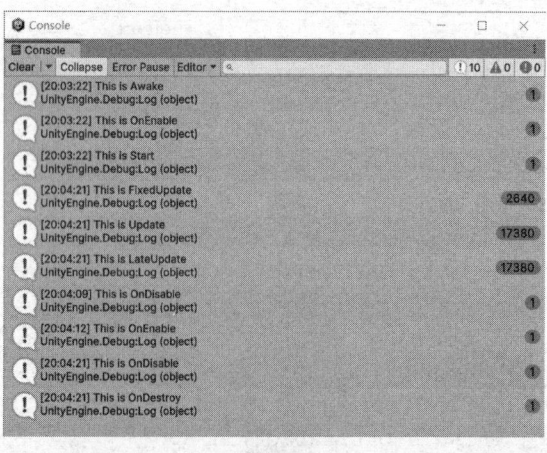

图 6-6

步骤（9）单击 Stop（停止）按钮，结束播放，选择菜单栏中的 File->Save（文件->保

6.4.3 GameObject 类

GameObject 类用于表示任何可以存在于场景中的物体。GameObject 类是 Unity 中场景的构建块，可以充当用于确定 GameObject 外观及 GameObject 作用的功能组件的容器。

在 Unity 编辑器中选择了 GameObject 选项，其属性会显示在 GameObject 类的 Inspector（检查器）窗口顶部组件列表的上方，如图 6-7 所示。

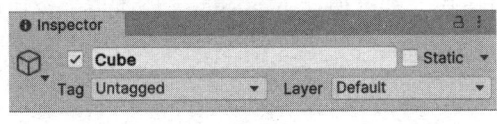

图 6-7

我们可以通过脚本修改一些与场景中 GameObject 状态相关的属性。

1. 场景状态属性

1）活动状态

GameObject 在默认情况下处于活动状态，但可以停用，这会关闭附加到 GameObject 的所有组件。这通常意味着它将变得不可见，不会接收任何正常回调或事件，如 Update 等。GameObject 的活动状态由 GameObject 名称左侧的复选框决定。在脚本中可以使用 GameObject.SetActive() 方法控制此状态。

2）静态状态

Unity 的一些系统（如全局光照、遮挡、批处理、导航和反射探针等）依赖于 GameObject 的静态状态。GameObject 的静态状态由 GameObject 名称右侧的复选框决定。在脚本中可以使用 GameObjectUtility.SetStaticEditorFlags() 方法控制 Unity 系统将哪些 GameObject 视为静态。

3）标签和图层

标签（Tag）提供了一种在场景中标记和识别 GameObject 类型的方式，而图层（Layer）在某些内置操作中提供了一种类似但不同的方式，如在渲染或物理碰撞中包括或排除 GameObject 组。

2. 添加和移除组件

在运行时添加或移除组件，这对于以程序化方式创建 GameObject 或修改 GameObject 行为方式可能非常有用。需要注意的是，我们还可以通过脚本启用或禁用脚本组件和某些类型的内置组件，而不是销毁它们。

在运行时添加组件的最佳方法是使用 AddComponent<Type> 方法，在显示的尖括号中指定组件类型。若要移除组件，则必须对组件本身使用 Object.Destroy() 方法。

3. 访问组件

1）访问同一 GameObject 上的组件

最简单的情况是 GameObject 上的脚本需要访问附加到同一个 GameObject 的另一个组

件上。需要注意的是，附加到 GameObject 的其他脚本本身也是组件。为此，第一步是获取要使用的组件实例的引用，这通过 GetComponent()方法来完成。通常要将组件对象分配给变量，而此操作使用以下代码实现，这时脚本可以获取对同一个 GameObject 上的 Rigidbody 组件的引用。

```
void Start ()
{
    Rigidbody rb = GetComponent<Rigidbody>();
}
```

获得对组件实例的引用后，可以像在 Inspector（检查器）窗口中一样设置其属性的值。

```
void Start ()
{
    Rigidbody rb = GetComponent<Rigidbody>();

    // 更改对象的刚体质量
    rb.mass = 10f;
}
```

对组件引用调用方法，例如：

```
void Start ()
{
    Rigidbody rb = GetComponent<Rigidbody>();

    // 向刚体添加作用力
    rb.AddForce(Vector3.up * 10f);
}
```

📖 小贴士

将多个自定义脚本附加到同一个 GameObject 上。如果需要从一个脚本访问另一个脚本，则可以像往常一样通过 GetComponent()方法来完成，只需使用脚本类的名称来指定所需的组件类型。

2）访问其他 GameObject 上的组件

要获取其他 GameObject 上的组件，首先要获取其他 GameObject，然后获取该 GameObject 上的组件。

获取 GameObject 的方法有以下几种。

（1）在 Inspector（检查器）窗口中使用变量连接到 GameObject。

查找相关游戏对象的最直接方法是向脚本添加公共的游戏对象变量。

```
public class Room: MonoBehaviour
{
    public GameObject ball;

    // 其他变量和函数
```

}

此变量在 Inspector（检查器）窗口中会显示为 GameObject 字段。现在可以将对象从场景或 Hierarchy（层级）窗口中拖到此变量上，对其进行分配。

通过公共游戏对象变量的 GetComponent()方法可以访问其他 GameObject 上的组件，因此可以使用如下代码。

```
public class Room: MonoBehaviour {

    public GameObject ball;

    void Start() {
       Rigidbody rb = ball.GetComponent<Rigidbody>();

// 向刚体添加作用力
        rb.AddForce(Vector3.up * 10f);

    }
}
```

（2）按名称或标签查找 GameObject。

只要有某种信息可以识别游戏对象，就可以在 Hierarchy（层级）窗口中的任何位置找到该游戏对象。我们可以使用 GameObject.Find()函数按名称检索各个对象。

```
GameObject player;

void Start()
{
    player = GameObject.Find("MainHeroCharacter");
}
```

我们还可以使用 GameObject.FindGameObjectWithTag()和 GameObject.FindGameObjectsWithTag()方法按标签查找对象或对象集合。

例如，在一个游戏中，有一个玩家角色被标记为 Player，有多个敌人都被标记为 Enemy。

```
GameObject player;
GameObject[] enemies;

void Start()
{
    player = GameObject.FindGameObjectWithTag("Player");
    enemies = GameObject.FindGameObjectsWithTag("Enemy");
}
```

4. 创建和销毁 GameObject

在项目运行期间创建和销毁 GameObject。在 Unity 中，我们可以使用 Instantiate()方法创建 GameObject。该方法可以生成现有对象的新副本。

使用 Destroy()方法可以在帧更新完成后或在延迟一段时间后销毁对象。

```
void OnCollisionEnter(Collision otherObj) {
```

```
            if (otherObj.gameObject.tag == "Garbage can") {
                Destroy(gameObject, 0.5f);
            }
        }
```

课堂任务 4：GameObject 类的应用

任务说明：在场景中有若干个游戏对象，当按下鼠标左键时，把所有标记为 Ball 且不是静态的游戏对象添加到 Rigidbody（刚体）组件中，并向上放射；把所有标记为 Apple 且不是静态的游戏对象添加到 Rigidbody（刚体）组件中，当游戏对象与地面碰撞时，会在碰撞 3 秒后销毁该游戏对象。

任务步骤：

步骤（1）运行 Unity Hub，打开 Exercise_6 项目。

步骤（2）在 Windows 文件资源管理器中，解压缩 "第 6 章课堂素材.rar" 文件，把解压缩后的所有文件和文件夹都复制到项目的 Assets 文件夹中。

步骤（3）选择菜单栏中的 File->Open Scene（文件->打开场景）命令，打开 "课堂任务 4" 场景。

步骤（4）在 Project（项目）窗口中，展开 Assets/Scripts 文件夹，选择菜单栏中的 Assets->Create->C# Script（资产->创建->C#脚本）命令，创建脚本，并将其重命名为 GameObjectControl。

步骤（5）把 Project（项目）窗口中的 GameObjectControl 脚本拖到 Hierarchy（层级）窗口的 Cube 游戏对象上。

步骤（6）双击 Project（项目）窗口中的 GameObjectControl 脚本，在 Visual Studio 编辑器中打开该脚本，并在其中输入代码。GameObjectControl.cs 脚本文件的完整代码如下。

```
using System.Collections;
using System.Collections.Generic;
using UnityEngine;

public class GameObjectControl : MonoBehaviour
{
    private void OnMouseDown()
    {
        //获取场景中标记为"Ball"的游戏对象，不会获取隐藏游戏对象
        GameObject[] balls = GameObject.FindGameObjectsWithTag("Ball");
        //获取场景中标记为"Apple"的游戏对象，不会获取隐藏游戏对象
        GameObject[] apples = GameObject.FindGameObjectsWithTag("Apple");

        foreach (GameObject ball in balls)
        {
            //如果该游戏对象不是静态对象，则添加 Rigidbody 组件，并向上发射
            if (!ball.isStatic)
            {
                Rigidbody rb = ball.AddComponent<Rigidbody>();
                rb.AddForce(Vector3.up * 500f);
```

```csharp
            }
        }
        foreach (GameObject apple in apples)
        {
            //如果该游戏对象不是静态对象，则添加Rigidbody组件
            if (!apple.isStatic)
            {
                Rigidbody rb = apple.AddComponent<Rigidbody>();
            }
        }
    }
}
```

步骤（7）在 Visual Studio 编辑器中，保存 C#文件，返回 Unity 编辑器。

步骤（8）在 Project（项目）窗口中，展开 Assets/Scripts 文件夹，选择菜单栏中的 Assets->Create->C# Script（资产->创建->C#脚本）命令，创建脚本，并将其重命名为 CollisionTest。

步骤（9）把 Project（项目）窗口中的 CollisionTest 脚本拖到 Hierarchy（层级）窗口的 Plane 游戏对象上。

步骤（10）双击 Project（项目）窗口中的 CollisionTest 脚本，在 Visual Studio 编辑器中打开该脚本，并在其中输入代码。CollisionTest.cs 脚本文件的完整代码如下。

```csharp
using System.Collections;
using System.Collections.Generic;
using UnityEngine;

public class CollisionTest : MonoBehaviour
{
    private void OnCollisionEnter(Collision collision)
    {
        //如果标记为"Apple"或"Ball"的游戏对象碰撞地面，则3秒后销毁
        if (collision.gameObject.tag=="Apple" || collision.gameObject.tag=="Ball")
        {
            Destroy(collision.gameObject,3f);
        }
    }
}
```

步骤（11）在 Visual Studio 编辑器中，保存 C#文件，返回 Unity 编辑器，单击 Play（播放）按钮，开始播放，查看效果。此时会有一个小球掉落到地面上，3 秒后消失，有一个小球先向上运动后掉落到地面上，3 秒后消失。

步骤（12）单击 Stop（停止）按钮，结束播放，选择菜单栏中的 File->Save（文件->保存）命令，保存场景。

6.4.4 Transform 类

Transform 类提供了多种方式，用来通过脚本处理游戏对象的位置、旋转和缩放，以及与父子游戏对象的层级关系。场景中的每个游戏对象都有一个 Transform 组件，该组件就是 Transform 类的实例。Transform 类常用属性的功能说明如表 6-1 所示。

表 6-1

属性	功能说明
parent	transform 对象的父级
root	返回 Hierarchy（层级）窗口顶层的 transform 对象上
position	世界空间中的 transform 对象位置
rotation	一个 Quaternion，用于存储 transform 对象在世界空间中的旋转
localPosition	相对于父级 transform 对象的变换位置
localRotation	相对于父级 transform 对象的变换旋转
localScale	相对于父级 transform 对象的变换缩放
forward	返回一个标准化矢量，它表示世界空间中 transform 对象的 z 轴
right	世界空间中 transform 对象的 x 轴
up	世界空间中 transform 对象的 y 轴

Transform 类常用方法的功能说明如表 6-2 所示。

表 6-2

方法	功能
GetChild	按索引返回 transform 子项
GetSiblingIndex	获取同级索引
IsChildOf	该 transform 对象是否为 parent 的子项
GetPositionAndRotation	获取 Transform 组件在世界空间中的位置和旋转
LookAt	旋转 transform 对象，使向前矢量指向 target 的当前位置
Rotate	使用 Transform.Rotate 以各种方式旋转 GameObjects。通常以欧拉角而不是四元数提供旋转
Translate	根据 translation 的方向和距离移动 transform 对象

课堂任务 5：Transform **类的应用**

任务说明：当单击鼠标左键时，立方体在一定范围内来回移动，同时有一个物体始终朝向它。

任务步骤：

步骤（1）运行 Unity Hub，打开 Exercise_6 项目。

步骤（2）选择菜单栏中的 File->Open Scene（文件->打开场景）命令，打开"课堂任务 5"场景。

步骤（3）在 Project（项目）窗口中，展开 Assets/Scripts 文件夹，选择菜单栏中的 Assets->Create->C# Script（资产->创建->C#脚本）命令，创建脚本，并将其重命名为 CubeControl。

步骤（4）把 Project（项目）窗口中的 CubeControl 脚本拖到 Hierarchy（层级）窗口的

Cube 游戏对象上。

步骤（5）双击 Project（项目）窗口中的 CubeControl 脚本，在 Visual Studio 编辑器中打开该脚本，并在其中输入代码。CubeControl.cs 脚本文件的完整代码如下。

```csharp
using System.Collections;
using System.Collections.Generic;
using UnityEngine;

public class CubeControl : MonoBehaviour
{
    //z 轴最小值
    private float minPosition = -10f;
    //z 轴最大值
    private float maxPosition = 10f;
    //z 轴正向为 1，负向为-1
    private float direction = 1f;

    private void OnMouseDown()
    {
        transform.Translate(new Vector3(0, 0, direction * 2));
        //如果当前位置的 z 坐标大于最大值，则改向
        if (transform.position.z > maxPosition)
        {
            direction = -direction;
        }
        //如果当前位置的 z 坐标小于最小值，则改向
        if (transform.position.z<minPosition)
        {
            direction = -direction;
        }
    }
}
```

步骤（6）在 Visual Studio 编辑器中，保存 C#文件，返回 Unity 编辑器。

步骤（7）在 Project（项目）窗口中，展开 Assets/Scripts 文件夹，选择菜单栏中的 Assets->Create->C# Script（资产->创建->C#脚本）命令，创建脚本，并将其重命名为 CapsuleControl。

步骤（8）把 Project（项目）窗口中的 CapsuleControl 脚本拖到 Hierarchy（层级）窗口的 Capsule 游戏对象上。

步骤（9）双击 Project（项目）窗口中的 CapsuleControl 脚本，在 Visual Studio 编辑器中打开该脚本，并在其中输入代码。CapsuleControl.cs 脚本文件的完整代码如下。

```csharp
using System.Collections;
using System.Collections.Generic;
using UnityEngine;

public class CapsuleControl : MonoBehaviour
{
```

```
    public Transform target;

    // Update is called once per frame
    void Update()
    {
        transform.LookAt(target);
    }
}
```

步骤（10）在 Visual Studio 编辑器中，保存 C#文件，返回 Unity 编辑器，把 Cube 游戏对象拖到 Capsule 游戏对象的 CapsuleControl 脚本的 Target 公共变量上，如图 6-8 所示。

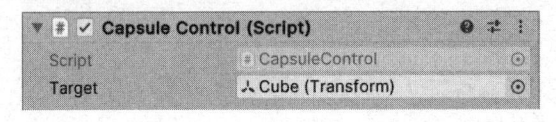

图 6-8

步骤（11）单击 Play（播放）按钮，开始播放，单击鼠标左键，可以移动立方体，同时红色的胶囊体始终朝向绿色的立方体。

步骤（12）单击 Stop（停止）按钮，结束播放，选择菜单栏中的 File->Save（文件->保存）命令，保存场景。

第 7 章 输入系统

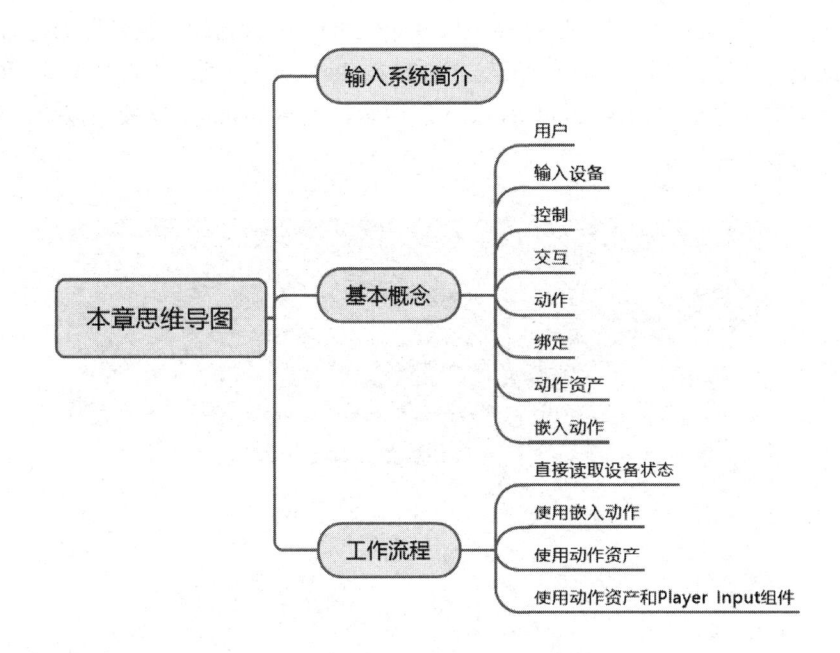

7.1 输入系统概述

Unity 的输入系统支持多种输入设备，如键盘和鼠标、游戏手柄、摇杆、触摸屏、VR 和 AR 控制器等。Unity 通过以两个独立的系统提供输入支持。

- 输入管理器（Input Manager）是 Unity 核心平台的一部分，在默认情况下可用，属于旧的 Unity 输入系统。
- 输入系统（Input System）是一个包，必须先通过 Unity Package Manager 将其导入后才能使用，属于新的 Unity 输入系统，也是 Unity 推荐使用的输入系统。

旧的输入系统需要针对不同输入设备分别编写代码进行处理，而新的输入系统只需配置 Action Asset 就能完成对不同输入设备的统一处理。旧的输入系统没有便捷的方法处理长按按钮这一类的操作，对新输入设备的支持不足。基于旧的输入系统存在的这些问题，本章只介绍新的输入系统，如果不是特别说明，则后面提到的输入系统都是指新的 Input

System 包。

课堂任务 1：安装 Input System 包

任务步骤：

步骤（1）运行 Unity Hub，选择"项目"选项卡，单击右上角的"新项目"按钮。

步骤（2）在打开的窗口中，将"编辑器版本"设置为 2023.1.15f1，选择 Universal 3D 项目模板。

步骤（3）在"项目设置"选区中为项目指定一个保存的位置，如 D:\UnityProject。这里读者可以根据自己的实际情况进行更改，并将"项目名称"设置为 Exercise_7。完成设置后，单击"创建项目"按钮，创建一个新项目。

步骤（4）选择菜单栏中的 Window->Package Manager（窗口->包管理器）命令，打开 Package Manager（包管理器）窗口，在左上角的 Packages 下拉列表中选择 Unity Registry 选项，在右上角的输入框中输入 Input System 后搜索，单击 Install（安装）按钮，安装 Input System 包，如图 7-1 所示。

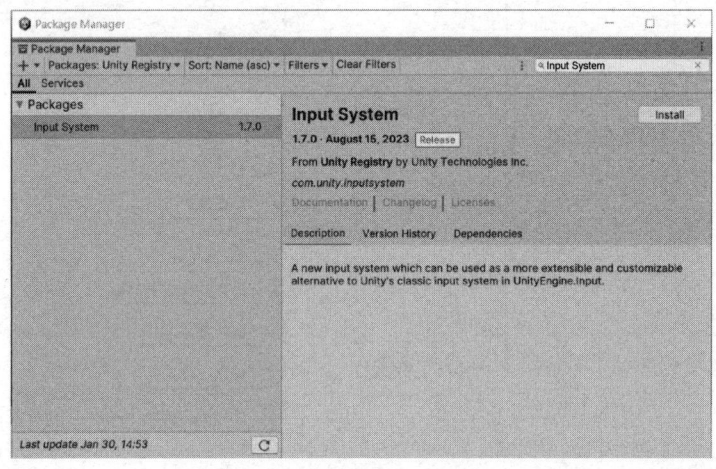

图 7-1

步骤（5）安装完成后会弹出一个警告对话框，如果要在项目中使用新的输入系统，则单击 Yes 按钮，重启 Unity 编辑器，如图 7-2 所示。

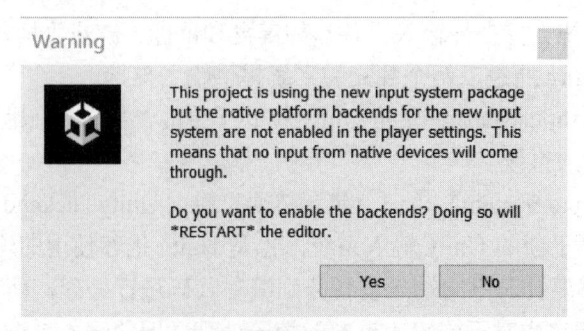

图 7-2

步骤（6）选择菜单栏中的 Edit->Project Settings（编辑->项目设置）命令，在 Project

Settings 窗口左侧列表中选择 Player 选项，在右侧选区中展开 Other Settings，将 Active Input Handling 设置为 Both，即可同时支持旧的输入系统和新的输入系统，如图 7-3 所示。如果希望只支持新的输入系统，则可以选择 Input System Package（New）选项，随后弹出 Unity 编辑器重启请求的对话框，单击 Apply（应用）按钮，重启 Unity 编辑器，此时可以使用新的输入系统。

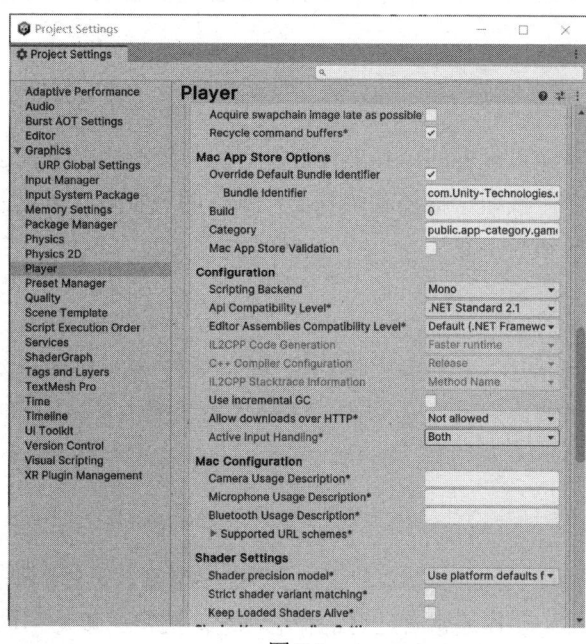

图 7-3

> **小贴士**
>
> 安装的 Input System 包是针对项目的，不是针对 Unity 编辑器的，如果要在不同项目中使用 Input System 包，则都需要按照上面的方法进行安装和设置。

7.2 基本概念

首先介绍与使用输入系统相关的概念，当熟悉这些概念后，就能够理解输入系统中可用工作流之间的差异，并选择最适合自己项目的工作流。这些基本概念和术语指的是用户向游戏或应用程序输入指令时事件序列中的步骤。输入系统提供了实现这些步骤的功能，或者可以选择实现其中的一些步骤，如图 7-4 所示。

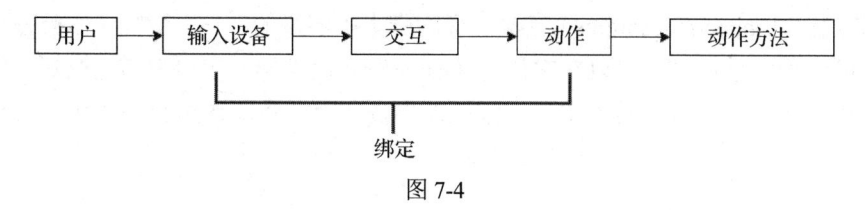

用户 → 输入设备 → 交互 → 动作 → 动作方法

绑定

图 7-4

1. 用户

用户（User）是玩游戏或使用应用程序的人，通过握住或触摸输入设备来提供输入。

2. 输入设备

输入设备（Input Device）是一种物理硬件，如键盘、游戏板、鼠标或触摸屏，允许用户向 Unity 发送输入。

3. 控制

控制（Control）是输入设备的单独部件，每个部件都将输入值发送到 Unity 中。例如，游戏手柄的控制包括多个按钮、摇杆和触发器，鼠标的控制包括下侧的两个 X 和 Y 传感器，以及上侧的各种按钮和滚轮。

4. 交互

交互（Interaction）描述了在设备上使用控件的不同方式。例如，按下按钮、释放按钮、长按或双击。交互可以被认为是"输入模式"。输入系统提供了识别和响应不同类型交互的方法。

5. 动作

动作（Action）是用户可以在游戏或应用程序中根据输入进行的动作，无论他们使用什么设备或控制进行动作。动作通常有适合的概念名称，通常应该是动词，如"跑步""跳跃""蹲下""使用""开始""退出"等。输入系统可以帮助开发者管理和编辑动作，也可以自己实现。

6. 绑定

绑定（Binding）是指在动作和一个或多个控制之间定义的连接。例如，在赛车游戏中，按下控制器上的右键按钮可能会绑定到"换挡"动作。动作资产和嵌入动作都提供了类似的面板来创建和编辑绑定。

7. 动作资产

动作资产（Action Asset）为一种资产类型，允许开发者将动作组定义和配置为一个集合。Action Asset 面板允许开发者绑定控制，将相关动作分组到动作映射中，并指定哪些控制属于不同的控制方案。

8. 嵌入动作

嵌入动作（Embedded Actions）直接定义为脚本中字段的动作。这些动作类型与动作资产中定义的动作类型相同，可以在它们的 Inspector（检查器）窗口中绑定控制。但是，由于它们在脚本中被定义为单独的字段，因此动作资产无法将动作组合到动作映射和控制方案中。

7.3 工作流程

使用输入系统的方法有多种，其工作流程取决于开发者对输入代码灵活性的要求，是喜欢在 Unity 编辑器中设置，还是在代码中设置。

在下面 4 个主要工作流程中都提供了不同级别的灵活性和抽象性。它们按照抽象的顺序从最少到最多列出，每一个都为前一个添加了一层抽象，从而增加了灵活性。

7.3.1 直接读取设备状态

直接从连接的设备中读取数值，这是最简单、最直接的工作流程，也是最接近旧的输入系统的方式，但灵活性最低。如果想用一种类型的设备快速实现，则使用直接读取设备状态的工作流程很有用。如果想为用户提供多种类型的输入，或者想针对多个平台，则使用直接读取设备状态的工作流程可能不是最好的选择，一般不推荐使用。直接读取设备状态如图 7-5 所示。

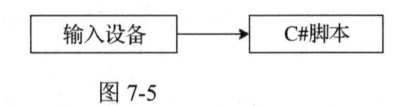

输入设备 ──→ C#脚本

图 7-5

课堂任务 2：直接读取设备状态

任务步骤：

步骤（1）运行 Unity Hub，打开 Exercise_7 项目。

步骤（2）选择菜单栏中的 File->New Scene（文件->新建场景）命令，在弹出的对话框中选择 Basic（URP）模板，单击 Create（创建）按钮，创建一个新场景。

步骤（3）选择菜单栏中的 File->Save As（文件->另存为）命令，把新场景保存到 Scenes 文件夹中，并命名为"课堂任务 2"。

步骤（4）选择菜单栏中的 GameObject->Create Empty（游戏对象->创建空对象）命令，创建一个空的游戏对象，并将其重命名为 Role。

步骤（5）在 Project（项目）窗口的 Assets 文件夹中，创建一个名为 Scripts 的文件夹。

步骤（6）在 Scripts 文件夹中，创建一个 C#脚本，并将其命名为 DirectlyRead，把脚本挂载到 Role 游戏对象上。

步骤（7）在 Project（项目）窗口中，双击 DirectlyRead 脚本。在 Visual Studio 编辑器中，打开该脚本，并在其中输入代码。DirectlyRead 脚本的完整代码如下。

```
using System.Collections;
using System.Collections.Generic;
using UnityEngine;
using UnityEngine.InputSystem;

public class DirectlyRead : MonoBehaviour
```

```
{
    void Update()
    {
        // 读取当前键盘值
        var kb = Keyboard.current;
        if (kb == null)
        {
            return;
        }

        // 如果按下了 M 键，则在 Console（控制台）窗口中输出信息：按下了 M 键
        if (kb.mKey.isPressed)
        {
            Debug.Log("按下了 M 键");
        }

    }
}
```

步骤（8）在 Visual Studio 编辑器中，保存 C#文件，返回 Unity 编辑器，单击 Play（播放）按钮，按下键盘上的 M 键，可以在 Console（控制台）窗口中看到输出的信息：按下了 M 键。

步骤（9）单击 Stop（停止）按钮，结束播放，选择菜单栏中的 File->Save（文件->保存）命令，保存场景。

7.3.2 使用嵌入动作

使用嵌入动作是指使用脚本中的 InputAction 类来定义脚本中的动作。与直接读取设备状态不同，使用嵌入动作没有明确指定哪些控制应该在代码中执行什么动作，而是通过创建动作，将它们绑定到控制，并响应代码中动作的状态或数值。使用嵌入动作如图 7-6 所示。

输入设备 → C#脚本使用InputAction类定义动作

图 7-6

课堂任务 3：使用嵌入动作

任务步骤：

步骤（1）运行 Unity Hub，打开 Exercise_7 项目。

步骤（2）选择菜单栏中的 File->New Scene（文件->新建场景）命令，在弹出的对话框中选择 Basic（URP）模板，单击 Create（创建）按钮，创建一个新场景。

步骤（3）选择菜单栏中的 File->Save As（文件->另存为）命令，把新场景保存到 Scenes 文件夹中，并命名为"课堂任务 3"。

步骤（4）选择菜单栏中的 GameObject->Create Empty（游戏对象->创建空对象）命令，创建一个空的游戏对象，并将其重命名为 Role。

步骤（5）在 Scripts 文件夹中，创建一个 C#脚本，并命名为 EmbeddedActions，把脚本挂载到 Role 游戏对象上。

步骤（6）在 Project（项目）窗口中，双击 EmbeddedActions 脚本。在 Visual Studio 编辑器中，打开该脚本，并在其中输入代码。EmbeddedActions 脚本的完整代码如下。

```csharp
using System.Collections;
using System.Collections.Generic;
using UnityEngine;
using UnityEngine.InputSystem;

public class EmbeddedActions : MonoBehaviour
{
    // these embedded actions are configurable in the inspector:
    public InputAction moveAction;
    public InputAction jumpAction;

    public void Awake()
    {
        // 设置 Jump 动作的回调方法
        jumpAction.performed += ctx => { OnJump(ctx); };
    }

    public void Update()
    {
        // 读取每帧 Move 动作的数值
        Vector2 moveVector = moveAction.ReadValue<Vector2>();
        // 按下 W 键、S 键、A 键、D 键，在 Console（控制台）窗口输出移动的数值
        Debug.Log("移动了 x:"+ moveVector.x+ " y:"+ moveVector.y);
    }

    public void OnJump(InputAction.CallbackContext context)
    {
        // 按下 Space 键,在 Console(控制台)窗口中输出按下了 Jump:Key:/Keyboard/space
        Debug.Log("按下了 Jump:"+context.control);
    }

    // 当游戏对象被启用或禁用时，动作必须被启用和禁用

    public void OnEnable()
    {
        moveAction.Enable();
        jumpAction.Enable();
    }

    public void OnDisable()
    {
        moveAction.Disable();
        jumpAction.Disable();
```

        }
    }

步骤（7）在 Visual Studio 编辑器中，保存文件，返回 Unity 编辑器。

步骤（8）选中 Role 游戏对象，在 Inspector（检查器）窗口中，单击 Move Action 右侧的 + 按钮，在下拉列表中选择 Add Up\Down\Left\Right Composite 选项，选中 2D Vector 并按 F2 键，将其重命名为 WSAD。双击 Up，在弹出的对话框中将 Path 设置为 W [Keyboard]，使用同样的方法为 Down、Left 和 Right 绑定键，如图 7-7 所示。

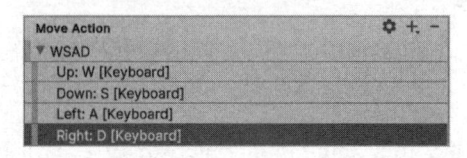

图 7-7

步骤（9）单击 Jump Action 右侧的 + 按钮，在下拉列表中选择 Add Binding 选项，双击 <No Binding>，在弹出的对话框的 Path 下拉列表中选择 Space [Keyboard]，如图 7-8 所示。

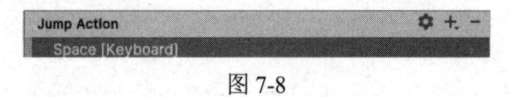

图 7-8

步骤（10）单击 Play（播放）按钮，开始播放，按下键盘上的 W 键、S 键、A 键、D 键和 Space 键，可以在 Console（控制台）窗口中看到输出的信息，如图 7-9 所示。

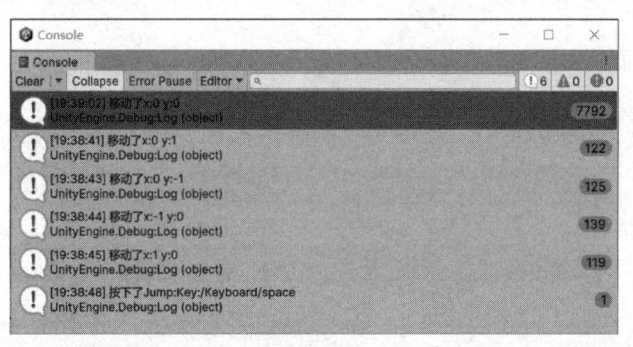

图 7-9

步骤（11）单击 Stop（停止）按钮，结束播放，选择菜单栏中的 File->Save（文件->保存）命令，保存场景。

7.3.3 使用动作资产

动作资产提供了一种定义、分组和管理动作集的方法，将它们作为数据存储在一个资产文件中，而不是直接在代码中定义它们。使用动作资产可以使定义动作的数据与应该响应动作的游戏对象分离。与直接在代码中嵌入动作定义相比，使用动作资产提供了更高级别的抽象和组织。动作资产非常有用，因为它意味着所有的动作定义都存储在一个单独的资源文件中，与脚本和预制件分离。

相较于脚本中的嵌入动作，动作资产具备更多独特优势，如将动作分组到 Action Maps 和 Control Schemes 中的能力。Action Maps 是将相关动作分组在一起的一种方式，其中每个映射都与不同的情况相关。例如，游戏可能涉及驾驶车辆和步行导航，并且可能有游戏内菜单。在这个例子中，对于这三种情况中的每一种，都有一个不同的动作映射，并且游戏代码会在它们之间适当地切换。分组到"驾驶"动作映射中的动作可能被称为"转向""加速""刹车""手刹"等，而分组到"步行"动作映射中的动作可能是"移动""跳跃""蹲下""使用"等。Control Schemes 也在动作资产中定义，允许指定哪些绑定属于定义的哪种控制方案。例如，有一个控制方案是 Joypad，另一个控制模式是"键盘和鼠标"。这允许开发者确定用户当前使用的控制方案，这样游戏就可以相应地对用户做出响应。此功能通常用于调整游戏中的 UI，以便在屏幕提示中显示正确的键或按钮。使用动作资产如图 7-10 所示。

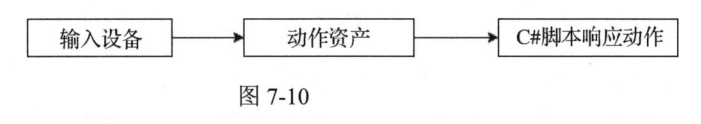

图 7-10

课堂任务 4：使用动作资产

任务步骤：

步骤（1）运行 Unity Hub，打开 Exercise_7 项目。

步骤（2）选择菜单栏中的 File->New Scene（文件->新建场景）命令，在弹出的对话框中选择 Basic（URP）模板，单击 Create（创建）按钮，创建一个新场景。

步骤（3）选择菜单栏中的 File->Save As（文件->另存为）命令，把新场景保存到 Scenes 文件夹中，并命名为"课堂任务 4"。

步骤（4）选择菜单栏中的 Assets->Create->Input Actions（资产->创建->输入动作）命令，创建输入动作资产，并命名为 InputControls。

步骤（5）在 Project（项目）窗口中双击 InputControls，编辑输入动作资产。单击 Action Maps 右侧的 + 按钮，添加一个动作映射，并将其重命名为 Gameplay，如图 7-11 所示。

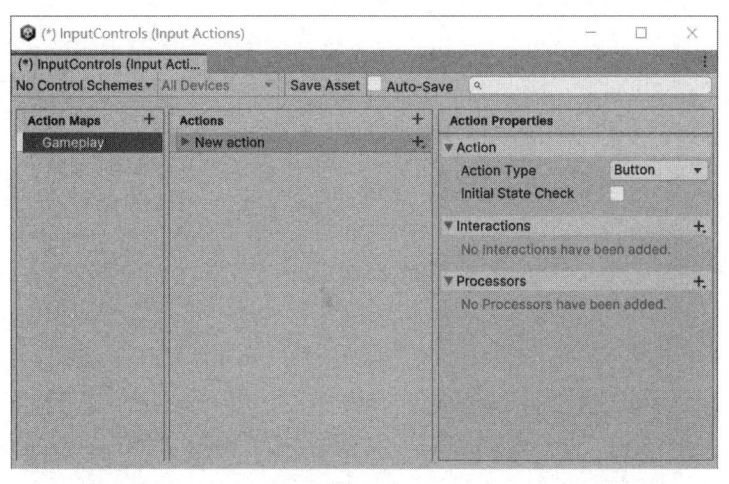

图 7-11

步骤（6）选择 Actions 下面的 New action，按 F2 键，将其重命名为 Move。在 Action Properties 选区中，将 Action Type 设置为 Value，Control Type 设置为 Vector 2，如图 7-12 所示。

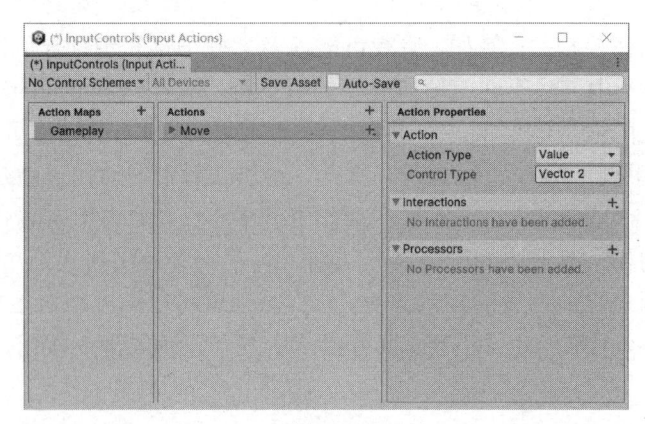

图 7-12

步骤（7）展开 Move，删除它下面的 No Binding。单击 Move 右侧的 + 按钮，在下拉列表中选择 Add Up\Down\Left\Right Composite 选项，把 2D Vector 重命名为 WSAD，将 Up、Down、Left、Right 分别绑定键盘上的 W 键、S 键、A 键、D 键，如图 7-13 所示。

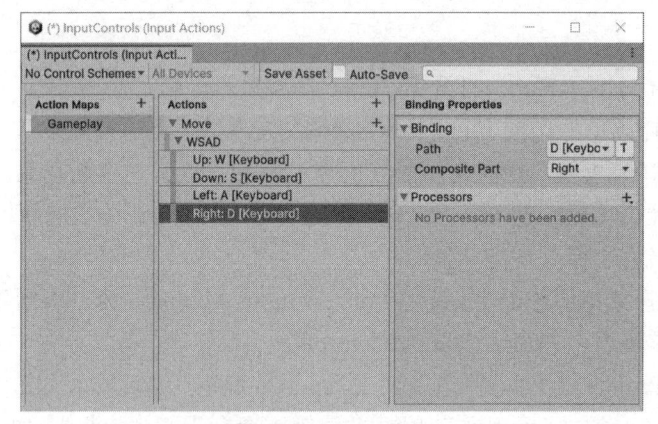

图 7-13

步骤（8）单击 Move 右侧的 + 按钮，在下拉列表中选择 Add Binding 选项，把它绑定到 Gamepad 的 Left Stick 上，如图 7-14 所示。

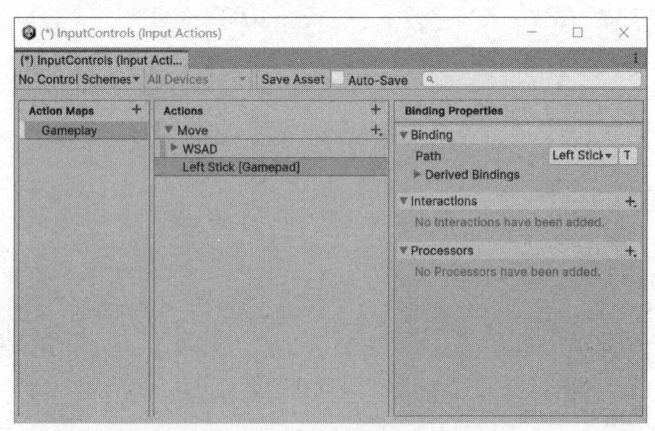

图 7-14

步骤（9）单击 Actions 右侧的 + 按钮，添加一个动作，并将其重命名为 Jump，将它下面的<No Binding>绑定 Space 键，如图 7-15 所示。

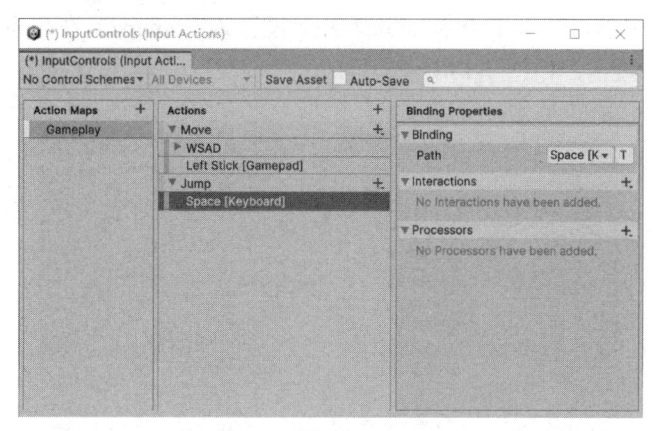

图 7-15

步骤（10）单击 Jump 右侧的 + 按钮，在下拉列表中选择 Add Binding 选项，将它绑定到 Gamepad 的 Button South 上，如图 7-16 所示。

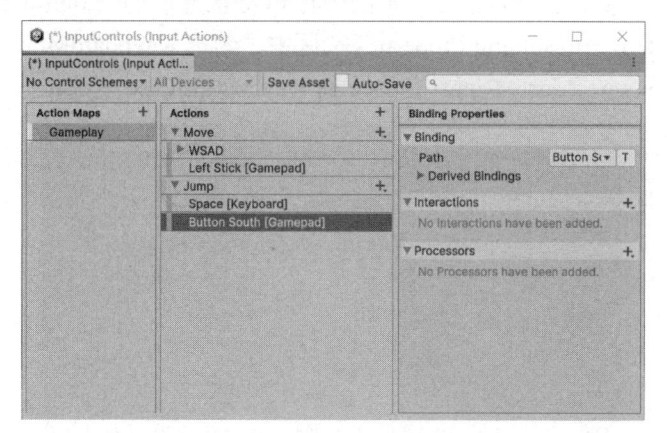

图 7-16

步骤（11）单击窗口左上角，在弹出的下拉列表中选择 Add Control Scheme 选项，在弹出的对话框中将 Scheme Name 设置为 KeyboardMouse，在列表中添加 Keyboard 和 Mouse，单击 Save（保存）按钮，如图 7-17 所示。

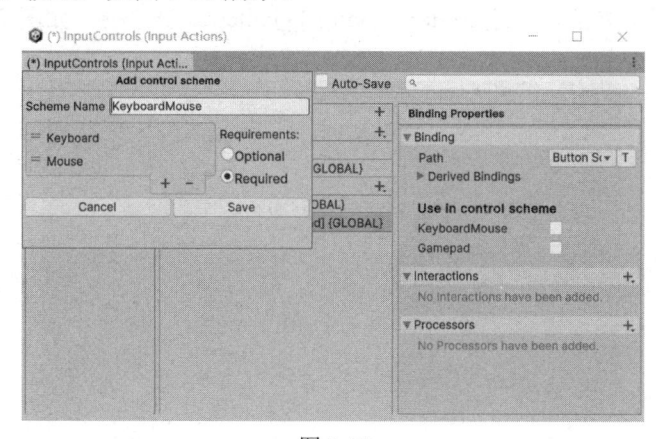

图 7-17

▶ Unity 虚拟现实开发任务驱动式教程

步骤（12）使用同样的方法，单击窗口左上角，在弹出的下拉列表中选择 Add Control Scheme 选项，在弹出的对话框中将 Scheme Name 设置为 Gamepad，在列表中添加 Gamepad，单击 Save（保存）按钮，如图 7-18 所示。

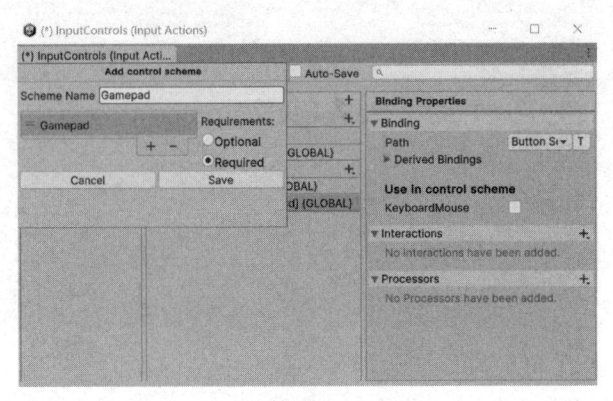

图 7-18

步骤（13）单击窗口左上角，在弹出的下拉列表中选择 All Control Schemes 选项。选中 WSAD 下面的 Up，在 Binding Properties 选区中，勾选 KeyboardMouse 复选框。使用同样的方法，勾选 Down、Left、Right、Space 的 KeyboardMouse 复选框，如图 7-19 所示。

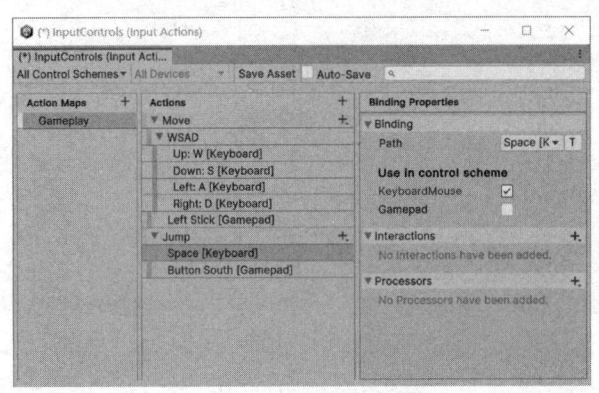

图 7-19

步骤（14）选中 Move 下面的 Left Stick，在 Binding Properties 选区中，勾选 Gamepad 复选框。使用同样的方法，勾选 Button South 的 Gamepad 复选框，如图 7-20 所示。

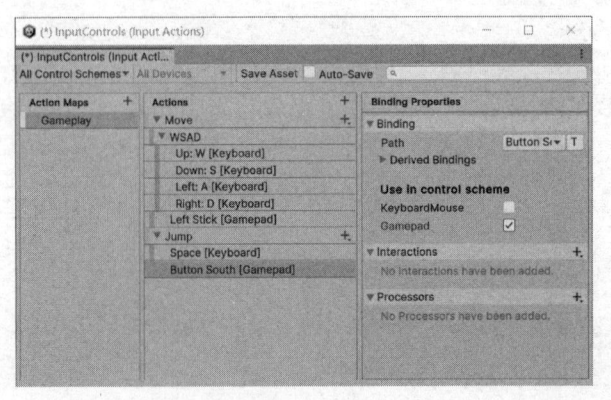

图 7-20

步骤（15）设置完成后，单击 Save Asset 按钮，关闭输入动作资产窗口。

步骤（16）在 Project（项目）窗口中，选中 InputControls 动作资产。在 Inspector（检查器）窗口中，勾选 Generate C# Class 复选框，单击 Apply（应用）按钮，生成 C#类，如图 7-21 所示。

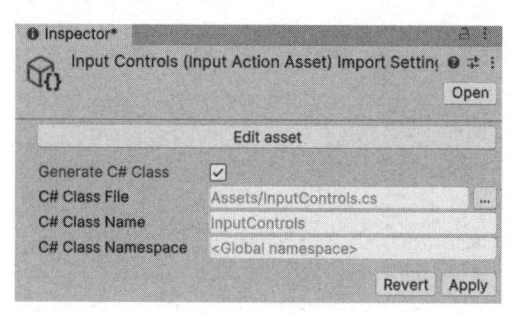

图 7-21

步骤（17）选择菜单栏中的 GameObject->Create Empty（游戏对象->创建空对象）命令，创建一个空的游戏对象，并将其重命名为 Role。

步骤（18）在 Scripts 文件夹中，创建一个 C#脚本，并将其命名为 InputActions，把脚本挂载到 Role 游戏对象上。

步骤（19）在 Project（项目）窗口中，双击 InputActions 脚本，在 Visual Studio 编辑器中打开该脚本，并在其中输入代码。InputActions 脚本的完整代码如下。

```csharp
using System.Collections;
using System.Collections.Generic;
using UnityEngine;
using UnityEngine.InputSystem;

public class InputActions : MonoBehaviour
{
    // 该字段将包含动作包装器实例
    InputControls inputControl;

    void Awake()
    {
        // 实例化动作包装器类
        inputControl = new InputControls();

        // 为 Jump 动作，添加了一个执行时的回调方法
        inputControl.Gameplay.Jump.performed += OnJump;
    }

    void Update()
    {
        // 每帧在更新 Move 值时会在 Console（控制台）窗口中输出信息
        Vector2 moveVector = inputControl.Gameplay.Move.ReadValue<Vector2>();
        Debug.Log("移动了 x:" + moveVector.x + " y:" + moveVector.y);
    }
```

```csharp
    private void OnJump(InputAction.CallbackContext context)
    {
        // 按下Space键,在Console(控制台)窗口中输出按下了Jump:Key:/Keyboard/space
        Debug.Log("按下了Jump:" + context.control);
    }

    void OnEnable()
    {
        inputControl.Gameplay.Enable();
    }
    void OnDisable()
    {
        inputControl.Gameplay.Disable();
    }
}
```

步骤（20）在 Visual Studio 编辑器中，保存 C#文件，返回 Unity 编辑器。单击 Play（播放）按钮，开始播放，按下键盘上的 W 键、S 键、A 键、D 键和 Space 键，可以在 Console（控制台）窗口中看到输出的信息，如图 7.22 所示。

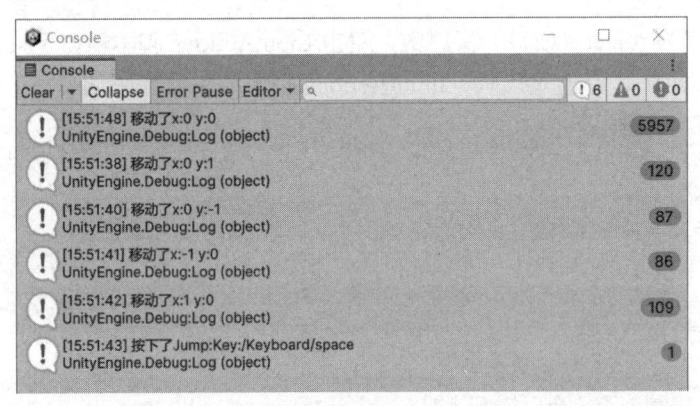

图 7-22

步骤（21）单击 Stop（停止）按钮，结束播放，选择菜单栏中的 File->Save（文件->保存）命令，保存场景。

7.3.4 使用动作资产和 Player Input 组件

输入系统提供的最高抽象级别是同时使用动作资产和 Player Input 组件。Player Input 组件引用了动作资产，并可以设置 Actions 在 C#脚本中的响应动作，以便在用户执行输入动作时调用所需的 C#方法。通常的做法是将 Player Input 组件添加到与 C#脚本相同的 GameObject 中，该脚本包含对动作进行响应的方法，通过 Inspector（检查器）窗口来设置动作与 C#脚本中 C#方法的连接。使用动作资产和 Player Input 组件如图 7-23 所示。

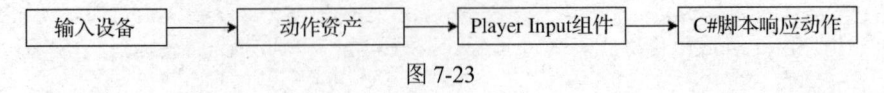

输入设备 → 动作资产 → Player Input组件 → C#脚本响应动作

图 7-23

课堂任务 5：使用动作资产和 Player Input 组件

任务步骤：

步骤（1）运行 Unity Hub，打开 Exercise_7 项目。

步骤（2）选择菜单栏中的 File->New Scene（文件->新建场景）命令，在弹出的对话框中选择 Basic（URP）模板，单击 Create（创建）按钮，创建一个新场景。

步骤（3）选择菜单栏中的 File->Save As（文件->另存为）命令，把新场景保存到 Scenes 文件夹中，并命名为"课堂任务 5"。

步骤（4）选择菜单栏中的 GameObject->Create Empty（游戏对象->创建空对象）命令，创建一个空的游戏对象，并将其重命名为 Role。

步骤（5）在 Scripts 文件夹中，创建一个 C#脚本，并将其命名为 InputActionsAndPlayerInput，把脚本挂载到 Role 游戏对象上。

步骤（6）在 Project（项目）窗口中，双击 InputActionsAndPlayerInput 脚本。在 Visual Studio 编辑器中，打开该脚本，并在其中输入代码。InputActionsAndPlayerInput 脚本的完整代码如下。

```
using System.Collections;
using System.Collections.Generic;
using UnityEngine;
using UnityEngine.InputSystem;

public class InputActionsAndPlayerInput : MonoBehaviour
{
    public void OnMove(InputAction.CallbackContext context)
    {
        // 每帧在更新Move值时会在Console（控制台）窗口中输出信息
        Vector2 moveVector = context.ReadValue<Vector2>();
        Debug.Log("移动了 x:" + moveVector.x + " y:" + moveVector.y);
    }

    public void OnJump(InputAction.CallbackContext context)
    {
        // 按下Space键,在Console(控制台)窗口中输出按下了Jump:Key:/Keyboard/space
        if (context.performed)
        {
            Debug.Log("按下了 Jump:" + context.control);
        }
    }
}
```

步骤（7）在 Visual Studio 编辑器中，保存 C#文件，返回 Unity 编辑器。

步骤（8）为 Role 游戏对象添加 Player Input 组件。在 Inspector（检查器）窗口中，将 Actions 设置为课堂任务 4 所创建的 InputControls 动作资产，Default Scheme 设置为<Any>，Behavior 设置为 Invoke Unity Events，如图 7-24 所示。

▶ Unity 虚拟现实开发任务驱动式教程

图 7-24

步骤（9）展开 Player Input 组件下面的 Event->Gameplay 选项，单击 Move 下面的 ➕ 按钮，为 Move 动作添加一个回调方法，该方法为 InputActionsAndPlayerInput 脚本中的 OnMove 方法；单击 Jump 下面的 ➕ 按钮，为 Jump 动作添加一个回调方法，该方法为 InputActionsAndPlayerInput 脚本中的 OnJump 方法，如图 7-25 所示。

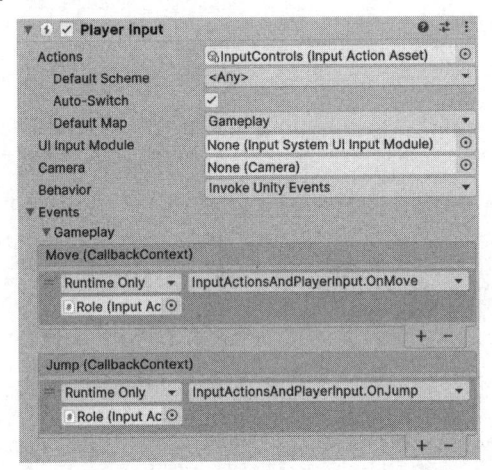

图 7-25

步骤（10）单击 Play（播放）按钮，开始播放，按下键盘上的 W 键、S 键、A 键、D 键和 Space 键，即可在 Console（控制台）窗口中看到输出的信息，如图 7-26 所示。

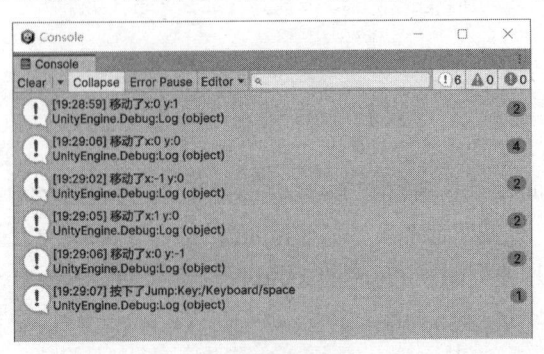

图 7-26

步骤（11）单击 Stop（停止）按钮，结束播放，选择菜单栏中的 File->Save（文件->保存）命令，保存场景。

项目任务 11：创建动作资产

任务步骤：

步骤（1）运行 Unity Hub，打开 StoneLake 项目。

步骤（2）选择菜单栏中的 File->Save As（文件->另存为）命令，把"项目任务 10"场景保存到 Scenes 文件夹中，并重命名为"项目任务 11"。

步骤（3）选择菜单栏中的 Window->Package Manager（窗口->包管理器）命令，打开 Package Manager（包管理器）窗口，在左上角的 Packages 下拉列表中选择 Unity Registry 选项，在右上角输入框中输入 Input System 进行搜索，单击 Install（安装）按钮，安装 Input System 包。

安装完成后会弹出一个警告对话框，单击 Yes 按钮会重启 Unity 编辑器。

步骤（4）选择菜单栏中的 Edit->Project Settings（编辑->项目设置）命令，在 Project Settings 窗口左侧列表中选择 Player 选项，在右侧选区中展开 Other Settings，将 Active Input Handling 设置为 Input System Package（New），随后出现 Unity 编辑器重启请求对话框，单击 Apply（应用）按钮，重启 Unity 编辑器，此时可以使用新的输入系统。

步骤（5）在 Project（项目）窗口的 Assets 文件夹中，新建一个文件夹，并将其重命名为 InputSystem。展开 InputSystem 文件夹，选择菜单栏中的 Assets->Create->Input Actions（资产->创建->输入动作）命令，在文件夹中创建一个动作资产，并将其重命名为 PlayerInputControls。

步骤（6）在 Project（项目）窗口中，双击 PlayerInputControls，编辑输入动作资产。单击 Action Maps 右侧的+按钮，添加一个动作映射，并将其重命名为 PlayerInput。选择 Actions 下面的 New action，按 F2 键，将其重命名为 Move。在 Action Properties 选区中，将 Action Type 设置为 Value，Control Type 设置为 Vector 2，如图 7-27 所示。

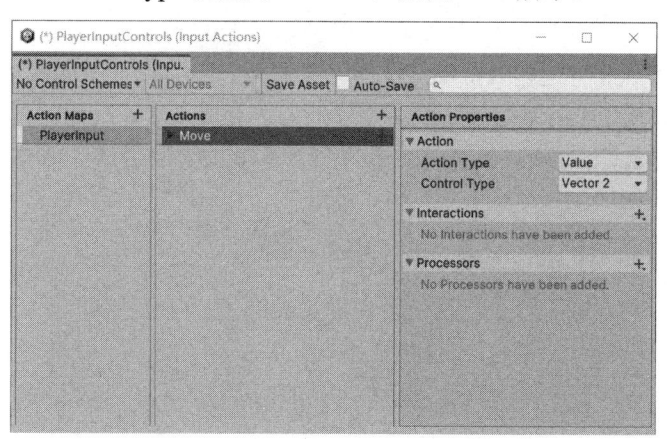

图 7-27

步骤（7）展开 Move，删除它下面的 No Binding。单击 Move 右侧的+按钮，在下拉列表中选择 Add Up\Down\Left\Right Composite 选项，把 2D Vector 重命名为 WSAD，将

Up、Down、Left、Right 分别绑定键盘上的 W 键、S 键、A 键、D 键。把 Up、Down、Left、Right 这 4 项复制一份,重新绑定键盘上的上方向键、下方向键、左方向键、右方向键,如图 7-28 所示。

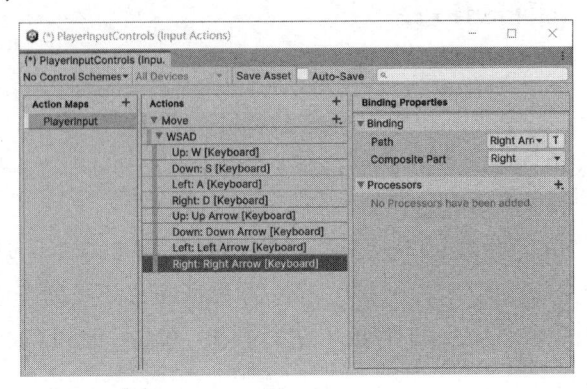

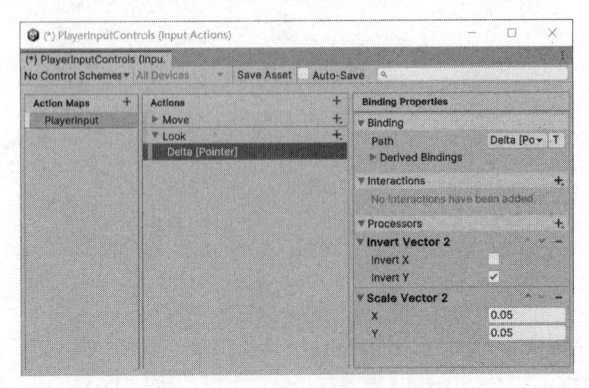

图 7-28

步骤(8)单击 Actions 右侧的+按钮,添加一个动作,将其重命名为 Look。在 Action Properties 选区中,将 Action Type 设置为 Value,Control Type 设置为 Vector 2,如图 7-29 所示。

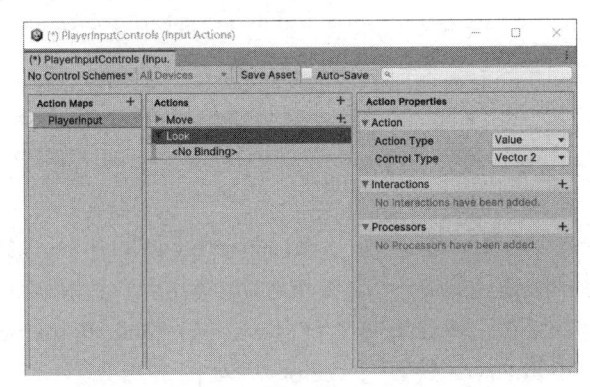

图 7-29

步骤(9)将 Look 下面的<No Binding>绑定到 Pointer 下面的 Delta 上。单击 Processors 右侧的+按钮,展开 Invert Vector 2 选项,取消勾选 Invert X 复选框。再单击 Processors 右侧的+按钮,展开 Scale Vector 2 选项,将 X 设置为 0.05,Y 设置为 0.05,如图 7-30 所示。

图 7-30

步骤（10）单击 Actions 右侧的+按钮，添加一个动作，并将其重命名为 Jump，把它下面的<No Binding>绑定 Space 键，如图 7-31 所示。

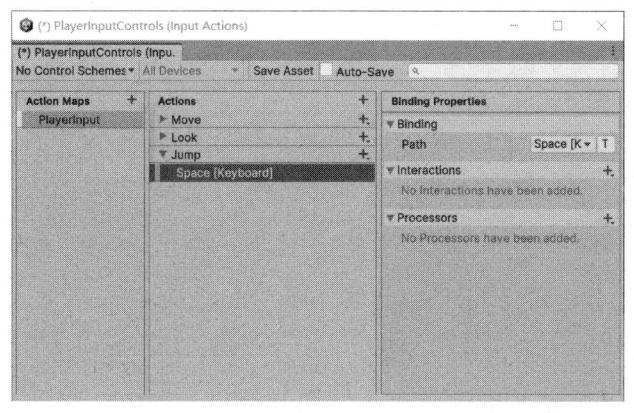

图 7-31

步骤（11）单击 Actions 右侧的+按钮，添加一个动作，并将其重命名为 Sprint，将 Action Type 设置为 Pass Through，Control Type 设置为 Any，如图 7-32 所示。

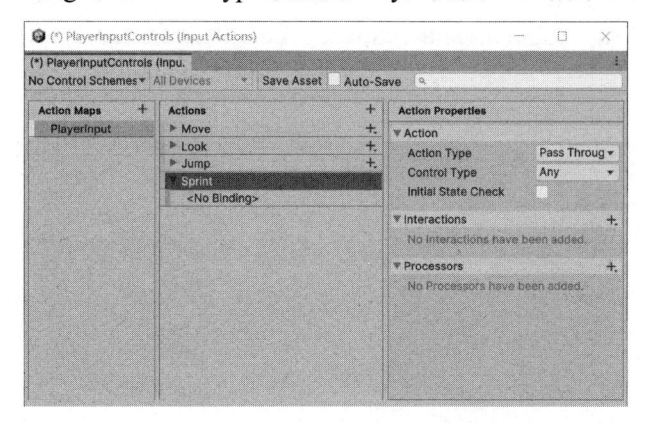

图 7-32

步骤（12）把 Sprint 下面的<No Binding>绑定 Left Shift 键，如图 7-33 所示。

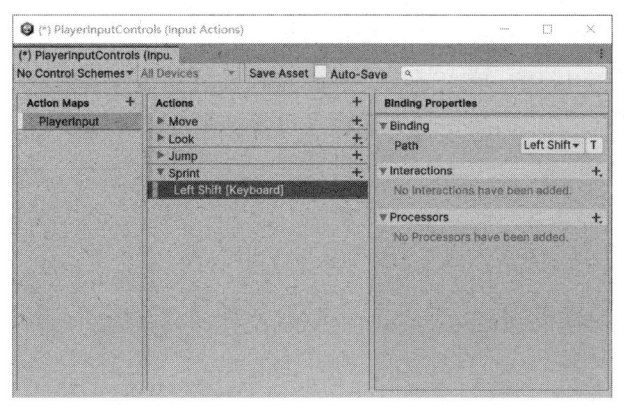

图 7-33

步骤（13）单击窗口左上角，在弹出的下拉列表中选择 Add Control Scheme 选项，在弹出的对话框中将 Scheme Name 设置为 KeyboardMouse，在列表中添加 Keyboard 和 Mouse，单击 Save（保存）按钮，如图 7-34 所示。

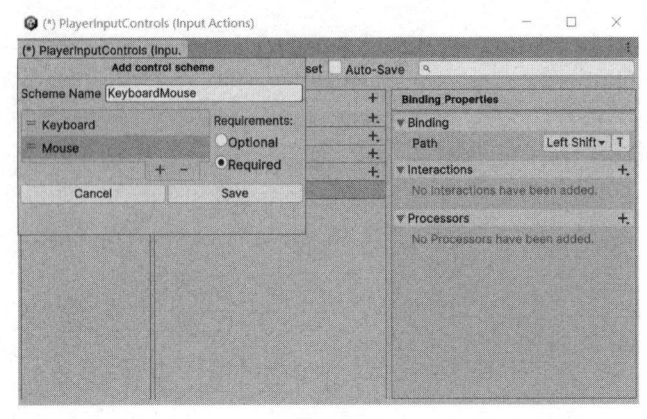

图 7-34

步骤（14）在窗口左上角的下拉列表中选择 All Control Schemes 选项。选中 WSAD 下面的 Up，在 Binding Properties 选区中，勾选 KeyboardMouse 复选框。使用同样的方法，勾选 Down、Left、Right、Delta、Space、Left Shift 的 KeyboardMouse 复选框，如图 7-35 所示。

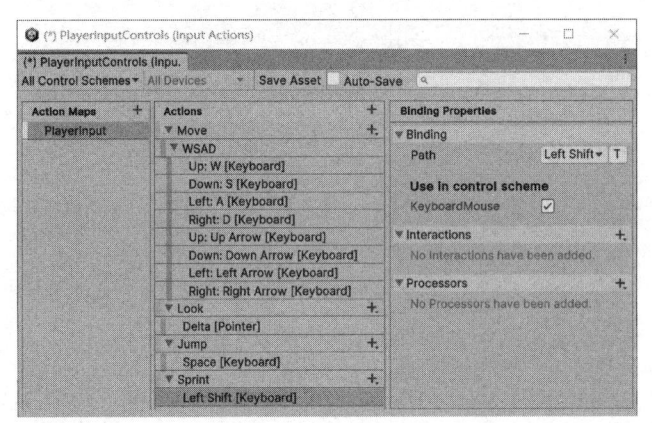

图 7-35

步骤（15）设置完成后，单击 Save Asset 按钮，关闭输入动作资产窗口。这里只设置了鼠标和键盘的控制，如果需要使用其他输入设备，则可以继续增加。

第 8 章 动画系统

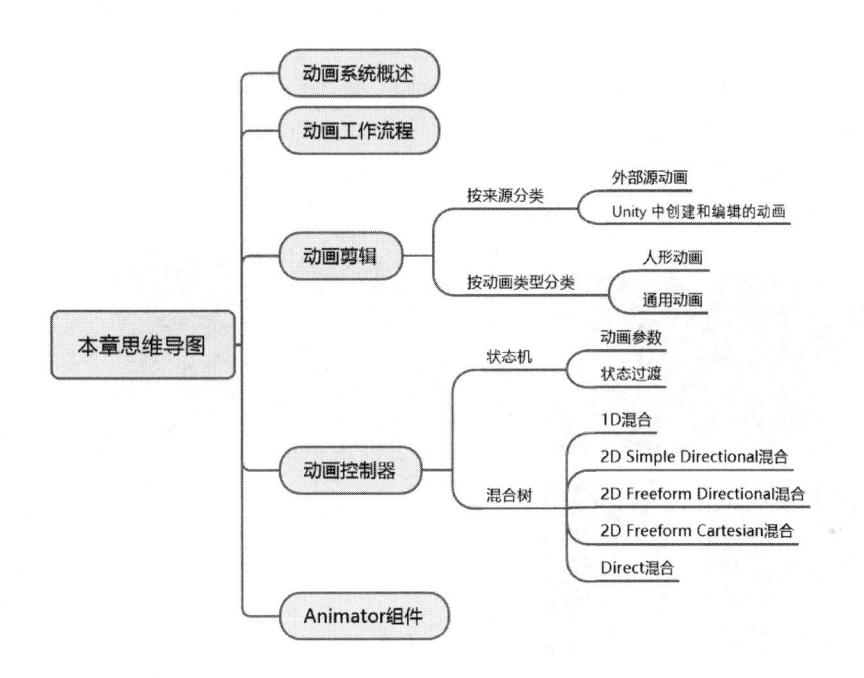

8.1 动画系统概述

Unity 有一个丰富而复杂的动画系统,该系统具有以下功能。

(1)支持导入的动画剪辑及 Unity 内创建的动画,能为 Unity 的对象、角色和属性提供简单的工作流程和动画设置,并能预览动画剪辑及它们之间的过渡和交互。

(2)支持人形动画重定向,能将动画从一个角色模型应用到另一角色模型。

(3)支持分层和遮罩功能,以不同逻辑对不同身体部位进行动画化。

8.2 动画工作流程

Unity 的动画系统是基于动画剪辑(Animation Clip)的,而动画剪辑包含某些对象应如何随时间改变其位置、旋转或其他属性的相关信息。动画剪辑可以在 Unity 编辑器中制作，也可以由 3ds Max 或 Maya 等三维软件创建而成。将动画剪辑编入被称为 Animator Controller（动画控制器）的一个类似于流程图的结构化系统中。动画控制器充当动画的状态机，负责跟踪当前应该播放哪个动画剪辑，以及动画剪辑应该何时改变或混合在一起。

　　一个非常简单的动画控制器可能只包含一个或两个动画剪辑，如设置正确时间开门和关门的动画。一个更高级的动画控制器可以包含用于主角所有动作的几十段人形动画，并可能同时在多个动画剪辑之间进行混合，从而提供流畅的玩家在场景中移动的动作。

　　Unity 的动画系统还具有许多用于处理人形角色的特殊功能，这些特殊功能可以让来自动作捕捉、Asset Store 或第三方动画库的人形动画重定向到自己的角色模型中，并且可以调整肌肉定义。这些特殊功能由 Unity 的 Avatar（替身系统）提供，使此系统中的人形角色映射到一种通用的内部格式中。

　　所有的 Animation Clip、Animator Controller 和 Avatar 都通过 Animator 组件一起附加到某个游戏对象上，如图 8-1 所示。该组件引用 Animator Controller，并在必要时引用此模型的 Avatar。Animator Controller 又进一步包含所使用的动画剪辑的引用。

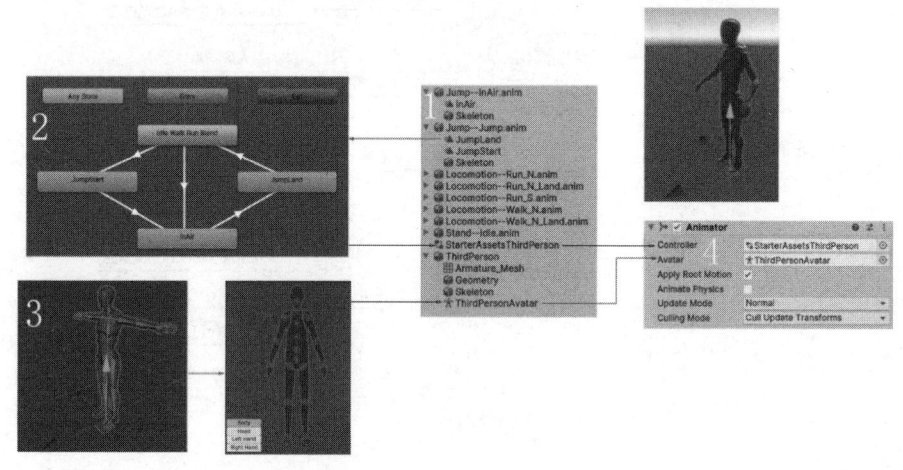

图 8-1

8.3 动画剪辑

　　动画剪辑（Animation Clip）是 Unity 动画系统的核心元素之一。Unity 支持从外部源导入动画，并允许在编辑器中使用 Animation 窗口从头开始创建动画剪辑。

8.3.1 按来源分类

1. 外部源动画

从外部源导入的动画剪辑可能包括如下内容。
- 在动作捕捉工作室中捕捉的人形动画。
- 在 3ds Max 或 Maya 等三维软件中创建的动画。

- 来自第三方库的动画集，如 Unity 的 Asset Store。
- 从导入的单个时间轴中剪切的多个剪辑动画。

2. Unity 中创建和编辑的动画

在 Unity 的 Animation 窗口中可以创建和编辑动画剪辑。这些动画剪辑可以针对以下各项设置动画。
- 游戏对象的位置、旋转和缩放。
- 组件属性，如材质颜色、光照强度、声音音量。
- 自定义脚本中的属性，包括浮点数、整数、枚举、矢量和布尔值变量。
- 自定义脚本中调用函数的时机。

项目任务 12：创建编辑动画剪辑

任务步骤：

步骤（1）运行 Unity Hub，打开 StoneLake 项目。

步骤（2）在 Windows 文件资源管理器中，解压缩"第 8 章项目素材.rar"文件，把解压缩后的所有文件和文件夹都复制到项目的 Assets 文件夹中。

步骤（3）选择菜单栏中的 File->Save As（文件->另存为）命令，把"项目任务 11"场景保存到 Scenes 文件夹中，并重命名为"项目任务 12"。

步骤（4）展开 Project（项目）窗口中的 Assets/Models/House 文件夹，选择 House.fbx 文件。在 Inspector（检查器）窗口的 Model 选项卡中，取消勾选 Import Cameras 复选框和 Import Lights 复选框，表示不导入摄像机和灯光；勾选 Generate Colliders 复选框，表示生成碰撞体，如图 8-2 所示。单击 Apply（应用）按钮，应用更改设置。

图 8-2

步骤（5）在 Materials 选项卡中，单击 Extract Textures 按钮。

步骤（6）把 House 文件夹从 Project（项目）窗口拖到 Scene（场景）视图中，放置在地形的右上方，如图 8-3 所示。在 Inspector（检查器）窗口中，将 Rotation Y 设置为 180。

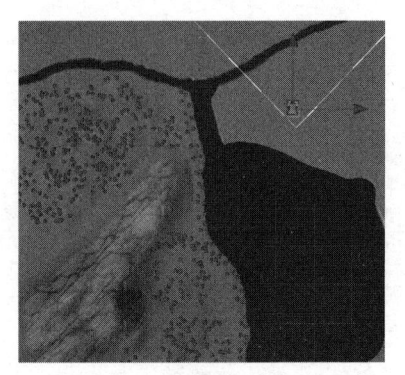

图 8-3

步骤（7）在 Scene（场景）视图中，设置游戏对象的 Pivot 轴心点模式和 Local 本地坐标模式。选择菜单栏中的 Window->Animation->Animation（窗口->动画->动画）命令，打开 Animation 窗口。在 Hierarchy（层级）窗口中，选择 House 下面的 DoorLeft 对象，单击 Create（创建）按钮，保存文件为 DoorLeft_Idle.anim。

步骤（8）单击 Add Property 按钮，为 Transform 下的 Rotation 创建动画，默认会在 0:00 和 1:00 处创建两个关键帧，把 1:00 处的关键帧拖到 0:02 处，如图 8-4 所示。

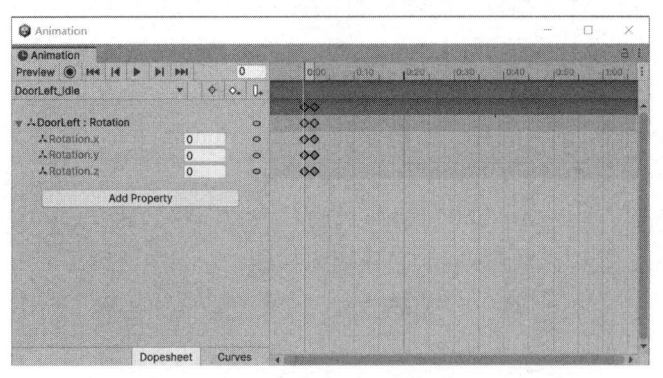

图 8-4

步骤（9）在 Animation 窗口中，选择 DoorLeft_Idle 下拉列表中的 Create New Clip 选项，创建一个新的动画剪辑，并将其命名为 DoorLeft_Open.anim。

步骤（10）单击 Add Property 按钮，为 Transform 下的 Rotation 创建动画，默认会在 0:00 和 1:00 处创建两个关键帧，将当前帧设置为 60，Rotation.z 设置为 90，如图 8-5 所示。

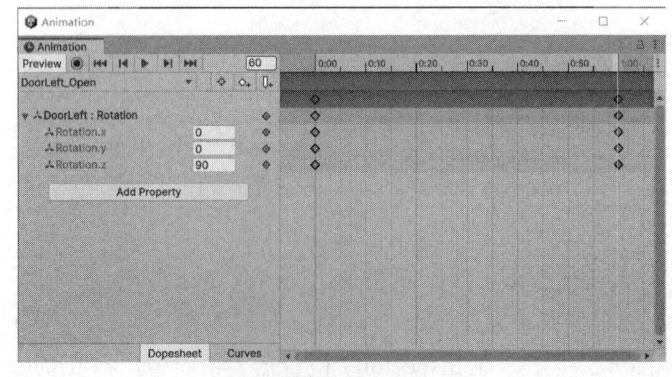

图 8-5

单击 Animation 窗口中的 Play（播放）按钮，预览动画效果。

步骤（11）在 Animation 窗口中，选择 DoorLeft_Idle 下拉列表中的 Create New Clip 选项，创建一个新的动画剪辑，并将其命名为 DoorLeft_Close.anim。

步骤（12）单击 Add Property 按钮，为 Transform 下的 Rotation 创建动画，默认会在 0:00 和 1:00 处创建两个关键帧，将当前帧设置为 0，Rotation.z 设置为 90，如图 8-6 所示。

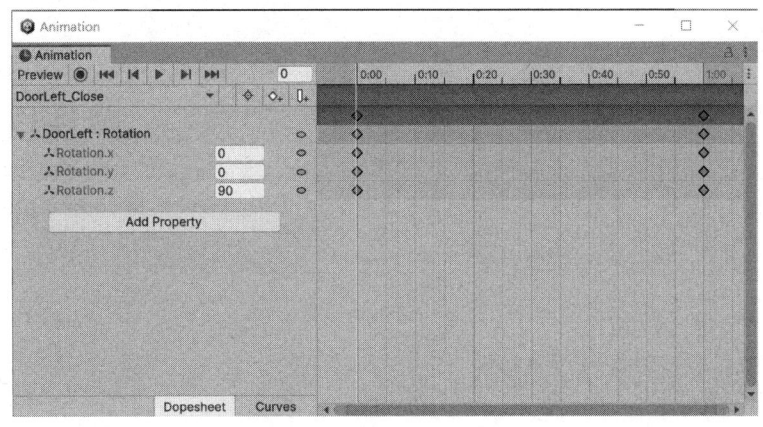

图 8-6

单击 Animation 窗口中的 Play（播放）按钮，预览动画效果。

步骤（13）使用同样的方法，为右边的门 DoorRight 制作 3 个动画剪辑，分别为 DoorRight_Idle.anim、DoorRight_Open.anim 和 DoorRight_Close.anim。

步骤（14）选择菜单栏中的 File->Save（文件->保存）命令，保存场景。

8.3.2 按动画类型分类

1. 人形动画

人形动画是指人形模型的动画或动作。Humanoid（人形）模型是一种非常特别的结构，包含至少 15 种骨骼，这些骨骼的组织方式与实际人体骨架大致相符。当在 Unity 中导入包含人形骨架和动画的模型文件时，需要将模型的骨骼结构与其动画进行协调。为了实现这一点，系统会将文件中的每块骨骼都映射到人形 Avatar 上，这样才能正确播放动画。

在 Inspector（检查器）窗口的 Rig 选项卡中，将 Animation Type 设置为 Humanoid，如图 8-7 所示。在默认情况下，Avatar Definition 应该为 Create From This Model。如果将 Avatar Definition 设置为 Create From This Model，则 Unity 会尝试将文件中定义的一组骨骼映射到人形 Avatar 上。

在某些情况下，可以将 Avatar Definition 更改为 Copy From Other Avatar，从而使用事先为其他模型文件定义的 Avatar。例如，如果在三维建模软件中使用多个不同的动画来创建一个网格，则可以将网格导出到一个 FBX 文件中，并将每个动画导出到各自的 FBX 文件中。在将这些文件导入 Unity 时，只需为导入的第一个网格文件创建一个 Avatar 即可。只要所有的动画文件都使用相同的骨骼结构，就可以将该 Avatar 应用到其余的动画文件中。

在 Animation 选项卡中，勾选 Import Animation 复选框，并设置其他特定资源的属性，如图 8-8 所示。如果文件包含多个动画或动作，则可以将特定动作范围定义为动画剪辑。

图 8-7

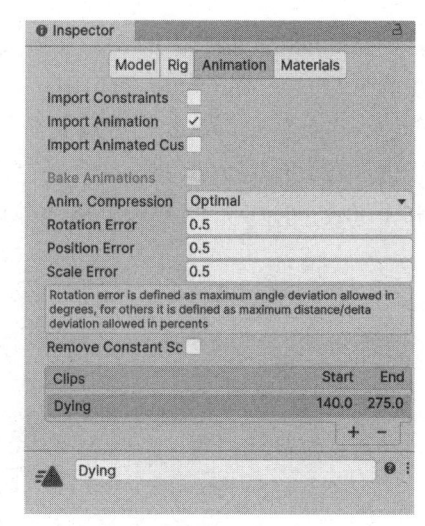

图 8-8

项目任务 13：导入人形动画

任务步骤：

步骤（1）运行 Unity Hub，打开 StoneLake 项目。

步骤（2）选择菜单栏中的 File->Save As（文件->另存为）命令，把"项目任务 12"场景保存到 Scenes 文件夹中，并重命名为"项目任务 13"。

步骤（3）在 Project(项目)窗口中,展开 Assets/Models/Youngster 文件夹，里面有年轻人的模型文件 Youngster 和 6 个动画文件，其中 Youngster_Idle 为待机动画，Youngster_Run 为跑步动画 Youngster_Walk 为走路动画，Youngster_JumpStart 为起跳动画，Youngster_InAir 为在空中动画，Youngster_JumpLand 为着陆动画，如图 8-9 所示。

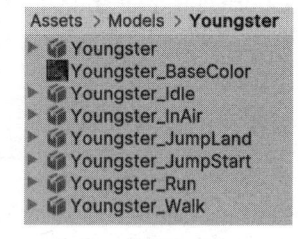

图 8-9

步骤（4）选择里面的 Youngster 文件，在 Inspector（检查器）窗口的 Model 选项卡中，取消勾选 Import Cameras 复选框和 Import Lights 复选框。

在 Rig 选项卡中，将 Animation Type 设置为 Humanoid，单击 Apply（应用）按钮，应用更改设置。单击 Configure 按钮，显示骨骼映射关系，如图 8-10 所示。

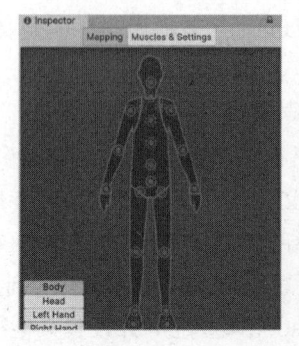

图 8-10

步骤（5）单击 Done 按钮返回，在 Animation 选项卡中，取消勾选 Import Animation 复选框。

步骤（6）选择里面的 Youngster_Idle 文件，在 Inspector（检查器）窗口的 Model 选项卡中，取消勾选 Import Cameras 复选框和 Import Lights 复选框。

在 Rig 选项卡中，将 Animation Type 设置为 Humanoid，Avatar Definition 设置为 Copy From Other Avatar，Source 设置为 YoungsterAvatar，复制前面具有相同骨骼结构的 Avatar 以导入动画剪辑，单击 Apply（应用）按钮，应用更改设置，如图 8-11 所示。

在 Animation 选项卡中，把动画剪辑 Take001 重命名为 Idle，勾选 Loop Time 复选框，表示循环该动作，单击 Apply（应用）按钮，应用更改设置，如图 8-12 所示。

图 8-11 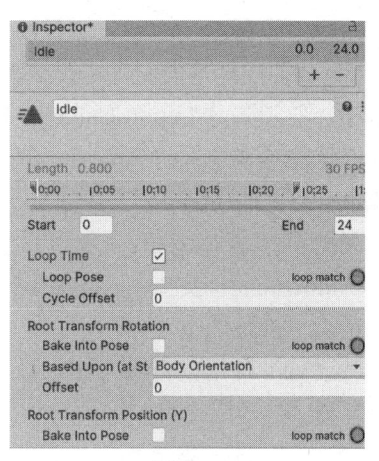　　　　　　　　　　图 8-12

步骤（7）选择里面的 Youngster_Run 文件，在 Inspector（检查器）窗口的 Model 选项卡中，取消勾选 Import Cameras 复选框和 Import Lights 复选框。

在 Rig 选项卡中，将 Animation Type 设置为 Humanoid，Avatar Definition 设置为 Copy From Other Avatar，Source 设置为 YoungsterAvatar，复制前面具有相同骨骼结构的 Avatar 以导入动画剪辑，单击 Apply（应用）按钮，应用更改设置。

在 Animation 选项卡中，把动画剪辑 Take001 重命名为 Run，勾选 Loop Time 复选框，表示循环该动作，单击 Apply（应用）按钮，应用更改设置。

步骤（8）选择里面的 Youngster_Walk 文件，在 Inspector（检查器）窗口的 Model 选项卡中，取消勾选 Import Cameras 复选框和 Import Lights 复选框。

在 Rig 选项卡中，将 Animation Type 设置为 Humanoid，Avatar Definition 设置为 Copy From Other Avatar，Source 设置为 YoungsterAvatar，复制前面具有相同骨骼结构的 Avatar 以导入动画剪辑，单击 Apply（应用）按钮，应用更改设置。

在 Animation 选项卡中，把动画剪辑 Take001 重命名为 Walk，勾选 Loop Time 复选框，表示循环该动作，单击 Apply（应用）按钮，应用更改设置。

步骤（9）选择里面的 Youngster_JumpStart 文件，在 Inspector（检查器）窗口的 Model 选项卡中，取消勾选 Import Cameras 复选框和 Import Lights 复选框。

在 Rig 选项卡中，将 Animation Type 设置为 Humanoid，Avatar Definition 设置为 Copy From Other Avatar，Source 设置为 YoungsterAvatar，复制前面具有相同骨骼结构的 Avatar 以

导入动画剪辑，单击 Apply（应用）按钮，应用更改设置。

在 Animation 选项卡中，把动画剪辑 Take001 重命名为 JumpStart，单击 Apply（应用）按钮，应用更改设置。

步骤（10）选择里面的 Youngster_InAir 文件，在 Inspector（检查器）窗口的 Model 选项卡中，取消勾选 Import Cameras 复选框和 Import Lights 复选框。

在 Rig 选项卡中，将 Animation Type 设置为 Humanoid，Avatar Definition 设置为 Copy From Other Avatar，Source 设置为 YoungsterAvatar，复制前面具有相同骨骼结构的 Avatar 以导入动画剪辑，单击 Apply（应用）按钮，应用更改设置。

在 Animation 选项卡中，把动画剪辑 Take001 重命名为 InAir，单击 Apply（应用）按钮，应用更改设置。

步骤（11）选择里面的 Youngster_JumpLand 文件，在 Inspector（检查器）窗口的 Model 选项卡中，取消勾选 Import Cameras 复选框和 Import Lights 复选框。

在 Rig 选项卡中，将 Animation Type 设置为 Humanoid，Avatar Definition 设置为 Copy From Other Avatar，Source 设置为 YoungsterAvatar，复制前面具有相同骨骼结构的 Avatar 以导入动画剪辑，单击 Apply（应用）按钮，应用更改设置。

在 Animation 选项卡中，把动画剪辑 Take001 重命名为 JumpLand，单击 Apply（应用）按钮，应用更改设置。

步骤（12）使用同样的方法，设置老人的模型文件 OldMan 和小男孩的模型文件 Boy 的动画剪辑。

步骤（13）选择菜单栏中的 File->Save（文件->保存）命令，保存场景。

2. 通用动画

除了人形动画，其他模型的动画都是通用动画。当在 Unity 中导入通用模型时，需要设置根节点，这相当于定义了模型的质心。由于只有一块骨骼需要映射，因此通用动画设置不使用 Humanoid Avatar 窗口。

在 Inspector（检查器）窗口的 Rig 选项卡中，将 Animation Type 设置为 Generic，如图 8-13 所示。在默认情况下，Avatar Definition 应该为 No Avatar。

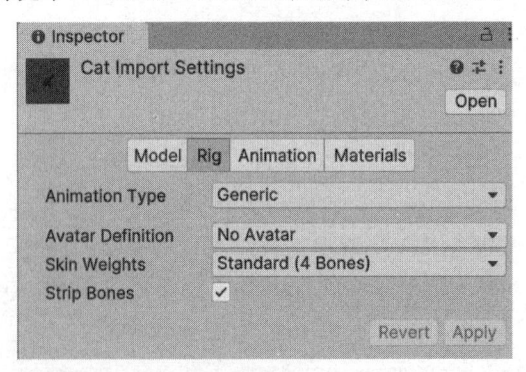

图 8-13

在 Animation 选项卡中，勾选 Import Animation 复选框，并设置其他特定于资源的属性。如果文件包含多个动画或动作，则可以将特定帧范围定义为动画剪辑。

项目任务 14：导入通用动画

任务步骤：

步骤（1）运行 Unity Hub，打开 StoneLake 项目。

步骤（2）选择菜单栏中的 File->Save As（文件->另存为）命令，把"项目任务 13"场景保存到 Scenes 文件夹中，并重命名为"项目任务 14"。

步骤（3）在 Project（项目）窗口中，展开 Assets/Models/Mouse 文件夹，里面有老鼠的模型文件 Mouse 和多个动作文件。

在 Inspector（检查器）窗口的 Model 选项卡中，取消勾选 Import Cameras 复选框和 Import Lights 复选框。

在 Rig 选项卡中，将 Animation Type 设置为 Generic。

在 Animation 选项卡的 Clips 列表中，添加动画片段，如表 8-1 所示。

表 8-1

动画剪辑功能	Clip	Start	End	Loop Time
待机	Idle	0	80	勾选
行走	Walk	85	101	勾选
对峙	Confront	105	129	勾选
攻击	Attack	135	165	不勾选
逃跑	Escape	170	330	不勾选

设置完成后，单击 Apply（应用）按钮，应用更改设置，如图 8-14 所示。

步骤（4）在 Project（项目）窗口中，展开 Assets/Models/Cat 文件夹，里面有猫的模型文件 Cat 和 3 个动作文件，其中 Cat_Crouch 为蹲坐动作，Cat_Run 为跑步动作，Cat_Walk 为走路动作，如图 8-15 所示。

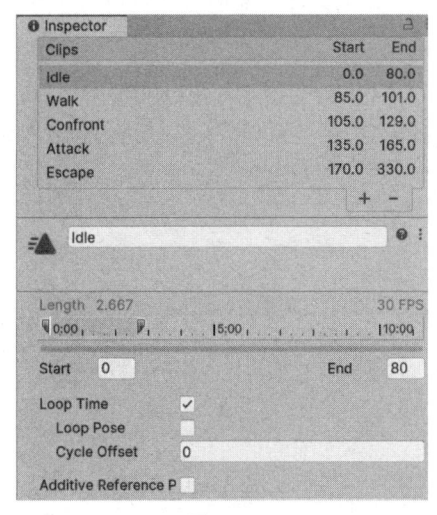

图 8-14

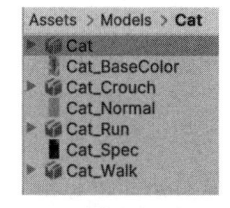

图 8-15

步骤（5）选择里面的 Cat 文件，在 Inspector（检查器）窗口的 Model 选项卡中，取消勾选 Import Cameras 复选框和 Import Lights 复选框。

在 Rig 选项卡中，将 Animation Type 设置为 Generic。

在 Animation 选项卡中，取消勾选 Import Animation 复选框，单击 Apply（应用）按钮，应用更改设置。

步骤（6）选择里面的 Cat_Crouch 文件，在 Inspector（检查器）窗口的 Model 选项卡中，取消勾选 Import Cameras 复选框和 Import Lights 复选框。

在 Rig 选项卡中，将 Animation Type 设置为 Generic。

在 Animation 选项卡中，把动画剪辑 Take001 重命名为 Crouch，勾选 Loop Time 复选框，表示循环该动作，单击 Apply（应用）按钮，应用更改设置。

步骤（7）选择里面的 Cat_Run 文件，在 Inspector（检查器）窗口的 Model 选项卡中，取消勾选 Import Cameras 复选框和 Import Lights 复选框。

在 Rig 选项卡中，将 Animation Type 设置为 Generic。

在 Animation 选项卡中，把动画剪辑 Take001 重命名为 Run，勾选 Loop Time 复选框，表示循环该动作，单击 Apply（应用）按钮，应用更改设置。

步骤（8）选择里面的 Cat_Walk 文件，在 Inspector（检查器）窗口的 Model 选项卡中，取消勾选 Import Cameras 复选框和 Import Lights 复选框。

在 Rig 选项卡中，将 Animation Type 设置为 Generic。

在 Animation 选项卡中，把动画剪辑 Take001 重命名为 Walk，勾选 Loop Time 复选框，表示循环该动作，单击 Apply（应用）按钮，应用更改设置。

步骤（9）选择菜单栏中的 File->Save（文件->保存）命令，保存场景。

8.4 动画控制器

动画控制器（Animator Controller）可以引用其中所用的动画剪辑，并使用状态机来管理各种动画状态和它们之间的过渡。

动画控制器可以通过选择菜单栏中的 Assets->Create->Animator Controller（资产->创建->动画控制器）命令来创建，创建后位于 Project（项目）窗口中，双击它打开 Animator 窗口。

8.4.1 状态机

角色或其他游戏对象通常具有若干不同的动画，这些动画对应于该角色或游戏对象在游戏中执行的不同动作。例如，角色常用的动作包括空闲、行走、跑步、跳跃等，其中每一个动作都可以作为一种状态。一扇门可能具有打开、关闭的动画，其中每一个动画也都可以作为一种状态。

在某种意义上，角色处于空闲、行走或其他的状态中。一般来说，角色从一个状态切换到另一个状态是需要一定的限制条件的。角色从当前状态进入下一个状态的选项被称为状态过渡条件。将状态集合、状态过渡条件和记录当前状态的变量放在一起，形成了一个状态机。Unity 使用类似于流程图的可视化布局系统来表示状态机，如图 8-16 所示。

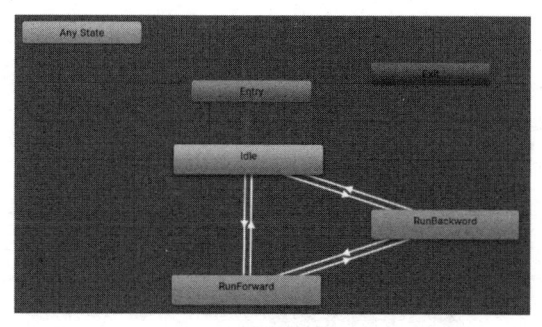

图 8-16

1. 动画参数

动画参数是在 Animator Controller 中定义的变量，可以从脚本中访问这些变量并向其赋值，这是脚本控制或影响状态机流程的方法。

使用 Animator 窗口的 Parameters（参数）部分来创建参数，并设置参数的默认值。这些参数可分为以下 4 个基本类型。

- Integer：整数。
- Float：带小数部分的数字。
- Bool：勾选复选框表示 true，不勾选复选框表示 false。
- Trigger：当作为状态过渡条件使用时，由控制器重置的布尔值参数。

使用 Animator 类中的函数，如 SetFloat()、SetInteger()、SetBool()、SetTrigger()和 ResetTrigger()，从脚本为参数赋值。

2. 状态过渡

当状态机从一个状态向另一个状态过渡时，其默认情况是上一个状态中的动画在播放完成后会自动过渡到下一个状态，也可以通过动画参数设置过渡条件控制状态的过渡。

项目任务 15：创建设置状态机

任务步骤：

步骤（1）运行 Unity Hub，打开 StoneLake 项目。

步骤（2）选择菜单栏中的 File->Save As（文件->另存为）命令，把"项目任务 14"场景保存到 Scenes 文件夹中，并重命名为"项目任务 15"。

步骤（3）在 Project（项目）窗口中，展开 Assets/Models/House 文件夹，选择 DoorLeft_Idle 文件。在 Inspector（检查器）窗口中，取消勾选 Loop Time 复选框，表示不重复播放该动画，DoorLeft_Open 文件和 DoorLeft_Close 文件同样取消勾选 Loop Time 复选框。

步骤（4）在 Project（项目）窗口中，双击 DoorLeft 动画控制器，打开 Animator 窗口，把 DoorLeft_Idle 设置为默认状态，显示为橙色。

步骤（5）在 Animator 窗口中，右击 DoorLeft_Idle，在弹出的快捷菜单中选择 Make Transition 命令，创建与 DoorLeft_Open 的状态过渡。

使用同样的方法，创建 DoorLeft_Open 到 DoorLeft_Close 的状态过渡，以及 DoorLeft_Close 到 DoorLeft_Idle 的状态过渡，如图 8-17 所示。

步骤（6）在 Animator 窗口的 Parameters（参数）选项卡中，新建两个 Trigger（触发器），变量名为 Open 和 Close，用于触发开门、关门动画，如图 8-18 所示。

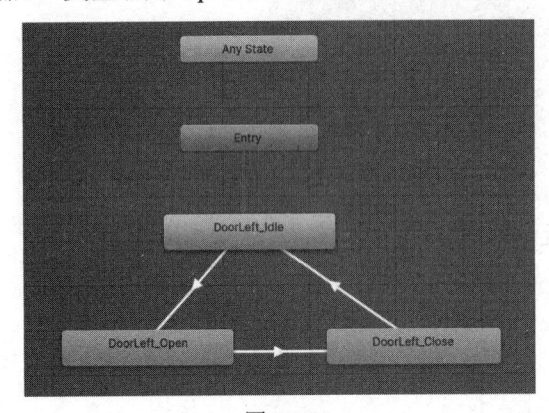

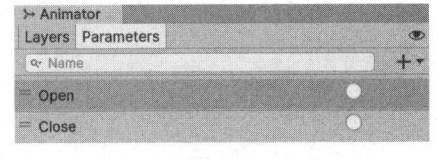

图 8-17

图 8-18

步骤（7）在 Animator 窗口中，选择 DoorLeft_Idle 到 DoorLeft_Open 的状态过渡。在 Inspector（检查器）窗口中，取消勾选 Has Exit Time 复选框（Has Exit Time 表示播放完当前状态自动进入下一个状态），单击 Conditions（条件）列表下面的 + 按钮，添加状态过渡条件为 Open，如图 8-19 所示。

步骤（8）在 Animator 窗口中，选择 DoorLeft_Open 到 DoorLeft_Close 的状态过渡。在 Inspector（检查器）窗口中，取消勾选 Has Exit Time 复选框，单击 Conditions 列表下面的 + 按钮，添加状态过渡条件为 Close，如图 8-20 所示。

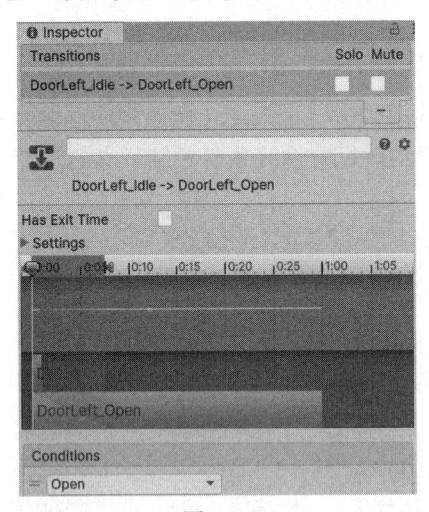

图 8-19

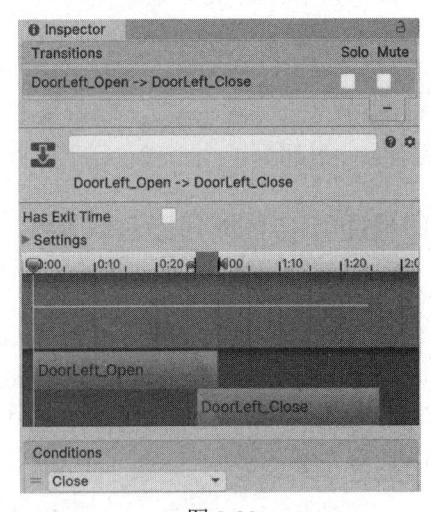

图 8-20

步骤（9）DoorLeft_Close 到 DoorLeft_Idle 的状态过渡保持默认设置。

步骤（10）测试状态转换。单击 Play（播放）按钮，在 Animator 窗口中单击 Open 参数，即可在 Game（游戏）视图中查看左边门打开的动画效果；在 Animator 窗口中单击 Close 参数，即可在 Game（游戏）视图中查看左边门关闭的动画效果。单击 Stop（停止）按钮，结束播放。

步骤（11）对右边门的设置也按步骤（3）～（10）进行同样的操作。

步骤（12）选择菜单栏中的 File->Save（文件->保存）命令，保存场景。

8.4.2 混合树

角色动画中的一项常见任务是在两个或更多相似运动之间进行混合，如根据角色的速度来混合行走和奔跑动画。混合树（Blend Tree）允许通过不同程度地合并多个动画来使动画平滑混合，因此每个动画对最终效果的影响由混合参数控制。为了使混合后的动画合理，需要混合的动画必须具有相似的性质和时机。混合树是动画状态机中的一种特殊状态类型，如图 8-21 所示。

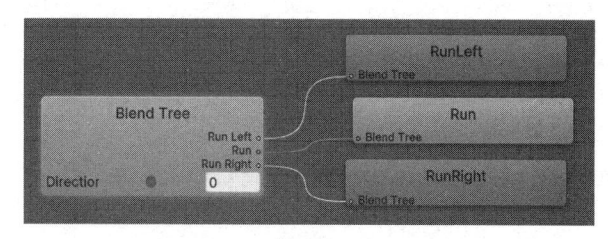

图 8-21

混合树可以根据一个或两个动画参数进行混合。

1. 1D 混合

1D 混合根据单个参数来混合子运动。在设置混合类型后，首先需要选择动画参数来控制此混合树。在此示例中，Direction 参数在-1（左）和 1（右）之间变化，其中 0 表示无倾斜的直线奔跑，如图 8-22 所示。

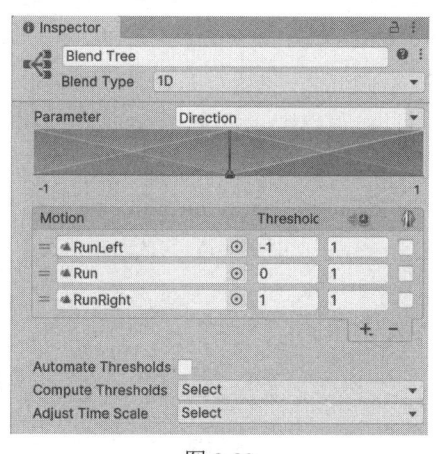

图 8-22

2. 2D Simple Directional 混合

2D Simple Directional 混合根据两个参数来混合子运动，最好在运动表示不同方向（如"向前走"、"向后退"、"向左走"和"向右走"）时使用。根据需要运动集中可以包括位置（0,0）处的单个运动，如"空闲"。在 Simple Directional 混合类型中，在同一方向上不应有多个运动，如"向前走"和"向前跑"。

3. 2D Freeform Directional 混合

2D Freeform Directional 混合根据两个参数来混合子运动。在运动表示不同方向时，也使用此混合类型，但是可以在同一方向上有多个运动，如"向前走"和"向前跑"。在 Freeform Directional 混合类型中，运动集中应始终包括位置（0,0）处的单个运动，如"空闲"。

4. 2D Freeform Cartesian 混合

2D Freeform Cartesian 混合根据两个参数来混合子运动，最好在运动不表示不同方向时使用。Freeform Cartesian 混合的 X 参数和 Y 参数可以表示不同概念，如角速度和线速度。例如，"向前走不转弯"、"向前跑不转弯"、"向前走右转"和"向前跑右转"之类的运动。

5. Direct 混合

Direct 混合类型的混合树可以让用户直接控制每个节点的权重，适用于面部形状或随机空闲混合。

项目任务 16：创建混合树

任务步骤：

步骤（1）运行 Unity Hub，打开 StoneLake 项目。

步骤（2）选择菜单栏中的 File->Save As（文件->另存为）命令，把"项目任务 15"场景保存到 Scenes 文件夹中，并重命名为"项目任务 16"。

步骤（3）在 Project（项目）窗口中，展开 Assets/Models/Youngster 文件夹，选择菜单栏中的 Assets->Create->Animator Controller（资产->创建->动画控制器）命令，创建一个动画控制器，并将其重命名为 YoungsterAnimCtrl。

步骤（4）在 Project（项目）窗口中，双击 YoungsterAnimCtrl，打开 Animator 窗口。在 Parameters（参数）选项卡中，创建一个 Float 类型的参数，参数名为 Speed，再创建 3 个 Bool 类型的参数，参数名分别为 Jump、Grounded 和 FreeFall，如图 8-23 所示。

步骤（5）在空白处右击，在弹出的快捷菜单中选择 Create State->From New Blend Tree（创建状态->从新混合树）命令，创建混合树，并将其重命名为 Locomotion，如图 8-24 所示。

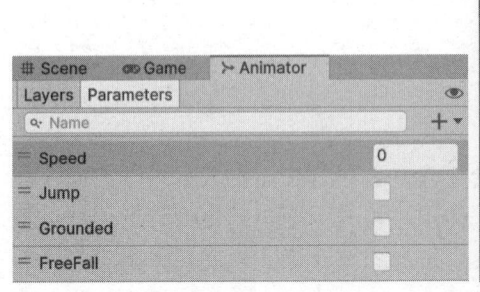

图 8-23

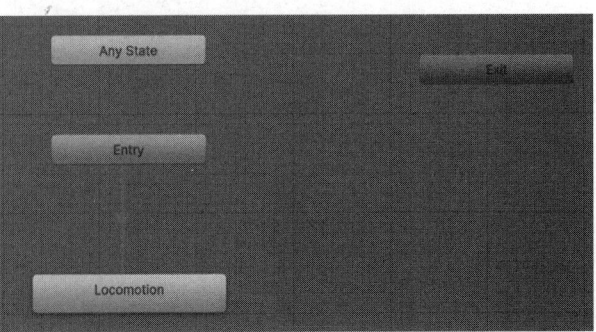

图 8-24

步骤（6）双击 Locomotion，选择 Animator 窗口中的 Blend Tree，在 Inspector（检查器）窗口中将 Parameter 设置为 Speed，在 Motion 列表中单击 + 按钮，添加 3 个 Motion，把 Youngster_Idle、Youngster_Walk、Youngster_Run 下面的 3 个动画剪辑从 Project（项目）窗口拖到 Inspector（检查器）窗口对应的 Motion 中。

取消勾选 Automate Thresholds（自动阈值）复选框，将 Idle 的 Threshold 值设置为 0，Walk 的 Threshold 值设置为 2，Run 的 Threshold 值设置为 6，如图 8-25 所示。

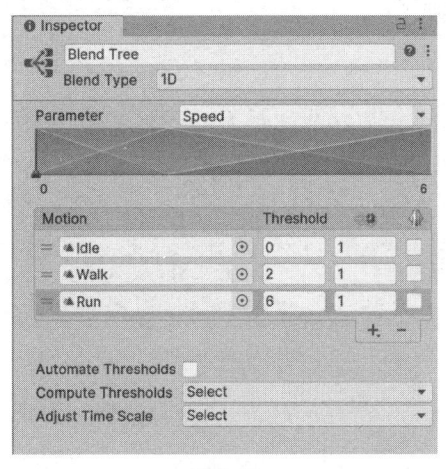

图 8-25

步骤（7）退出混合树编辑，返回 Base Layer。把 JumpStart、InAir、JumpLand 从 Project（项目）窗口拖到 Animator 窗口中，如图 8-26 所示。

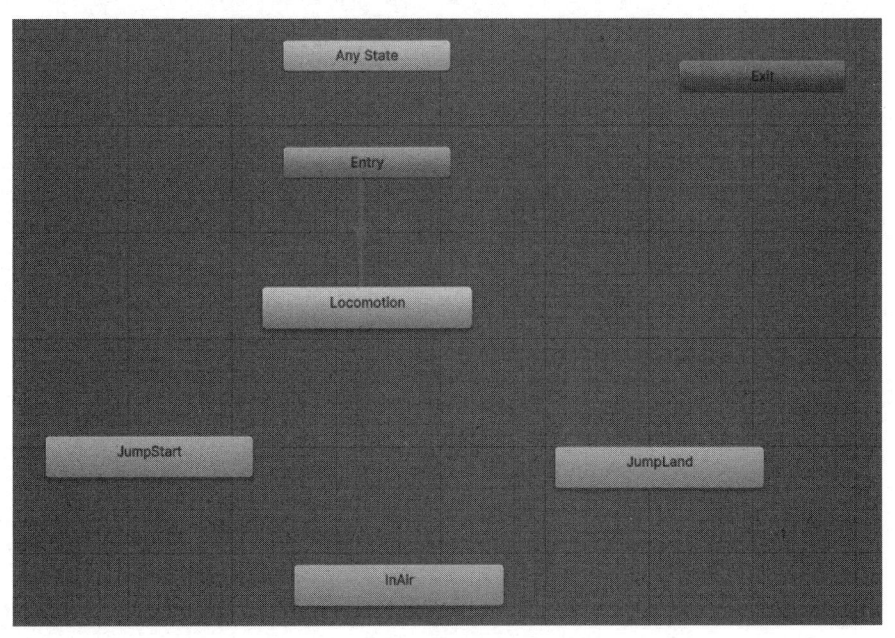

图 8-26

步骤（8）创建 Locomotion 到 JumpStart 的状态过渡、JumpStart 到 InAir 的状态过渡、InAir 到 JumpLand 的状态过渡、JumpLand 到 Locomotion 的状态过渡，以及 Locomotion 到 InAir 的状态过渡，如图 8-27 所示。

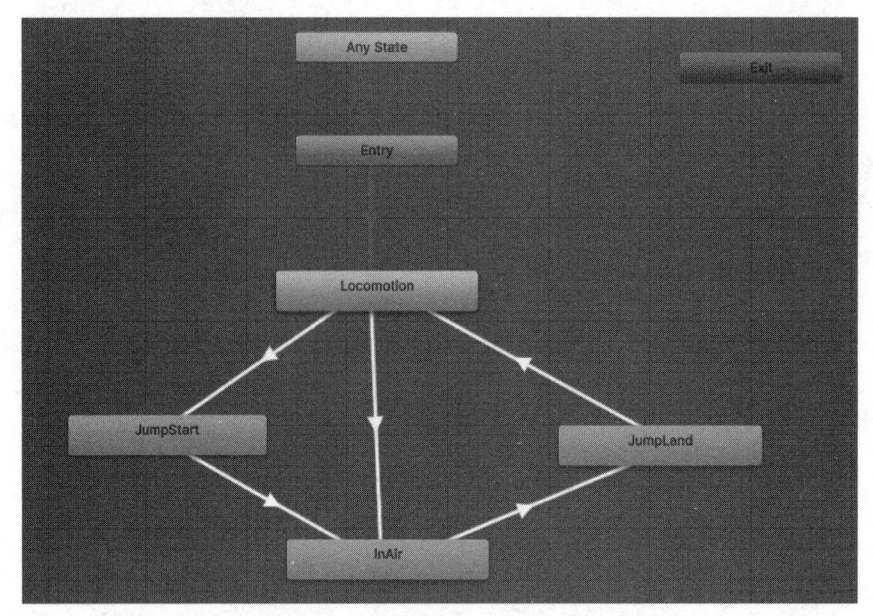

图 8-27

步骤（9）选择 Locomotion 到 JumpStart 的状态过渡，取消勾选 Has Exit Time 复选框，在 Conditions 列表中将 Jump 状态过渡条件设置为 true，如图 8-28 所示。

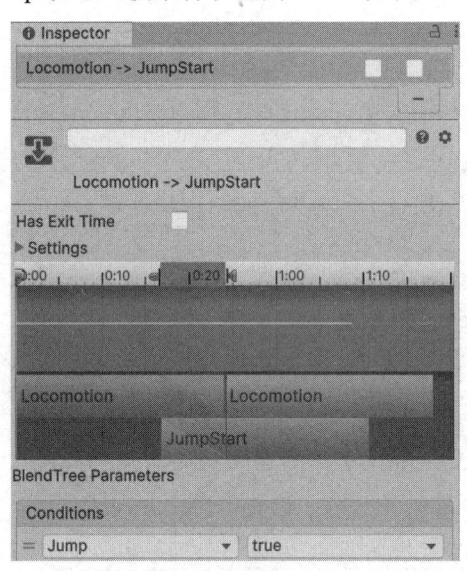

图 8-28

选择 InAir 到 JumpLand 的状态过渡，取消勾选 Has Exit Time 复选框，在 Conditions 列表中将 Grounded 状态过渡条件设置为 true。

选择 Locomotion 到 InAir 的状态过渡，取消勾选 Has Exit Time 复选框，在 Conditions 列表中将 FreeFall 状态过渡条件设置为 true。

步骤（10）使用同样的方法，创建老人的模型文件 OldMan、小男孩的模型文件 Boy、猫的模型文件 Cat、老鼠的模型文件 Mouse 的动画控制器和混合树。

步骤（11）选择菜单栏中的 File->Save（文件->保存）命令，保存场景。

8.5　Animator 组件

使用 Animator 组件可以将动画分配给场景中的游戏对象，但在使用 Animator 组件前需要引用 Animator Controller。Animator Controller 使用动画剪辑，并控制何时、如何在动画剪辑之间进行混合和过渡。如果游戏对象是具有 Avatar 定义的人形角色，则应在此组件中分配 Avatar。

项目任务 17：设置 Animator 组件

任务步骤：

步骤（1）运行 Unity Hub，打开 StoneLake 项目。

步骤（2）选择菜单栏中的 File->Save As（文件->另存为）命令，把"项目任务 16"场景保存到 Scenes 文件夹中，并重命名为"项目任务 17"。

步骤（3）在 Project（项目）窗口中，展开 Assets/Models/Youngster 文件夹，把年轻人的模型文件 Youngster 拖到场景中。在 Inspector（检查器）窗口中，将 Tag 设置为 Player，Animator 组件中的 Controller 设置为 YoungsterAnimCtrl，取消勾选 Apply Root Motion 复选框，如图 8-29 所示。

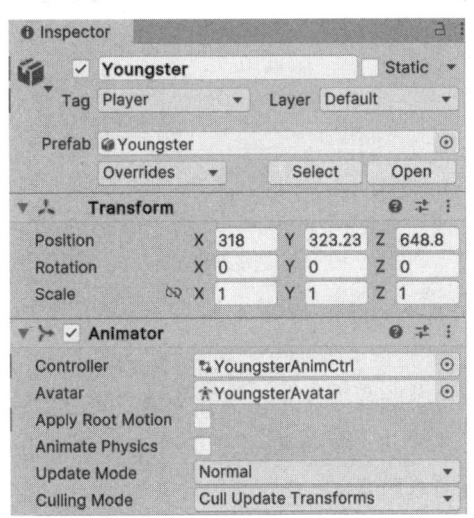

图 8-29

步骤（4）使用同样的方法，把老人的模型文件 OldMan、小男孩的模型文件 Boy、猫的模型文件 Cat、老鼠的模型文件 Mouse 从 Project（项目）窗口拖到场景中，分别设置它们在 Animator 组件中的 Controller 属性，并且取消勾选 Apply Root Motion 复选框。

步骤（5）单击 Play（播放）按钮，开始播放，在 Animator 窗口中设置动画参数，测试动画状态的转换是否正确。

步骤（6）单击 Stop（停止）按钮，结束播放，选择菜单栏中的 File->Save（文件->保存）命令，保存场景。

第 9 章 物理系统

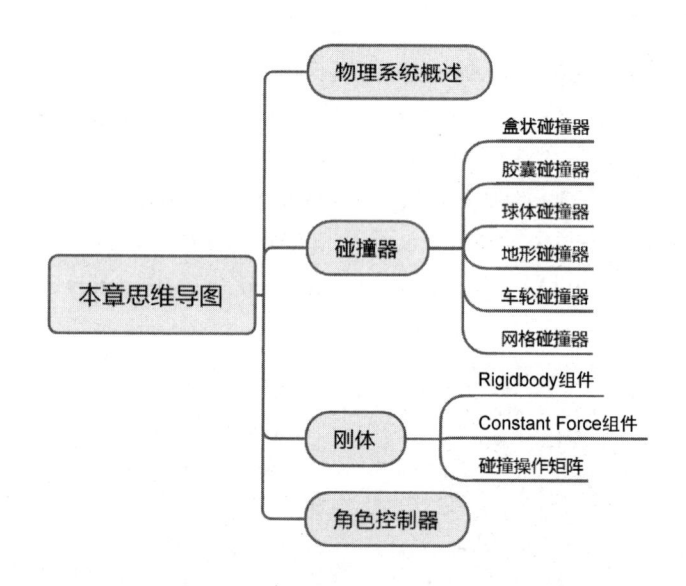

9.1 物理系统概述

Unity 提供了物理系统，以确保场景中的游戏对象正确加速并对碰撞、重力和各种其他力做出响应。Unity 提供了几种不同的物理引擎实现方案（如 3D、2D、面向对象或面向数据），可以根据自己的项目需求选用。

本章主要介绍内置的 3D 物理系统。

9.2 碰撞器

Unity 使用碰撞器（Collider）处理游戏对象之间的碰撞，将碰撞器附加到游戏对象上并定义游戏对象的形状，从而进行物理碰撞。碰撞器本身是不可见的，并且不需要与游戏对象的网格形状完全相同。在游戏中，碰撞器与网格形状大体近似会更有效。

原始碰撞器是最简单的，也是处理器开销最低的碰撞器。在 3D 物理引擎中，这些碰撞器为盒状碰撞器（Box Collider）、球体碰撞器（Sphere Collider）和胶囊碰撞器（Capsule Collider）。将任意数量的上述碰撞器添加到单个游戏对象上都可以创建复合碰撞器。复合碰撞器可以模拟游戏对象的形状，同时保持较低的处理器开销。在 3D 物理引擎中，使用网格碰撞器可以精确匹配游戏对象网格的形状。这些碰撞器比原始碰撞器具有更高的处理器开销，请谨慎使用以保持良好的性能。此外，网格碰撞器无法与另一个网格碰撞器产生碰撞，即当它们进行接触时不会发生任何事情。在某些情况下，我们可以通过在 Inspector（检查器）窗口中将网格碰撞器标记为 Convex 来解决此问题。

脚本系统可以使用 OnCollisionEnter() 方法检测何时发生碰撞并启动操作，也可以直接使用物理引擎检测碰撞器何时进入另一个对象的空间而不会产生碰撞。配置为触发器，即启用 Is Trigger 属性的碰撞器不会表现为实体对象，只会允许其他碰撞器穿过。当碰撞器进入其空间时，触发器将在触发器对象的脚本上调用 OnTriggerEnter() 方法。

9.2.1 盒状碰撞器

盒状碰撞器（Box Collider）是一种基本的长方体形状的原始碰撞器，可以作为木箱等长方体形状的游戏对象的碰撞器，也可以使用薄形盒体作为地板、墙壁或坡道等游戏对象的碰撞器。Box Collider（盒状碰撞器）组件属性如图 9-1 所示。

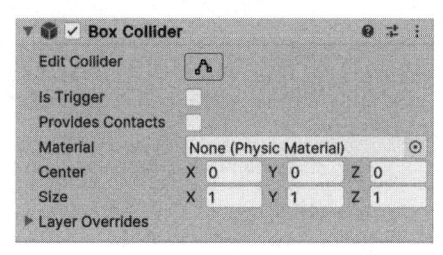

图 9-1

Box Collider（盒状碰撞器）组件属性的功能说明如表 9-1 所示。

表 9-1

属性	功能说明
Edit Collider	启用 Edit Collider 按钮可以在 Scene（场景）视图中显示碰撞器的接触点。单击并拖动这些接触点可以修改碰撞器的大小和形状
Is Trigger	如果勾选此复选框，则该碰撞器将用于触发事件，并被物理引擎忽略
Provides Contacts	勾选 Provides Contacts 复选框可始终为此碰撞器接触信息。在通常情况下，碰撞器只有在发生 OnCollisionEnter、OnCollisionStay 或 OnCollisionExit 事件时才会生成接触数据。在勾选 Provides Contacts 复选框后，碰撞器将始终为物理系统生成接触数据。但是在默认情况下，Provides Contacts 复选框处于未勾选状态
Material	引用物理材质，可以确定该碰撞器与其他对象的交互方式
Center	碰撞器在对象局部空间中的位置
Size	碰撞器在 X、Y、Z 方向上的大小

要想编辑盒状碰撞器的形状，需要在 Inspector（检查器）窗口中单击 Edit Collider 按钮。要想退出碰撞器编辑模式，只需再次单击 Edit Collider 按钮即可。在编辑模式下，盒状

碰撞器每个面的中心位置都会出现一个顶点。要移动顶点，请在鼠标指针悬停在顶点上时拖动顶点以使盒状碰撞器变大或变小。

9.2.2 胶囊碰撞器

胶囊碰撞器（Capsule Collider）是由两个半球与一个圆柱体连接在一起组成的。胶囊碰撞器是一种常用于人形角色游戏对象的碰撞器。Capsule Collider（胶囊碰撞器）组件属性如图 9-2 所示。

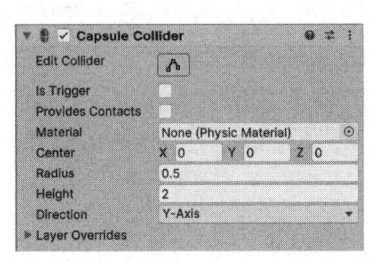

图 9-2

Capsule Collider（胶囊碰撞器）组件属性的功能说明如表 9-2 所示。

表 9-2

属性	功能说明
Edit Collider	启用 Edit Collider 按钮可以在 Scene（场景）视图中显示碰撞器的接触点。单击并拖动这些接触点可以修改碰撞器的大小和形状
Is Trigger	如果勾选此复选框，则该碰撞器将用于触发事件，并被物理引擎忽略
Provides Contacts	勾选 Provides Contacts 复选框可始终为此碰撞器接触信息。在通常情况下，碰撞器只有在发生 OnCollisionEnter、OnCollisionStay 或 OnCollisionExit 事件时才会生成接触数据。在勾选 Provides Contacts 复选框后，碰撞器将始终为物理系统生成接触数据。但是在默认情况下，Provides Contacts 复选框处于未勾选状态
Material	引用物理材质，可以确定该碰撞器与其他对象的交互方式
Center	碰撞器在对象局部空间中的位置
Radius	碰撞器的半径
Height	碰撞器的总高度
Direction	胶囊体在对象局部空间中纵向方向的轴

9.2.3 球体碰撞器

球体碰撞器（Sphere Collider）是一种基本的球体形状的原始碰撞器。Sphere Collider（球体碰撞器）组件属性如图 9-3 所示。

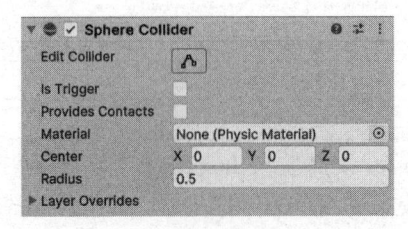

图 9-3

Sphere Collider（球体碰撞器）组件属性的功能说明如表 9-3 所示。

表 9-3

属性	功能说明
Edit Collider	启用 Edit Collider 按钮可以在 Scene（场景）视图中显示碰撞器的接触点。单击并拖动这些接触点可以修改碰撞器的大小和形状
Is Trigger	如果勾选此复选框，则该碰撞器将用于触发事件，并被物理引擎忽略
Provides Contacts	勾选 Provides Contacts 复选框可始终为此碰撞器接触信息。在通常情况下，碰撞器只有在发生 OnCollisionEnter、OnCollisionStay 或 OnCollisionExit 事件时才会生成接触数据。在勾选 Provides Contacts 复选框后，碰撞器将始终为物理系统生成接触数据。但是在默认情况下，Provides Contacts 复选框处于未勾选状态
Material	引用物理材质，可以确定该碰撞器与其他对象的交互方式
Center	碰撞器在对象局部空间中的位置
Radius	碰撞器的半径

9.2.4 地形碰撞器

地形碰撞器（Terrain Collider）实现了一个碰撞表面，其形状与其所附加的地形对象相同。Terrain Collider（地形碰撞器）组件属性如图 9-4 所示。

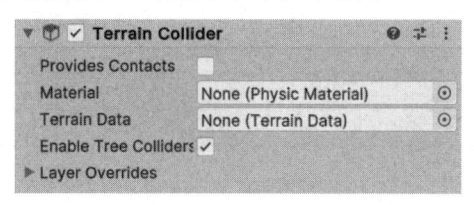

图 9-4

Terrain Collider（地形碰撞器）组件属性的功能说明如表 9-4 所示。

表 9-4

属性	功能说明
Provides Contacts	勾选 Provides Contacts 复选框可始终为此碰撞器接触信息。在通常情况下，碰撞器只有在发生 OnCollisionEnter、OnCollisionStay 或 OnCollisionExit 事件时才会生成接触数据。在勾选 Provides Contacts 复选框后，碰撞器将始终为物理系统生成接触数据。但是在默认情况下，Provides Contacts 复选框处于未勾选状态
Material	引用物理材质，可以确定该碰撞器与其他对象的交互方式
Terrain Data	地形数据
Enable Tree Colliders	在勾选此复选框时，将启用树碰撞器

9.2.5 车轮碰撞器

车轮碰撞器（Wheel Collider）是一种用作地面交通工具的特殊碰撞器。此碰撞器内置了碰撞检测、车轮物理组件和基于打滑的轮胎摩擦模型。此碰撞器主要应用在有轮的交通工具中。Wheel Collider（车轮碰撞器）组件属性如图 9-5 所示。

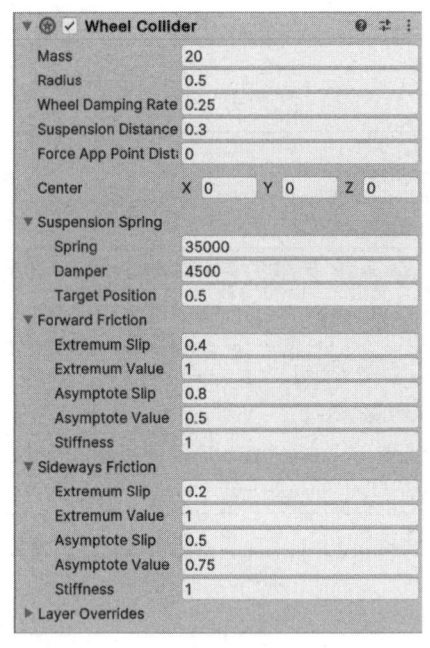

图 9-5

Wheel Collider（车轮碰撞器）组件属性的功能说明如表 9-5 所示。

表 9-5

属性	功能说明
Mass	车轮的质量
Radius	车轮的半径
Wheel Damping Rate	车轮的阻尼值
Suspension Distance	车轮悬架的最大延伸距离，悬架始终向下延伸穿过局部空间的 y 轴
Force App Point Distance	用于定义车轮上的受力点。此距离应该是距车轮底部静止位置的距离，以米为单位。当将 Force App Point Distance 设置为 0 时，受力点位于静止的车轮底部。较好的车辆会使受力点略低于车辆质心
Center	车轮在对象局部空间中的中心位置
Suspension Spring 组	悬架弹簧特性，用于模拟车辆悬架系统的行为
Forward Friction 组	车轮向前滚动时轮胎摩擦的特性
Sideways Friction 组	车轮侧向滚动时轮胎摩擦的特性

9.2.6 网格碰撞器

网格碰撞器（Mesh Collider）采用网格资源并基于该网格构建其碰撞器。在进行碰撞检测时，网格碰撞器比使用原始碰撞器更准确。在勾选 Convex 复选框后，网格碰撞器可以与其他网格碰撞器发生碰撞。Mesh Collider（网格碰撞器）组件属性如图 9-6 所示。

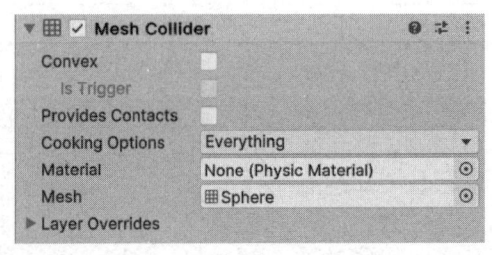

图 9-6

Mesh Collider（网格碰撞器）组件属性的功能说明如表 9-6 所示。

表 9-6

属性	功能说明
Convex	勾选此复选框将使网格碰撞器与其他网格碰撞器产生碰撞。网格碰撞器最多 255 个三角形
Is Trigger	勾选此复选框将使 Unity 通过该碰撞器来触发事件，而物理引擎会忽略该碰撞器
Provides Contacts	勾选 Provides Contacts 复选框可始终为此碰撞器接触信息。在通常情况下，碰撞器只有在产生 OnCollisionEnter、OnCollisionStay 或 OnCollisionExit 事件时才会生成接触数据。在勾选 Provides Contacts 复选框后，碰撞器将始终为物理系统生成接触数据。但是在默认情况下，Provides Contacts 复选框处于未勾选状态
Cooking Options	启用或禁用影响物理引擎对网格处理方式的 Cooking 选项
Material	引用物理材质，可以确定该碰撞器与其他对象的交互方式
Mesh	引用需要用于碰撞的网格

项目任务 18：设置场景中游戏对象的碰撞器

任务步骤：

步骤（1）运行 Unity Hub，打开 StoneLake 项目。

步骤（2）选择菜单栏中的 File->Save As（文件->另存为）命令，把"项目任务 17"场景保存到 Scenes 文件夹中，并重命名为"项目任务 18"。

步骤（3）选择场景中的 OldMan，选择菜单栏中的 Component->Physics->Capsule Collider（组件->物理->胶囊碰撞器）命令，为老人添加 Capsule Collider（胶囊碰撞器）组件。在 Inspector（检查器）窗口中设置组件属性，将 Center Y 设置为 0.85，Radius 设置为 0.35，Height 设置为 1.7（该数值是 Center Y 值的 2 倍），如图 9-7 所示。

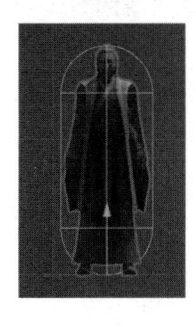

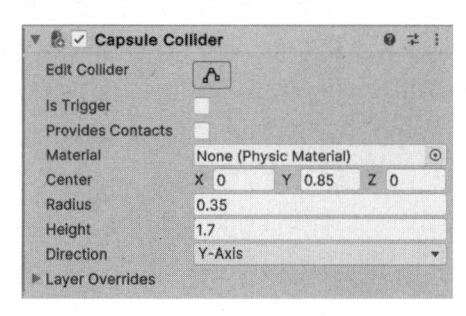

图 9-7

步骤（4）使用同样的方法，为场景中的 Boy 添加 Capsule Collider（胶囊碰撞器）组件，并设置组件属性。

步骤（5）选择场景中的 Mouse，选择菜单栏中的 Component->Physics->Box Collider（组件->物理->盒状碰撞器）命令，为老鼠添加 Box Collider（盒状碰撞器）组件。在 Inspector（检查器）窗口中设置组件属性，将 Center Y 设置为 0.1，Size X、Y、Z 分别设置为 0.2、0.2、0.3。

步骤（6）使用同样的方法，为场景中的 Cat 添加 Box Collider（盒状碰撞器）组件，并设置组件属性。

步骤（7）选择菜单栏中的 File->Save（文件->保存）命令，保存场景。

9.3 刚体

在现实世界的物理学中，刚体是指在物理力作用下不会变形或改变形状的任何物理体。在 Unity 中，若要模拟基于物理的行为，如移动、重力、碰撞等，则需要为游戏对象指定 Rigidbody（刚体）组件。

9.3.1 Rigidbody 组件

1. 基于物理运动的刚体游戏对象

在 Unity 中，Rigidbody（刚体）组件提供了一种基于物理的方式来控制游戏对象的移动和位置。刚体组件可以使用模拟的物理力和扭矩来移动游戏对象，并让物理引擎计算结果，而不是通过更改变换属性来移动游戏对象。在大多数情况下，如果游戏对象有刚体，则应该使用刚体属性来移动游戏对象，而不是使用变换属性。刚体属性施加来自物理系统的力和扭矩，从而改变游戏对象的变换；如果直接更改变换属性，则会使 Unity 无法正确计算物理模拟，并且可能会看到不需要的行为。

2. 非基于物理运动的刚体游戏对象

在某些情况下，可能希望物理系统能检测游戏对象，但不想控制它。不以物理为基础的统一运动被称为运动学运动。Rigidbody（刚体）组件具有运动学属性，该属性在启用时将附加的游戏对象定义为非基于物理运动的，并将其从物理引擎的控制中删除。这允许通过变换属性以运动学方式移动它，而不需要 Unity 的物理模拟进行计算。

运动学刚体可以将基于物理的力应用于基于物理运动的刚体游戏对象上，但不接收基于物理的作用力。例如，运动学刚体可以碰撞并推动具有基于物理运动的刚体，但具有基于物理运动的刚体不能推动运动学刚体。

Rigidbody（刚体）组件属性如图 9-8 所示。

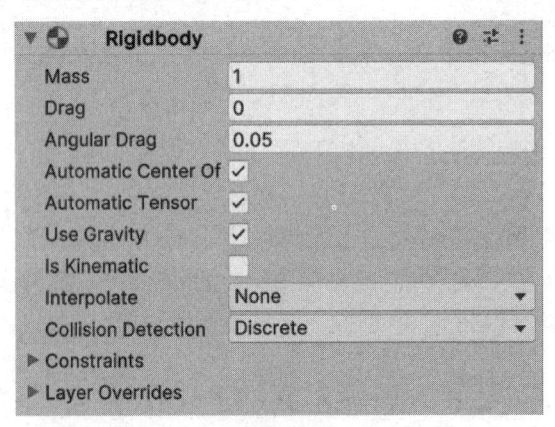

图 9-8

Rigidbody（刚体）组件属性的功能说明如表 9-7 所示。

表 9-7

属性	功能说明
Mass	对象的质量，默认单位为千克
Drag	根据力移动对象时影响对象的空气阻力大小。0 表示没有空气阻力，如果将 Drag 设置为无穷大，则会使对象立即停止移动
Angular Drag	根据扭矩旋转对象时影响对象的空气阻力大小。0 表示没有空气阻力。需要注意的是，如果直接将对象的 Angular Drag 设置为无穷大，则无法使对象停止旋转
Automatic Center Of Mass	如果勾选此复选框，则可以根据刚体的形状和比例使用物理系统预测刚体的质心。如果取消勾选此复选框，则可以为质心设置自己的 x、y 和 z 坐标
Automatic Tensor	如果勾选此复选框，则可以基于所有连接的碰撞器，为刚体使用物理系统预测的张量和张量旋转。和质量一样，惯性张量定义了使刚体运动所需的力或力矩；然而，当质量影响线性运动时，惯性张量会影响旋转运动。如果取消勾选此复选框，则可以为张量设置自己的 x、y 和 z 坐标
Use Gravity	如果勾选此复选框，则对象将受重力影响
Is Kinematic	如果勾选此复选框，则对象将不会被物理引擎驱动，只能通过变换对其进行操作
Interpolate	用于控制刚体运动的抖动情况
Collision Detection	用于防止快速移动的对象穿过其他对象而不检测碰撞
Constraints	对刚体运动的限制。 Freeze Position：有选择地停止刚体沿世界空间的 x、y 和 z 轴移动。 Freeze Rotation：有选择地停止刚体围绕局部空间的 x、y 和 z 轴旋转
Layer Overrides	Include Layers:设置包含刚体的图层。Exclude Layers：排除刚体的图层

9.3.2 Constant Force 组件

Constant Force（恒力）组件可以为刚体添加恒力，这对随着时间的推移而加速的游戏对象的移动非常有用。如果在没有刚体的游戏对象中添加 Constant Force（恒力）组件，则 Unity 会自动创建刚体并将其添加到同一游戏对象中。Constant Force（恒力）组件属性如图 9-9 所示。

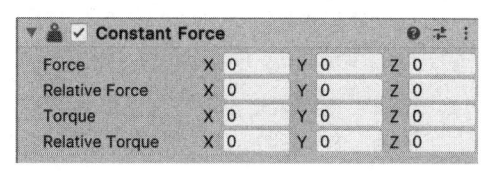

图 9-9

Constant Force（恒力）组件属性的功能说明如表 9-8 所示。

表 9-8

属性	功能说明
Force	要在世界空间中应用的力的矢量
Relative Force	要在对象的局部空间中应用的力的矢量
Torque	在世界空间中应用的扭矩的矢量。对象将开始围绕此矢量旋转。矢量越大，旋转越快
Relative Torque	在局部空间中应用的扭矩的矢量。对象将开始围绕此矢量旋转。矢量越大，旋转越快

课堂任务 1：使用 Rigidbody 组件和 Constant Force 组件

任务步骤：

步骤（1）运行 Unity Hub，选择"项目"选项卡，单击右上角的"新项目"按钮。

步骤（2）在打开的窗口中，将"编辑器版本"设置为 2023.1.15f1，选择 Universal 3D 项目模板。

步骤（3）在"项目设置"选区中为项目指定一个保存的位置，如 D:\UnityProject。这里读者可以根据自己的实际情况进行更改，并将"项目名称"设置为 Exercise_9。完成设置后，单击"创建项目"按钮，创建一个新项目。

步骤（4）选择菜单栏中的 File->Save As（文件->另存为）命令，把场景保存到 Scenes 文件夹中，并命名为"课堂任务 1"。

步骤（5）选择菜单栏中的 GameObject->3D Object->Cube（游戏对象->3D 对象-立方体）命令，创建 4 个立方体，使其在 X 方向排成一列，其属性设置如表 9-9 所示。

表 9-9

对象名	组件	属性	属性值
Cube1	Box Collider	Is Trigger	False
Cube2	Box Collider	Is Trigger	True
Cube3	Box Collider RigidBody	Is Trigger Use Gravity Is Kinematic	False False False
Cube4	Box Collider RigidBody	Is Trigger Use Gravity Is Kinematic	False False True

步骤（6）先选择菜单栏中的 GameObject->3D Object->Sphere（游戏对象->3D 对象-球体）命令，创建一个球体，再选择菜单栏中的 Component->Physics->Constant Force（组件->物理->恒力）命令，为球体添加一个 Constant Force（恒力）组件。将"Force Z 方向"设置为-500，使力的方向朝向立方体。取消勾选 Rigidbody（刚体）组件中的 Use Gravity 复选框，使球体不受重力影响，不会往下掉落。

步骤（7）多次单击 Play（播放）按钮进行播放，使球体分别向 Cube1、Cube2、Cube3、Cube4 发射。

当球体碰到 Cube1 后会停止，因为 Cube1 的 Is Trigger 为 False，表示物体之间会产生物理碰撞。

当球体碰到 Cube2 后会穿过 Cube2，因为 Cube2 的 Is Trigger 为 True，表示它允许其他碰撞器穿过。

当球体碰到 Cube3 后，Cube3 会产生碰撞并受力的影响实现真实的物理效果。

当球体碰到 Cube4 后，Cube4 会产生碰撞但不会受力的影响而移动，因为 Cube4 取消勾选 Is Kinematic 复选框，所以运动学刚体不会被物理运动的刚体推动。

步骤（8）选择菜单栏中的 File->Save（文件->保存）命令，保存场景。

9.3.3 碰撞操作矩阵

当两个对象碰撞时,可能会发生许多不同的脚本事件,具体取决于碰撞对象的刚体配置。

(1) 静态碰撞器:附加了碰撞器组件的对象。

(2) 刚体碰撞器:附加了碰撞器组件和 Rigidbody(刚体)组件的对象。

(3) 运动刚体碰撞器:附加了碰撞器组件和 Rigidbody(刚体)组件,并且启用了 Is Kinematic 的对象。

(4) 静态触发碰撞器:附加了碰撞器组件,并且启用了 Is Trigger 的对象。

(5) 刚体触发碰撞器:附加了碰撞器组件和 Rigidbody(刚体)组件,并且启用了 Is Trigger 的对象。

(6) 运动刚体触发碰撞器:附加了碰撞器组件和 Rigidbody(刚体)组件,并且启用了 Is Trigger 和 Is Kinematic 的对象。

根据附加到对象的组件来判断是碰撞事件还是触发事件,如表 9-10 所示。

表 9-10

	静态碰撞器	刚体碰撞器	运动刚体碰撞器	静态触发碰撞器	刚体触发碰撞器	运动刚体触发碰撞器
静态碰撞器		碰撞事件			触发事件	触发事件
刚体碰撞器	碰撞事件	碰撞事件	碰撞事件	触发事件	触发事件	触发事件
运动刚体碰撞器		碰撞事件		触发事件	触发事件	触发事件
静态触发碰撞器		触发事件	触发事件		触发事件	触发事件
刚体触发碰撞器	触发事件	触发事件	触发事件	触发事件	触发事件	触发事件
运动刚体触发碰撞器	触发事件	触发事件	触发事件	触发事件	触发事件	触发事件

课堂任务 2:添加碰撞事件和触发事件

步骤(1)运行 Unity Hub,打开 Exercise_9 项目。

步骤(2)选择菜单栏中的 File->Save As(文件->另存为)命令,把"课堂任务 1"场景保存到 Scenes 文件夹中,并命名为"课堂任务 2"。

步骤(3)在 Project(项目)窗口中,选择 Assets 文件夹,在该文件夹中新建一个文件夹,并将其重命名为 Scripts。

步骤(4)在 Project(项目)窗口中,展开 Assets/Scripts 文件夹,选择菜单栏中的 Assets->Create->C# Script(资产->创建->C#脚本)命令,在该文件夹中新建一个 C#脚本,并将其重命名为 EventTest。把 EventTest 脚本从 Project(项目)窗口拖到场景的球体上。

步骤(5)在 Project(项目)窗口中,双击 EventTest 脚本,即可在 Visual Studio 编辑器中打开该脚本。EventTest.cs 脚本文件的完整代码如下。

```
using System.Collections;
using System.Collections.Generic;
using UnityEngine;

public class EventTest : MonoBehaviour
```

```csharp
{
    private void OnCollisionEnter(Collision collision)
    {
        Debug.Log("Collision 事件，碰到的游戏对象是：" + collision.gameObject.name);
    }

    private void OnTriggerEnter(Collider other)
    {
        Debug.Log("Trigger 事件，碰到的游戏对象是：" + other.gameObject.name);
    }
}
```

步骤（6）让球体碰撞 Cube1，运行后 Console（控制台）窗口显示如图 9-10 所示。

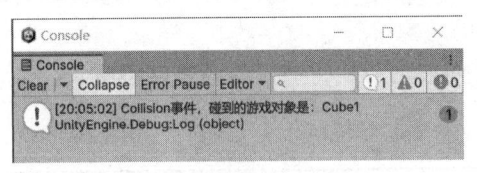

图 9-10

步骤（7）单击 Console（控制台）窗口中的 Clear 按钮，清空显示的信息。让球体碰撞 Cube2，运行后 Console（控制台）窗口显示如图 9-11 所示。

图 9-11

步骤（8）单击 Console（控制台）窗口中的 Clear 按钮，清空显示的信息。让球体碰撞 Cube3，运行后 Console（控制台）窗口显示如图 9-12 所示。

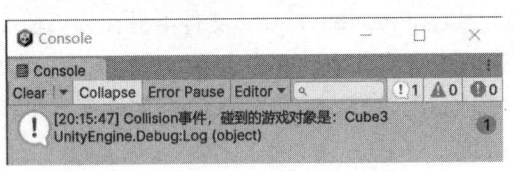

图 9-12

步骤（9）单击 Console（控制台）窗口中的 Clear 按钮，清空显示的信息。让球体碰撞 Cube4，运行后 Console（控制台）窗口显示如图 9-13 所示。

图 9-13

步骤（10）选择菜单栏中的 File->Save（文件->保存）命令，保存场景。

9.4 角色控制器

在第一人称或第三人称应用程序中的角色通常需要一些基于碰撞的物理特性，这样就不会掉到地面下面或穿过墙壁。在许多应用程序中，角色的加速和移动在物理上是不真实的，因此角色几乎可以立即加速、制动和改变方向，而不受动量的影响。在 3D 物理系统中，可以使用 Character Controller（角色控制器）组件创建此类行为。该组件为角色提供了一个始终处于直立状态的简单胶囊碰撞器。控制器有自己的特殊函数来设置对象的速度和方向。与真正的碰撞器不同，控制器不需要刚体，动量效果也不真实。角色控制器无法穿过场景中的静态碰撞器，因此将紧贴地板并被墙壁阻挡。控制器可以在移动时将刚体对象推到一边，但不会被接近的碰撞加速。这意味着，我们可以使用标准 3D 碰撞器来创建可供角色控制器行走的场景，并且不受角色本身的真实物理行为的限制。

Character Controller（角色控制器）组件属性如图 9-14 所示。

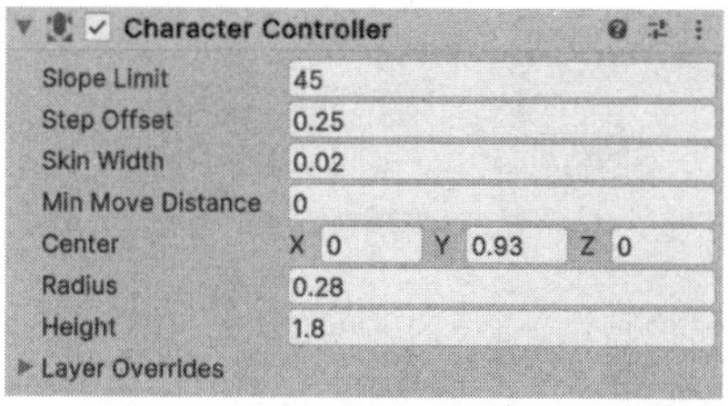

图 9-14

Character Controller（角色控制器）组件属性的功能说明如表 9-11 所示。

表 9-11

属性	功能说明
Slope Limit	将碰撞器限制为爬坡的斜率不超过指示值，以度为单位
Step Offset	仅当角色比指示值更接近地面时，角色才会升高一个台阶。该数值不应该大于角色控制器的高度，否则会产生错误
Skin Width	两个碰撞器可以彼此穿透且穿透深度最多为皮肤宽度。较大的皮肤宽度可减少抖动；较小的皮肤宽度可能导致角色卡住。合理设置是将此数值设为半径的 10%
Min Move Distance	如果角色试图移到指示值以下，则无法移动。此设置可以用来减少抖动。在大多数情况下，此数值应保留为 0
Center	此设置将使胶囊碰撞器在世界空间中偏移，并且不会影响角色的轴心点
Radius	胶囊碰撞器的半径长度。此数值本质上是碰撞器的宽度
Height	角色的胶囊碰撞器高度。更改此设置将在正方向和负方向沿 y 轴缩放碰撞器

项目任务 19：控制第三人称角色

任务目标：替换场景中的第三人称角色。

任务步骤：

步骤（1）运行 Unity Hub，打开 StoneLake 项目。

步骤（2）选择菜单栏中的 File->Save As（文件->另存为）命令，把"项目任务 18"场景保存到 Scenes 文件夹中,并重命名为"项目任务 19"。

步骤(3)删除场景中的 PlayerArmature 游戏对象。

步骤(4)选择场景中的 Youngster,选择菜单栏中的 GameObject->Create Empty Child(游戏对象-创建空子对象)命令,在 Youngster 下面创建一个空子对象,将其重命名为 PlayerCameraRoot,将 PlayerCameraRoot 的 Y 值调整为 1.375。

将 Youngster 的 Tag 设置为 Player,Layer 设置为 Player(注意:Layer 不能为 Default),如图 9-15 所示。将 PlayerCameraRoot 的 Tag 设置为 CinemachineTarget。

选择场景中的 PlayerFollowCamera,把 Youngster 下面的 PlayerCameraRoot 拖到它的 Follow 属性上。

步骤(5)选择场景中的 Youngster,选择菜单栏中的 Component->Physics->Character Controller(组件->物理->角色控制)命令,添加 Character Controller 组件。在 Inspector(检查器)窗口中,将 Skin Width 设置为 0.02,Center Y 设置为 0.9,Radius 设置为 0.3,Height 设置为 1.8,如图 9-16 所示。

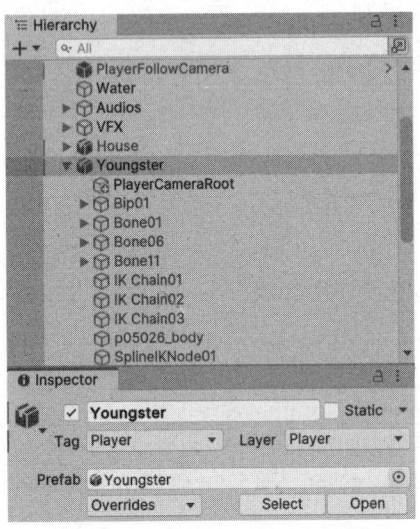

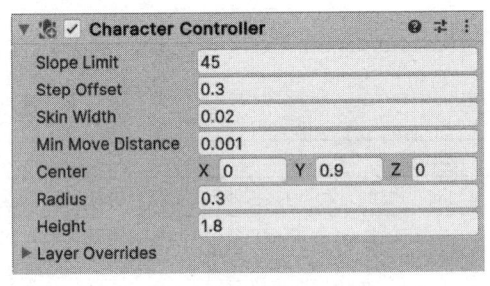

图 9-15

图 9-16

步骤(6)选择场景中的 Youngster,选择菜单栏中的 Component->Input->Player Input(组件->输入->玩家输入)命令,添加 Player Input 组件。在 Inspector(检查器)窗口中,将 Actions 设置为 Assets/InputSystem 文件夹中的 PlayerInputControls,如图 9-17 所示。

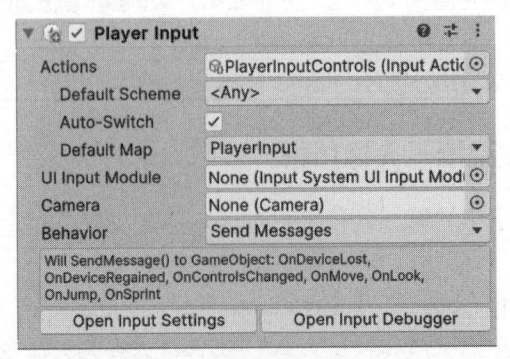

图 9-17

步骤（7）在 Project（项目）窗口的 Assets/InputSystem 文件夹中，新建一个 C#脚本，将其重命名为 PlayerInputProcess，把它拖到场景的 Youngster 上。

在 Project（项目）窗口中，双击 PlayerInputProcess 脚本，即可在 Visual Studio 编辑器中打开该脚本。PlayerInputProcess 脚本的完整代码如下。

```
using UnityEngine;
using UnityEngine.InputSystem;

public class PlayerInputProcess : MonoBehaviour
{
    [Header("Character Input Values")]
    public Vector2 move;
    public Vector2 look;
    public bool jump;
    public bool sprint;

    [Header("Movement Settings")]
    public bool analogMovement;

    [Header("Mouse Cursor Settings")]
    public bool cursorLocked = true;
    public bool cursorInputForLook = true;
    //移动事件
    public void OnMove(InputValue value)
    {
        MoveInput(value.Get<Vector2>());
    }
    //查看事件
    public void OnLook(InputValue value)
    {
        if (cursorInputForLook)
        {
            LookInput(value.Get<Vector2>());
        }
    }
    //跳跃事件
    public void OnJump(InputValue value)
    {
        JumpInput(value.isPressed);
    }
    //冲刺事件
    public void OnSprint(InputValue value)
    {
        SprintInput(value.isPressed);
    }
    //获取移动值
    public void MoveInput(Vector2 newMoveDirection)
    {
```

```
            move = newMoveDirection;
        }
        //获取查看值
        public void LookInput(Vector2 newLookDirection)
        {
            look = newLookDirection;
        }
        //获取是否跳跃
        public void JumpInput(bool newJumpState)
        {
            jump = newJumpState;
        }
        //获取是否冲刺
        public void SprintInput(bool newSprintState)
        {
            sprint = newSprintState;
        }
    }
```

步骤（8）在 Windows 文件资源管理器中，解压缩"第 9 章项目素材.rar"文件，把解压缩后的所有文件和文件夹都复制到项目的 Assets 文件夹中。

步骤（9）把 Project（项目）窗口中的 Assets/Scripts/ThirdPersonCtrl 脚本添加到场景的 Youngster 游戏对象上。

在 Inspector（检查器）窗口中，将 ThirdPersonCtrl 脚本中的 Ground Layers 设置为 Default，把场景中 Youngster 下面的 PlayerCameraRoot 拖到 Cinemachine Camera 上，如图 9-18 所示。

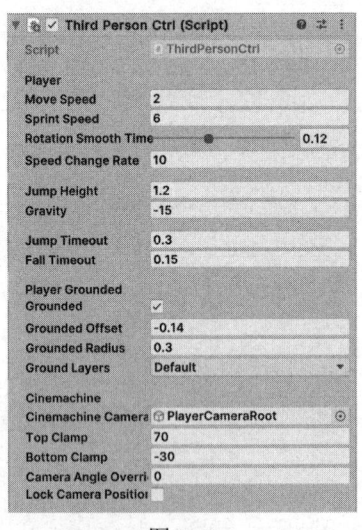

图 9-18

步骤（10）单击 Play（播放）按钮，开始播放，按 W 键、S 键、A 键、D 键或上方向键、下方向键、左方向键、右方向键测试角色移动，按住鼠标左键进行移动可以调整视角。

步骤（11）单击 Stop（停止）按钮，结束播放，选择菜单栏中的 File->Save（文件->保存）命令，保存场景。

第 10 章 导航寻路系统

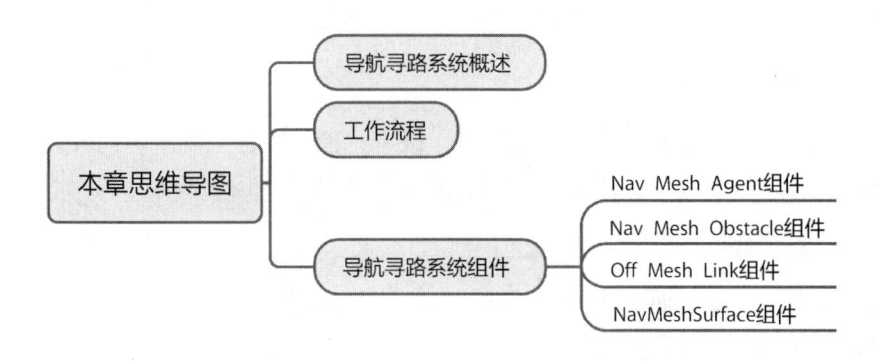

本章思维导图：
- 导航寻路系统概述
- 工作流程
- 导航寻路系统组件
  - Nav Mesh Agent 组件
  - Nav Mesh Obstacle 组件
  - Off Mesh Link 组件
  - NavMeshSurface 组件

10.1 导航寻路系统概述

导航寻路系统（AI Navigation）允许开发者创建具有 AI 的角色。这些角色使用从场景中创建的导航网格（Nav Mesh）自动寻路，并通过创建导航网格障碍（Nav Mesh Obstacle），以便在运行时更改角色的导航，通过创建分离网格链接（Off Mesh Link）允许构建特定的动作，如跳过缝隙或从高台上跳下。

本章不再介绍旧的导航寻路系统，默认选择最新的 AI Navigation 包进行安装。在 Package Manager 窗口中搜索 AI Navigation 包，对其进行安装即可，如图 10-1 所示。

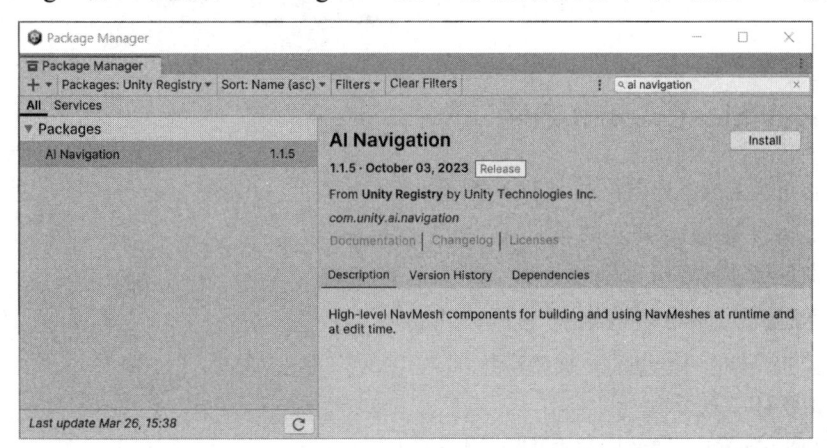

图 10-1

10.2 工作流程

1. 创建导航网格代理

创建能够在场景中导航的角色需要使用 Nav Mesh Agent（导航网格代理）组件和简单脚本。

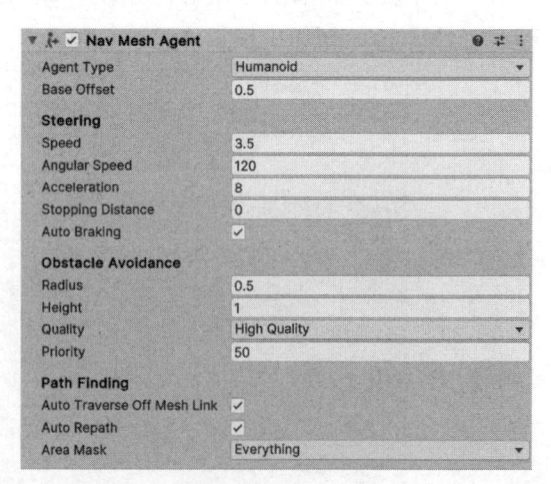

2. 创建导航网格障碍

导航网格代理应该在移动时避开物理控制的物体，而 Nav Mesh Obstacle（导航网格障碍）组件用于描述代理在导航时应避开的可移动障碍物。

3. 创建分离网格链接

地形之间可能有间隙形成沟渠不能跳过，或者不能从高台上跳下，此时需要添加 Off Mesh Link（分离网格链接）组件，将已经生成的分离网格连接起来。

4. 构建导航网格

为场景中的可行走表面添加 NavMeshSurface（导航网格表面）组件，烘焙生成的导航网格会在场景中显示为蓝色覆盖物。

5. 控制导航网格代理

编写脚本控制导航网格代理移到鼠标单击的位置，或者在一组点之间进行代理巡逻。

10.3 导航寻路系统组件

导航网格是一种数据结构，用于描述游戏世界的可行走表面，并允许在游戏世界中寻找从一个可行走位置到另一个可行走位置的路径。该数据结构是从关卡几何体自动构建或烘焙的。

10.3.1 Nav Mesh Agent 组件

Nav Mesh Agent（导航网格代理）组件用于创建在朝目标移动时能够彼此避开的角色。代理使用导航网格来推断世界空间，并知道如何避开其他导航网格代理和移动的障碍物。Nav Mesh Agent（导航网格代理）组件属性如图 10-2 所示。

Nav Mesh Agent（导航网格代理）组件

图 10-2

属性的功能说明如表 10-1 所示。

表 10-1

属性	功能说明
Agent Type	代理类型
Base Offset	碰撞圆柱体相对于变换轴心点的偏移
Steering 组	
Speed	最大移动速度，以世界单位/秒表示
Angular Speed	最大旋转速度，默认单位为度/秒
Acceleration	最大加速度，以世界单位/平方秒表示
Stopping Distance	当靠近目标位置的距离达到此值时，代理将停止
Auto Braking	是否自动烘焙
Obstacle Avoidance 组	
Radius	代理的半径，用于计算障碍物与其他代理之间的碰撞
Height	代理通过头顶障碍物时所需的高度间隙
Quality	障碍躲避质量。如果拥有大量代理，则可以通过降低障碍躲避质量来节省 CPU 时间。如果将躲避设置为无，则只会解析碰撞，而不会尝试主动躲避其他代理和障碍物
Priority	在执行避障时，此代理将忽略优先级较低的代理。该数值的范围为 0~99，其中较小的数值表示较高的优先级
Path Finding 组	
Auto Traverse Off Mesh Link	是否启用可自动遍历分离网格链接。如果要使用动画或某种特定方式遍历分离网格链接，则应关闭此功能
Auto Repath	如果勾选此复选框，则代理将在到达部分路径末尾时尝试再次寻路。当没有到达目标的路径时，将生成一条部分路径通向与目标最近的可达位置
Area Mask	Area Mask 描述了代理在寻路时将考虑的区域类型。在准备将网格进行导航网格烘焙时，可以设置每个网格的区域类型。例如，将楼梯标记为特殊区域类型，并禁止某些角色类型使用楼梯

10.3.2 Nav Mesh Obstacle 组件

Nav Mesh Obstacle（导航网格障碍）组件用于描述代理在游戏世界中导航时应避开的移动障碍物。当障碍物正在移动时，导航网格代理会尽力避开它。当障碍物静止时，障碍物会在导航网格中雕刻一个孔。导航网格代理随后将改变路线以绕过障碍物，如果障碍物导致路线被完全阻挡，则寻找其他不同路线。Nav Mesh Obstacle（导航网格障碍）组件属性如图 10-3 所示。

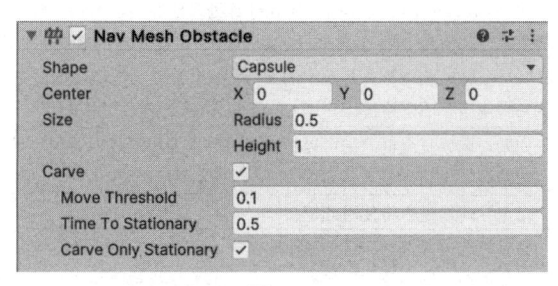

图 10-3

Nav Mesh Obstacle（导航网格障碍）组件属性的功能说明如表 10-2 所示。

表 10-2

属性	功能说明
Shape	障碍物几何体的形状。选择最适合对象形状的选项
将 Shape 设置为 Box 时的属性如下	
Center	盒体的中心
Size	盒体的大小
将 Shape 设置为 Capsule 时的属性如下	
Center	胶囊体的中心
Size	胶囊体的大小
Radius	胶囊体的半径
Height	胶囊体的高度
Carve	勾选 Carve 复选框后，导航网格障碍物会在导航网格中雕刻一个孔
Move Threshold	当导航网格障碍物移动的距离超过 Move Threshold 设置的距离时会移动。使用 Move Threshold 来更新移动导航网格障碍物在导航网格中的孔
Time To Stationary	将障碍物视为静止状态所需等候的时间，以秒为单位
Carve Only Stationary	勾选此复选框后，只有在静止状态时，才会雕刻障碍物

10.3.3　Off Mesh Link 组件

Off Mesh Link（分离网格链接）组件允许合并无法使用可行走表面来表示的导航捷径。例如，跳过沟渠或跳下高台全都可以描述为网格外链接。Off Mesh Link（分离网格链接）组件属性如图 10-4 所示。

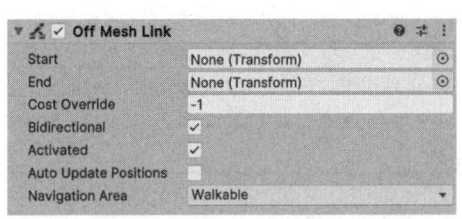

图 10-4

Off Mesh Link（分离网格链接）组件属性的功能说明如表 10-3 所示。

表 10-3

属性	功能说明
Start	描述分离网格链接起始位置的对象
End	描述分离网格链接结束位置的对象
Cost Override	如果 Cost Override 值为正，则在计算处理路径请求的路径成本时使用该数值；否则，使用默认成本。如果将 Cost Override 设置为 3.0，则在分离网格链接上移动的成本将是在默认导航网格区域上移动相同距离的成本的三倍。如果希望让代理通常优先选择步行，但当步行距离明显更长时使用分离网格链接，则 Cost Override 设置将变得有用
Bidirectional	如果勾选此复选框，则可以在任意方向上遍历链接；否则，只能按照从 Start 到 End 的方向遍历链接
Activated	指定寻路器是否将使用此链接
Auto Update Positions	如果勾选此复选框，则在移动端点时，分离网格链接将重新连接到导航网格上。如果取消勾选此复选框，则即使移动了端点，分离网格链接也将保持在其起始位置
Navigation Area	描述分离网格链接的导航区域类型。该区域类型允许对相似区域类型应用常见的遍历成本，并防止某些角色根据代理的区域遮罩访问分离网格链接

10.3.4 NavMeshSurface 组件

NavMeshSurface（导航网格表面）组件表示 Nav Mesh Agent 的可行走区域，如图 10-5 所示。

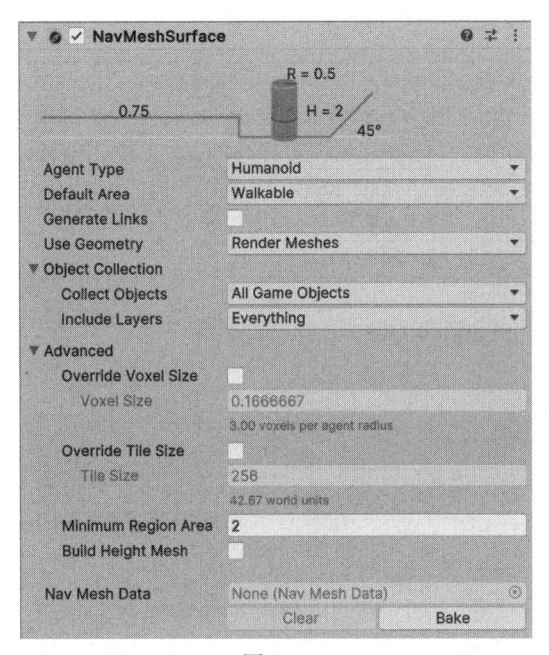

图 10-5

NavMeshSurface（导航网格表面）组件属性的功能说明如表 10-4 所示。

表 10-4

属性	功能说明
Agent Type	使用 NavMeshSurface（导航网格表面）组件的 Nav Mesh Agent 类型。用于烘焙设置，并在寻路过程中将 Nav Mesh Agent（导航网格代理）组件与正确的表面匹配
Default Area	定义在构建导航网格时生成的面积类型。 • Walkable：可行走，这是默认选项。 • Not Walkable：无法行走。 • Jump：跳跃
Generate Links	如果勾选此复选框，则表面收集的对象将被视为在烘焙过程中生成链接
Use Geometry	选择要用于烘焙的几何体。 • Render Meshes：渲染网格，使用渲染网格和地形上的几何体。 • Physics Colliders：物理碰撞体，使用碰撞体和地形上的几何体。与选择 Render Meshes 选项相比，选择该选项的代理可以更靠近环境的物理边界边缘
Object Collection 组	
Collect Objects	定义要用于烘焙的游戏对象。 • All Game Objects：使用所有活动的游戏对象。 • Volume：使用与边界体积重叠的所有活动游戏对象。烘焙时会考虑边界体积外但在代理半径内的几何体
Include Layers	定义烘焙过程中包含游戏对象的图层。除了收集对象，这还允许从烘焙中进一步排除特定的游戏对象（如效果或动画角色）

续表

属性	功能说明
Advanced 组	
Override Voxel Size	控制 Unity 处理导航网格烘焙的输入几何体的精确程度，这是速度和精度之间的权衡
Override Tile Size	为了使烘焙过程并行并提高内存效率，场景被划分为用于烘焙的瓷砖。导航网格上可见的白线是平铺边界
Minimum Region Area	允许剔除与较大导航网格断开连接的较小区域。构建导航网格的过程不会保留表面大小小于指定值的网格拉伸。尽管有最小区域面积参数，但是某些区域可能不会被删除
Build Height Mesh	允许创建用于更准确地确定导航网格上任何位置的高度的附加数据
Nav Mesh Data	定位存储导航网格的资源文件
Clear	清除烘焙的导航网格
Bake	使用当前设置的烘焙导航网格

课堂任务 1：自动导航到鼠标单击的位置

任务步骤：

步骤（1）运行 Unity Hub，选择"项目"选项卡，单击右上角的"新项目"按钮。

步骤（2）在打开的窗口中，将"编辑器版本"设置为 2023.1.15f1，选择 Universal 3D 项目模板。

步骤（3）在"项目设置"选区中为项目指定一个保存的位置，如 D:\UnityProject。这里读者可以根据自己的实际情况进行更改，并将"项目名称"设置为 Exercise_10。完成设置后，单击"创建项目"按钮，创建一个新项目。

步骤（4）在 Windows 文件资源管理器中，解压缩"第 10 章课堂素材.rar"文件，把解压缩后的所有文件和文件夹都复制到项目的 Assets 文件夹中。

步骤（5）选择菜单栏中的 File->Open Scene（文件->打开场景）命令，打开"课堂任务 1"场景。

步骤（6）选择菜单栏中的 Window->Package Manager（窗口->包管理器）命令，打开 Package Manager（包管理器）窗口，安装 AI Navigation 包和 Input System 包。安装完 Input System 包后，需要重新打开项目。

步骤（7）在 Hierarchy（层级）窗口中，选择 Character 游戏对象，选择菜单栏中的 Component->Navigation->Nav Mesh Agent（组件->导航->导航网格代理）命令，添加 Nav Mesh Agent（导航网格代理）组件。

步骤（8）在 Hierarchy（层级）窗口中，选择 Door1 游戏对象和 Door2 游戏对象，选择菜单栏中的 Component->Navigation->Nav Mesh Obstacle（组件->导航->导航网格障碍）命令，添加 Nav Mesh Obstacle（导航网格障碍）组件。

步骤（9）创建两个空游戏对象，分别命名为 Pos1 和 Pos2，把 Pos1 游戏对象放到平台的边缘位置，把 Pos2 游戏对象放到平台下面的地面上，如图 10-6 所示。

步骤（10）选择 Platform 游戏对象，添加 Off Mesh Link（分离网格链接）组件，把 Pos1 游戏对象拖到 Start 属性上，把 Pos2 游戏对象拖到 End 属性上，如图 10-7 所示。

图 10-6　　　　　　　　　　　　　　　　图 10-7

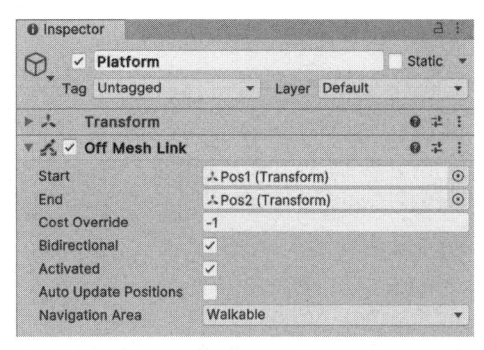

步骤（11）选择 Ground 游戏对象，添加 NavMeshSurface（导航网格表面）组件，单击 Bake 按钮，烘焙导航网格。

步骤（12）在 Project（项目）窗口的 Assets 文件夹中，创建一个 Input 文件夹。在该文件夹中，选择菜单栏中的 Assets->Create->Input Actions（资产->创建->输入动作）命令，创建一个输入动作资产，并将其重命名为 InputControl。在 Inspector（检查器）窗口中，单击 Edit asset 按钮，进入编辑界面。

步骤（13）在 Action Maps 部分，单击"+"创建一个 Input Action Map，将其重命名为 Gameplay；在 Actions 部分，将 New action 重命名为 Move，为它绑定一个 Left Button 鼠标左键，如图 10-8 所示。设置完成后，单击 Save Asset 按钮，保存资产，关闭窗口。

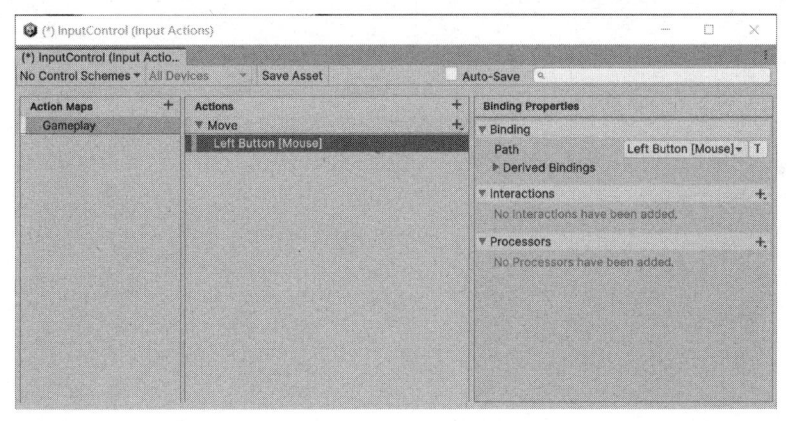

图 10-8

步骤（14）在 Project（项目）窗口中，选择 InputControl。在 Inspector（检查器）窗口中，勾选 Generate C# Class 复选框，单击 Apply（应用）按钮，生成 C#脚本。如图 10-9 所示。

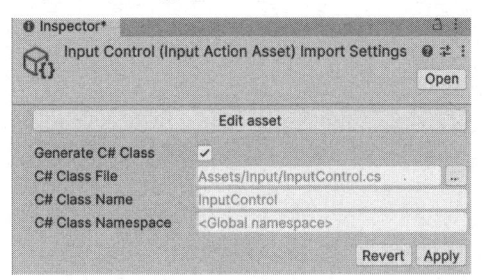

图 10-9

步骤（15）在 Project（项目）窗口中，新建一个文件夹，将其重命名为 Scripts。在该文件夹中，创建一个 C#脚本，将其命名为 PlayerControl，把该脚本添加到 Character 游戏对象上。

步骤（16）在 Project（项目）窗口中，双击 PlayerControl 脚本。在 Visual Studio 编辑器中，打开该脚本，并在其中输入代码。PlayerControl 脚本完整代码如下。

```csharp
using System.Collections;
using System.Collections.Generic;
using UnityEngine;
using UnityEngine.AI;
using UnityEngine.InputSystem;

public class PlayerControl : MonoBehaviour
{
    private NavMeshAgent agent;
    private InputControl inputControl;

    private void Awake()
    {

        inputControl = new InputControl();
        // 为 Move 动作，添加了一个执行时的回调方法
        inputControl.Gameplay.Move.performed += OnMove;
    }
    // Start is called before the first frame update
    void Start()
    {
        agent = GetComponent<NavMeshAgent>();

    }

    private void OnMove(InputAction.CallbackContext context)
    {

        RaycastHit hit;

        // 单击鼠标左键，根据鼠标指针的位置生成射线，把代理移到单击的位置
        if
(Physics.Raycast(Camera.main.ScreenPointToRay(Mouse.current.position.
ReadValue()), out hit, 100))
        {
            agent.destination = hit.point;
        }
    }

    void OnEnable()
    {
        inputControl.Gameplay.Enable();
    }
```

```
        void OnDisable()
        {
            inputControl.Gameplay.Disable();
        }
}
```

步骤（17）在 Visual Studio 编辑器中，保存 C#文件，返回 Unity 编辑器。

步骤（18）单击 Play（播放）按钮，使用鼠标测试以下几种情况。

（1）代理是否能移到指定位置。

（2）在指定位置和代理之间有静态障碍物时，代理是否能绕过障碍物。

（3）在指定位置和代理之间不存在导航路径时，代理如何移动。

（4）当门关闭时，代理是否能通过门的位置；当门打开时，代理是否能通过门的位置。

（5）当代理需要从平台上跳到平台下面时，代理是直接跳下还是绕一个圈子再移到平台下面。

步骤（19）单击 Stop（停止）按钮，结束播放，选择菜单栏中的 File->Save（文件->保存）命令，保存场景。

课堂任务 2：在固定位置之间巡逻

任务步骤：

步骤（1）运行 Unity Hub，打开 Exercise_10 项目。

步骤（2）选择菜单栏中的 File->Save As（文件->另存为）命令，把"课堂任务 1"场景保存到 Scenes 文件夹中，并命名为"课堂任务 2"。

步骤（3）在场景中创建 3 个空游戏对象，分别命名为 Point1、Point2 和 Point3，把这 3 个空游戏对象放到比较宽敞的空间，按三角形进行放置。

步骤（4）在 Project（项目）窗口的 Assets/Scripts 文件夹中，创建一个 C#脚本，将其重命名为 PlayerPatrol。把它添加到 Character 游戏对象上，同时移除它上面的 PlayerControl 脚本。

步骤（5）双击 PlayerPatrol 脚本，在 Visual Studio 编辑器中打开该脚本，并在其中输入代码。PlayerPatrol 脚本的完整代码如下。

```
using System.Collections;
using System.Collections.Generic;
using UnityEngine;
using UnityEngine.AI;

public class PlayerPatrol : MonoBehaviour
{
    public Transform[] points;
    private int destPoint = 0;
    private NavMeshAgent agent;


    void Start()
    {
```

```csharp
        agent = GetComponent<NavMeshAgent>();

        // 禁用自动制动将允许导航网格代理在多个目标点之间连续移动，即导航网格代理在接近目标点时不会减速
        agent.autoBraking = false;

        GotoNextPoint();
    }


    void GotoNextPoint()
    {
        // 如果未设置任何点，则返回
        if (points.Length == 0)
            return;

        // 将代理设置为前往当前选定的目标
        agent.destination = points[destPoint].position;

        //选择数组中的下一个点作为目标，如有必要，从头开始循环
        destPoint = (destPoint + 1) % points.Length;
    }


    void Update()
    {
        // 当代理接近当前目标点时，选择下一个目标点
        if (!agent.pathPending && agent.remainingDistance < 0.5f)
            GotoNextPoint();
    }
}
```

步骤（6）在 Visual Studio 编辑器中，保存 C#文件，返回 Unity 编辑器。

步骤（7）选择 Character 游戏对象，在 Inspector（检查器）窗口中，将 PlayerPatrol 脚本的 Points 值设置为 3，创建 3 个数组元素，把 Point1 游戏对象、Point2 游戏对象和 Point3 游戏对象分别拖到数组元素中，如图 10-10 所示。

步骤（8）单击 Play（播放）按钮，开始播放，测试 Character 游戏对象是否在 3 个点之间巡逻。

步骤（9）单击 Stop（停止）按钮，结束播放，选择菜单栏中的 File->Save（文件->保存）命令，保存场景。

图 10-10

项目任务 20：将 NPC 导航到指定位置

任务步骤：

步骤（1）运行 Unity Hub，打开 StoneLake 项目。

步骤（2）选择菜单栏中的 File->Save As（文件->另存为）命令，把"项目任务 19"场景保存到 Scenes 文件夹中，并重命名为"项目任务 20"。

步骤（3）展开 Project（项目）窗口中的 Assets/Models/Bridge 文件夹，选择 Bridge.fbx 文件。在 Inspector（检查器）窗口的 Model 选项卡中，取消勾选 Import Cameras 复选框和 Import Lights 复选框，不导入摄像机和灯光，勾选 Generate Colliders 复选框，生成碰撞体。单击 Apply（应用）按钮，应用更改设置。

步骤（4）把 Bridge 从 Project（项目）窗口拖到场景上方，这时可能需要对地形进行适当的调整，如图 10-11 所示。

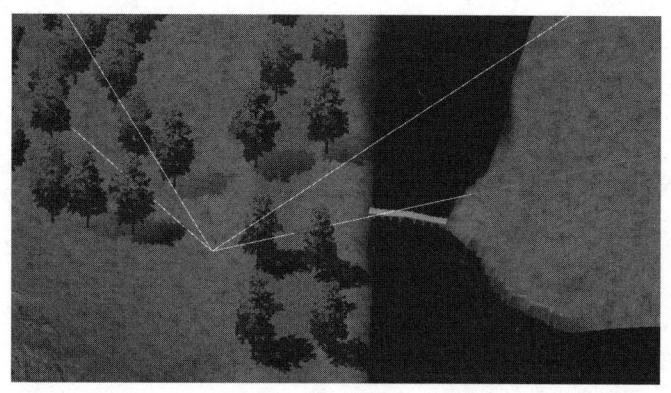

图 10-11

步骤（5）把小男孩的模型文件 Boy 放到桥的左边，添加 Nav Mesh Agent（导航网格代理）组件，将 Speed 设置为 0，Radius 设置为 0.2，Height 设置为 1。

步骤（6）创建一个空游戏对象，将其重命名为 BoyTargetPosition，把它放到右上方的房屋大门外。

步骤（7）在 Project（项目）窗口的 Assets/Scripts 文件夹中，创建一个 C#脚本，将其重命名为 BoyControl，把该脚本添加到场景中的 Boy 游戏对象上。双击 BoyControl 脚本，在 Visual Studio 编辑器中打开该脚本，并在其中输入代码。BoyControl 脚本的完整代码如下。

```csharp
using System.Collections;
using System.Collections.Generic;
using UnityEngine;
using UnityEngine.AI;

public class BoyControl : MonoBehaviour
{
    // 导航寻路的目标位置
    public Transform targetPos;

    private NavMeshAgent _agent;
```

```csharp
    private Animator _animator;
    private int _animIDSpeed;

    void Start()
    {
        _agent = GetComponent<NavMeshAgent>();
        _animator = GetComponent<Animator>();
        _animIDSpeed = Animator.StringToHash("Speed");
    }

    // Update is called once per frame
    void Update()
    {
        Vector3 currentPos;

        // 计算角色的当前位置,它的 y 坐标与目标位置相同
        currentPos = new Vector3(transform.position.x, targetPos.position.y, transform.position.z);

        // 如果角色已移到目标位置,则停止移动,否则移到目标位置
        if (currentPos == targetPos.position)
        {
            _agent.speed = 0;
            // 角色停止后,面向南方
            transform.eulerAngles = new Vector3(transform.eulerAngles.x, 180, transform.eulerAngles.z);
        }
        else
        {
            _agent.destination = targetPos.position;
        }
        _animator.SetFloat(_animIDSpeed, _agent.speed);
    }
}
```

步骤（8）在 Visual Studio 编辑器中，保存 C#文件，返回 Unity 编辑器。

步骤（9）把场景中的 BoyTargetPosition 游戏对象拖到 Boy 游戏对象的 BoyControl 脚本的 TargetPos 上。

步骤（10）选择场景中的 Water 游戏对象，在 Inspector（检查器）窗口中，将 Layer 设置为 Water，其目的是不在水面上生成导航网格，如图 10-12 所示。

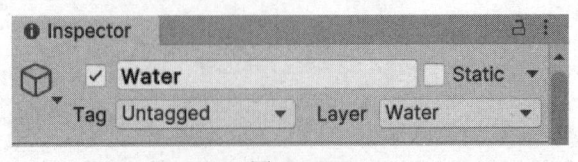

图 10-12

步骤（11）选择场景中的 StoneLakeTerrain 游戏对象，添加 NavMeshSurface（导航网格表面）组件，将 Include Layers 设置为 Default，单击 Bake 按钮，只对 Default 图层中的游戏对象生成导航网格。

步骤（12）单击 Play（播放）按钮，开始播放，将 Boy 的 Speed 值设置为 5，测试效果。单击 Stop（停止）按钮，结束播放，选择菜单栏中的 File->Save（文件->保存）命令，保存场景。

项目任务 21：在给定范围内随机移动

任务步骤：

步骤（1）运行 Unity Hub，打开 StoneLake 项目。

步骤（2）选择菜单栏中的 File->Save As（文件->另存为）命令，把"项目任务 20"场景保存到 Scenes 文件夹中，并重命名为"项目任务 21"。

步骤（3）把场景中的 Mouse 游戏对象移到房屋右边的空地上，添加 Nav Mesh Agent（导航网格代理）组件，将 Speed 设置为 1.5，Radius 设置为 0.1，Height 设置为 0.2。

步骤（4）创建一个空游戏对象，将其重命名为 MouseCenter，把它放到房屋右边的 Mouse 游戏对象附近。

步骤（5）在 Project（项目）窗口的 Assets/Scripts 文件夹中，创建一个 C#脚本，将其重命名为 MouseControl，把该脚本添加到场景中的 Mouse 游戏对象上。双击 MouseControl 脚本，在 Visual Studio 编辑器中打开该脚本，并在其中输入代码。MouseControl 脚本的完整代码如下。

```csharp
using System.Collections;
using System.Collections.Generic;
using UnityEngine;
using UnityEngine.UIElements;
using UnityEngine.AI;

public class MouseControl : MonoBehaviour
{
    // 范围中心点及半径
    public Transform center;
    public float radius = 10.0f;

    private NavMeshAgent _agent;
    private Animator _animator;
    private int _animIDSpeed;
    void Start()
    {
        _agent = GetComponent<NavMeshAgent>();
        _animator = GetComponent<Animator>();
        _animIDSpeed = Animator.StringToHash("Speed");
        _agent.autoBraking = false;
        GotoRandomPoint();
    }
```

```
void GotoRandomPoint()
{
    // 圆心坐标，y坐标不使用
    float x0 = center.position.x;
    float y0 = center.position.y;
    float z0 = center.position.z;
    float u, v, x, y, z, p,theta;
    System.Random random = new System.Random();
    // 取 0～1 随机数
    u = (float)random.NextDouble();
    v = (float)random.NextDouble();
    // 将 u 映射到 0～radius
    p = u * radius;
    // 将 v 映射到 0～2*PI
    theta = v * 2 * Mathf.PI;
    // 生成笛卡儿坐标
    x = x0 + p * Mathf.Cos(theta);
    y = y0;
    z = z0 + p * Mathf.Sin(theta);

    _agent.destination = new Vector3(x, y, z);
    _animator.SetFloat(_animIDSpeed, _agent.speed);

}

void Update()
{
    // 当代理接近当前目标点时，选择下一个目标点
    if (!_agent.pathPending && _agent.remainingDistance < 0.5f)
        GotoRandomPoint();
}
```

步骤（6）在 Visual Studio 编辑器中，保存 C#文件，返回 Unity 编辑器。

步骤（7）把场景中的 MouseCenter 游戏对象拖到 Mouse 游戏对象的 MouseControl 脚本的 Center 上。将 Mouse 游戏对象的 Scale 值设置为 2，并对其进行适当放大。

步骤（8）选择场景中的 StoneLakeTerrain 游戏对象，单击 NavMeshSurface（导航网格表面）组件中的 Bake 按钮，烘焙导航网格。

步骤（9）单击 Play（播放）按钮，开始播放，测试效果。单击 Stop（停止）按钮，结束播放，选择菜单栏中的 File->Save（文件->保存）命令，保存场景。

第 11 章 图形用户界面

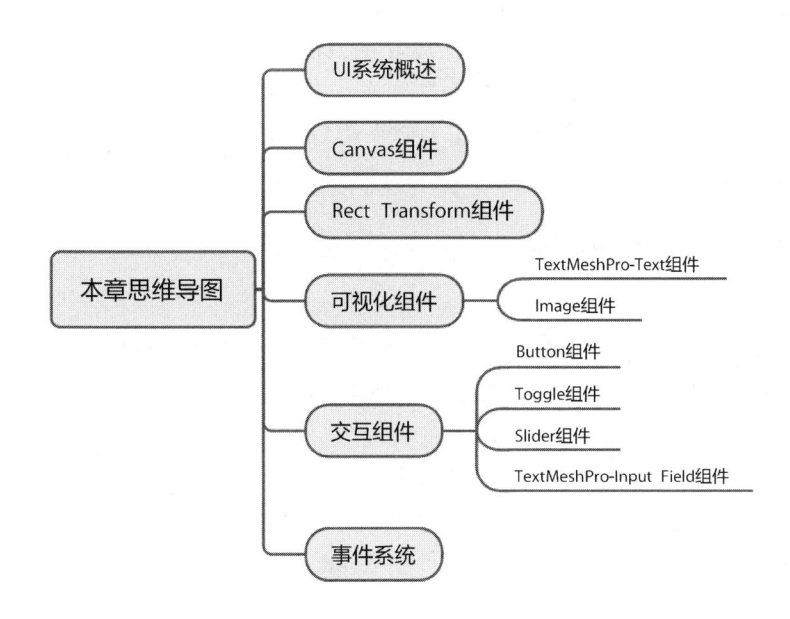

11.1 UI 系统概述

Unity 提供了 3 个 UI 系统，可以使用它们在 Unity 编辑器中为应用程序创建 UI（用户界面）。

1. UGUI

UGUI（Unity Graphical User Interface）是一个较旧的基于 GameObject 的 UI 系统。在 UGUI 中，可以使用组件和 Game（游戏）视图来排列、定位和设计用户界面。它支持高级渲染和文本功能。

2. IMGUI

IMGUI（Immediate Mode Graphical User Interface）是一个代码驱动的 UI 工具包，可以使用 OnGUI() 函数和实现它的脚本来绘制和管理用户界面。

3. UI Toolkit

UI Toolkit 是 Unity 中最新的 UI 系统，旨在优化跨平台的性能，我们可以使用 UI Toolkit 为 Unity Editor 创建扩展，并为游戏和应用程序创建运行时 UI。

3 个 UI 系统的区别如表 11-1 所示。

表 11-1

UI 类型	运行时	Unity 编辑器
UGUI	√	×
IMGUI	不推荐	√
UI Toolkit	√	√

UI Toolkit 是 Unity 官方推荐的 UI 系统，但它仍然缺少 UGUI 和 IMGUI 中的一些功能。例如，不依赖 GameObject，难以制作放置在 3D 世界中的可互动 UI；不支持 Shader，难以制作特效；不支持 Animator 组件，无法制作实时循环动画，而 UGUI 相对成熟。为了兼容用 UGUI 制作的项目，本章以 UGUI 为例介绍 Unity 的 UI 系统。

11.2 Canvas 组件

Canvas（画布）组件是 UGUI 系统中的一个重要组件，表示进行 UI 布局和渲染的抽象空间。所有 UI 元素都必须是附加了 Canvas（画布）组件的游戏对象的子对象。在创建 UI 元素对象时，如果场景中没有 Canvas（画布）对象，则会自动创建该对象。

传统上，渲染 UI 的效果就好像是直接在屏幕上绘制的简单图形设计。也就是说，没有摄像机观察 3D 空间的概念。Unity 支持这种屏幕空间渲染方式，但也允许 UI 在场景中渲染为对象，具体取决于 Canvas（画布）组件中 Render Mode 属性选用的渲染模式。可用的渲染模式有以下 3 种。

1. Screen Space-Overlay

此渲染模式将 UI 元素永远放置在屏幕的顶层。如果调整屏幕大小或更改分辨率，则画布将自动更改大小来适应此情况。

2. Screen Space–Camera

此渲染模式类似于 Screen Space-Overlay，但在此渲染模式下，画布放置在指定摄像机前面的给定距离处。UI 元素由此摄像机渲染，如果调整屏幕大小、更改分辨率或摄像机视锥体发生改变，则画布也将自动更改大小来适应此情况。

3. World Space

在此渲染模式下，画布的行为与场景中的所有其他对象相同。画布大小可以用矩形变换进行手动设置，而 UI 元素将基于 3D 位置在场景中的其他对象前面或后面进行渲染。此渲染模式对于要成为游戏世界的一部分的 UI 非常有用。

11.3 Rect Transform 组件

Rect Transform（矩形变换）组件是 Transform（变换）组件在 2D 布局中的对应组件。变换组件表示单个点，而矩形变换组件表示可以包含 UI 元素的矩形。如果矩形变换的父项也是矩形变换，则子矩形变换还可以指定子矩形应该如何相对于父矩形进行定位和大小调整。Rect Transform（矩形变换）组件属性如图 11-1 所示。

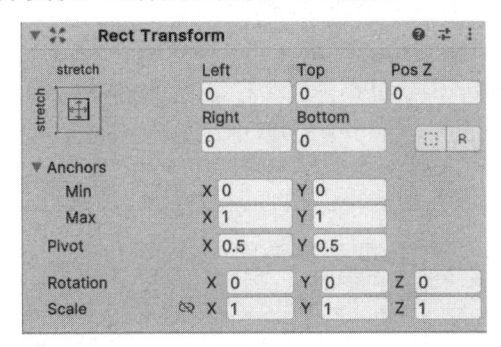

图 11-1

Rect Transform（矩形变换）组件属性的功能说明如表 11-2 所示。

表 11-2

属性	功能说明
Pos X、Pos Y、Pos Z	矩形轴心点相对于锚点的位置。轴心点是矩形旋转所围绕的位置
Width/Height	矩形的宽度和高度
Left、Top、Right、Bottom	矩形边缘相对于锚点的位置，可视为由锚点定义的矩形内的填充。当锚点分离时将取代 Pos 和 Width/Height 显示
Min	矩形左下角的锚点，可以定义为父矩形大小的一个比例。(0,0) 相当于锚定到父项的左下角，而 (1,1) 相当于锚定到父项的右上角
Max	矩形右上角的锚点，可以定义为父矩形大小的一个比例。(0,0) 相当于锚定到父项的左下角，而 (1,1) 相当于锚定到父项的右上角。锚点与矩形四个角点之间的距离均保持不变
Pivot	矩形旋转围绕的轴心点的位置，可以定义为矩形本身大小的一个比例。(0,0) 相当于左下角，而 (1,1) 相当于右上角
Rotation	对象围绕其轴心点沿 x、y 和 z 轴的旋转角度
Scale	在 X、Y 和 Z 维度中应用于对象的缩放因子

课堂任务 1：使用 Rect Transform 组件

任务步骤：

步骤（1）运行 Unity Hub，选择"项目"选项卡，单击右上角的"新项目"按钮。

步骤（2）在打开的窗口中，将"编辑器版本"设置为 2023.1.15f1，选择 Universal 3D 项目模板。

步骤（3）在"项目设置"选区中为项目指定一个保存的位置，如 D:\UnityProject。这里读者可以根据自己的实际情况进行更改，并将"项目名称"设置为 Exercise_11。完成设置后，单击"创建项目"按钮，创建一个新项目。

步骤（4）选择菜单栏中的 File->Save As（文件->另存为）命令，把场景保存到 Scenes 文件夹中，并命名为"课堂任务 1"。

步骤（5）选择菜单栏中的 GameObject->UI->Panel（游戏对象->UI->面板）命令，在场景中创建一个 2D UI 游戏对象，同时会创建一个 Canvas 游戏对象，单击 Scene（场景）视图工具栏中的 2D 按钮，把场景切换到 2D 视图。

步骤（6）在 Hierarchy（层级）窗口中，选中刚才创建的 Panel，选择菜单栏中的 GameObject->UI->Button-TextMeshPro（游戏对象->UI->按钮-TextMeshPro）命令，在 Panel 下面创建一个子对象 Button。在打开的窗口中，单击 Import TMP Essentials 按钮，导入 TextMeshPro 资源，如图 11-2 所示。

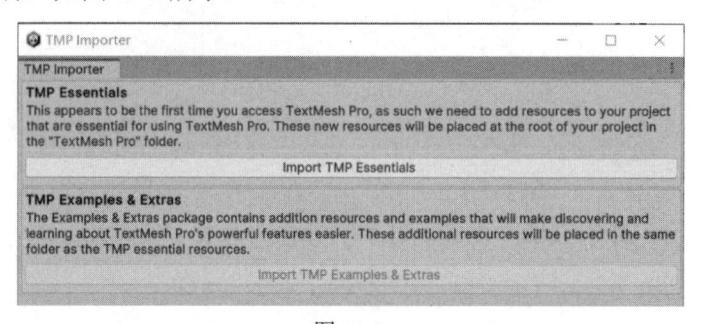

图 11-2

步骤（7）在 Hierarchy（层级）窗口中选中，刚才创建的 Button。在 Inspector（检查器）窗口中，将 Anchor Presets 设置为水平居中对齐和垂直居中对齐，Pos X、Y、Z 分别设置为 0、-50、0，现在 Button 锚定到它的父对象 Panel 的中心，使 Button 与 Panel 中心保持固定偏移，如图 11-3 所示。

步骤（8）在 Hierarchy（层级）窗口中，选中 Button。在 Inspector（检查器）窗口中，将 Anchor Presets 设置为左下角对齐，现在 Button 锚定到它的父对象 Panel 的左下角，使 Button 与 Panel 左下角保持固定偏移，如图 11-4 所示。

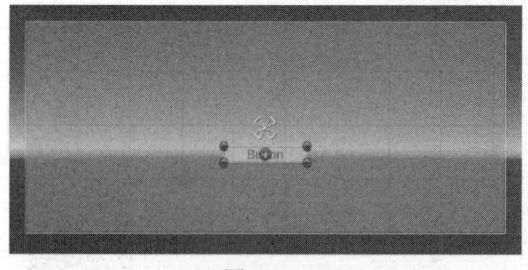

图 11-3 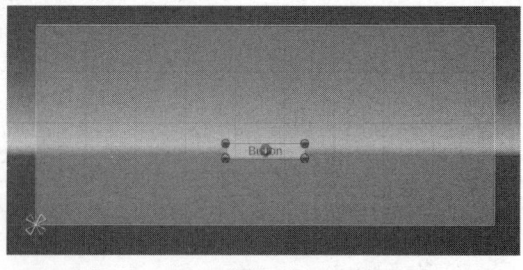　　　　　　　　　　　　　　　图 11-4

步骤（9）在 Hierarchy（层级）窗口中，选中 Button。在 Inspector（检查器）窗口中，将 Anchor Min 设置为（0，0），Max 设置为（1，0），现在 Button 的左角锚定到它的父对象 Panel 的左下角，Button 的右角锚定到它的父对象 Panel 的右下角，使 Button 的角与其各自的锚点保持固定的偏移，如图 11-5 所示。

图 11-5

步骤（10）选择菜单栏中的 File->Save（文件->保存）命令，保存场景。

11.4 可视化组件

11.4.1 TextMeshPro- Text 组件

用于显示非交互式文本的组件有 Text 组件，但推荐使用 TextMeshPro-Text 组件，因为此组件可用于为其他 GUI 组件提供标题或标签。TextMeshPro-Text 组件属性如图 11-6 所示。

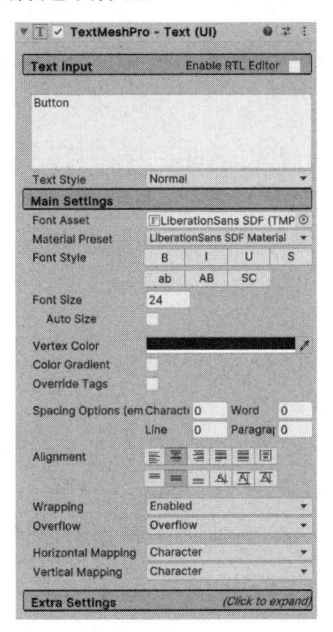

图 11-6

TextMeshPro-Text 组件属性的功能说明如表 11-3 所示。

表 11-3

属性	功能说明
Text Input	在此输入要显示的文本
Enable RTL Editor	勾选此复选框，可以启用富文本编辑器
Text Style	设置文本样式

续表

Font Asset	要在 TextMeshPro 中使用不同的字体，需要创建字体资源。TextMeshPro 有自己的字体资产格式，与 Unity 的常规字体资产格式不同，可以从 Unity 字体资源中创建 TextMeshPro 字体资源
Material Preset	该属性可以为字体选择一种材质，因为每个字体资源都有一个默认材质，也可以为其创建自定义材质。此预设列表包括所有材质，这些材质的名称包含字体资源的名称，并使用相应的字体图集纹理
Font Style	应用于文本的字体样式
Font Size	显示的文本的字体大小
Auto Size	勾选此复选框可以自动设置字体大小
Vertex Color	选择文本的主颜色。在 TextMeshPro 游戏对象或其材质中定义的任何颜色和纹理都会与此颜色相乘
Color Gradient	勾选此复选框可以将颜色渐变应用于每个角色精灵（Character Sprite）
Override Tags	勾选此复选框可以忽略任何更改文本颜色的富文本标记
Spacing Options	控制字符、单词、行和段落之间的间距
Alignment	文本的水平和垂直对齐方式
Wrapping	启用或禁用换行
Overflow	指定当文本超出显示区域时采用的溢出方式
Horizontal Mapping	指定在使用支持纹理的着色器时，纹理如何水平映射到文本中
Vertical Mapping	指定在使用支持纹理的着色器时，纹理如何垂直映射到文本中

课堂任务 2：使用 TextMeshPro-Text 组件

任务步骤：

步骤（1）运行 Unity Hub，打开 Exercise_11 项目。

步骤（2）在 Windows 文件资源管理器中，解压缩"第 11 章课堂素材.rar"文件，把解压缩后的所有文件和文件夹都复制到项目的 Assets 文件夹中。

步骤（3）选择菜单栏中的 File->New Scene（文件->新建场景）命令，新建一个 Basic（URP）类型的场景。

步骤（4）选择菜单栏中的 File->Save As（文件->另存为）命令，把场景保存到 Scenes 文件夹中，并命名为"课堂任务 2"。

步骤（5）选择菜单栏中的 GameObject->UI->Text-TextMeshPro（游戏对象->UI->文本-TextMeshPro）命令，在场景中创建一个 2D UI 游戏对象，同时创建一个 Canvas 游戏对象，单击 Scene（场景）视图工具栏中的 2D 按钮，把场景切换到 2D 视图。

步骤（6）选择场景中的 Text（TMP）游戏对象，在 Inspector（检查器）窗口中输入范成大的诗句，如图 11-7 所示。

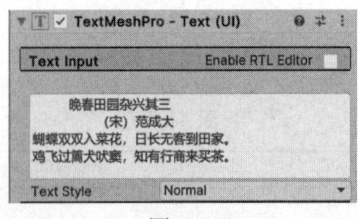

图 11-7

但是，该内容在场景中不能正确显示，这是因为 TextMeshPro-Text 组件默认的字体不支持中文。

步骤（7）选择菜单栏中的 Window->TextMeshPro->Font Asset Creator（窗口->TextMeshPro->字体资产创建工具）命令，打开 Font Asset Creator 窗口，将 Source Font File 设置为 Assets/Fonts/ STXINGKA.TTF，Atlas Resolution（图集分辨率）设置为 2048、2048，Character Set（字符集）设置为 Custom Characters，在 Custom Character List 中输入的字符要能包含 Text Input 中输入的所有字符。单击 Generate Font Atlas 按钮，生成字体图集，如图 11-8 所示。单击 Save As 按钮，保存到 Assets/Fonts 文件夹中。

步骤（8）关闭 Font Asset Creator 窗口。在 Inspector（检查器）窗口中，将 Font Asset 更改为 STXINGKA SDF。如果文字有背景色，则需要选择 STXINGKA SDF Material 材质，将 Dilate 设置为-1。

步骤（9）在场景中调整文字的宽度和高度，并将 Anchor Presets 设置为垂直居中对齐和水平居中对齐，如图 11-9 所示。

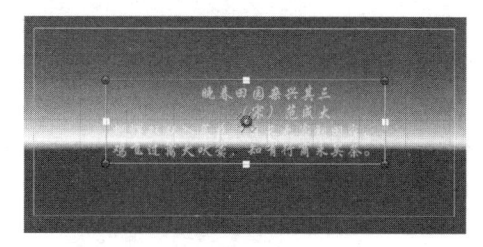

图 11-8　　　　　　　　　　　图 11-9

步骤（10）选择菜单栏中的 File->Save（文件->保存）命令，保存场景。

11.4.2　Image 组件

Image（图像）组件用于非交互式图像，由于此图像可用于装饰或作为图标之类的用途，因此 Image（图像）组件要求其纹理为 Sprite（精灵）。Image（图像）组件属性如图 11-10 所示。

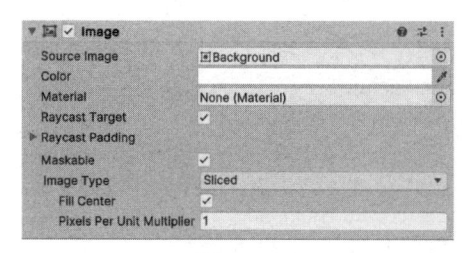

图 11-10

Image（图像）组件属性的功能说明如表 11-4 所示。

表 11-4

属性	功能说明
Source Image	要显示的图像，图像必须作为精灵导入
Color	要应用于图像的颜色
Material	用于渲染图像的材质
Raycast Target	勾选 Raycast Target 复选框，可以将图像视为射线投射的目标
Raycast Padding	射线投射的边距
Maskable	勾选该复选框，使 Image（图像）组件被遮罩所影响，从而限制图像的显示范围
Image Type	渲染图像的类型。 • Simple：简单。 • Sliced：九宫格。 • Tiled：平铺。 • Filled：填充
Preserve Aspect	确保图像保持其现有尺寸
Set Native Size	将图像框的尺寸设置为纹理的原始像素大小

11.5 交互组件

11.5.1 Button 组件

Button（按钮）组件可响应用户的点击并用于启动或确认操作。Button（按钮）组件属性如图 11-11 所示。

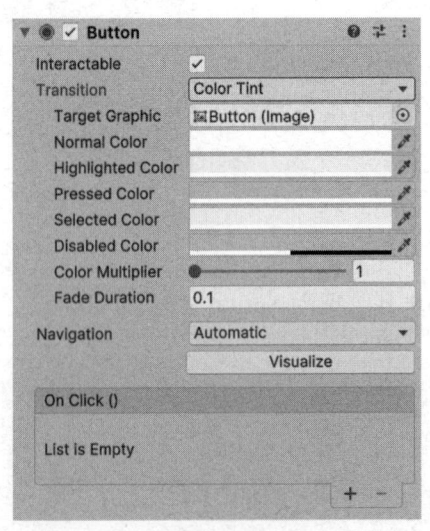

图 11-11

Button（按钮）组件属性的功能如表 11-5 所示。

表 11-5

属性	功能说明
Interactable	勾选 Interactable 复选框，表示此组件接受输入
Transition	在可选组件中，有几个过渡选项，具体取决于可选组件的当前状态（包括正常、突出显示、按下、选中和禁用）。 • None：此选项用于使按钮完全没有状态效果。 • Color Tint：根据按钮所处的状态更改按钮的颜色，可以为每个单独的状态选择颜色，也可以在不同状态之间设置 Fade Duration 属性。Fade Duration 值越大，颜色之间的淡入淡出越慢。 • Sprite Swap：允许根据按钮当前的状态显示不同的精灵，并且可以自定义精灵。 • Animation：允许根据按钮的状态生成动画，必须存在动画器组件才能使用动画过渡
Navigation	确定控件顺序的属性
On Click	事件，用户单击按钮在松开时 Unity 调用的 UnityEvent

11.5.2 Toggle 组件

Toggle（开关）组件允许用户打开或关闭某个选项。Toggle（开关）组件属性如图 11-12 所示。

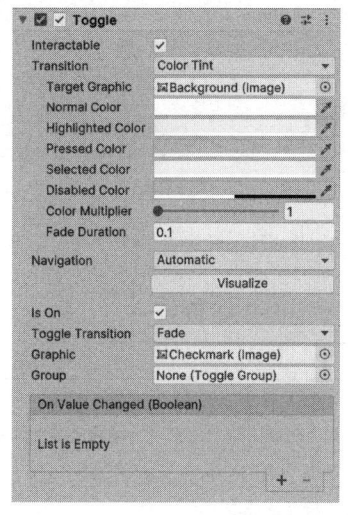

图 11-12

Toggle（开关）组件属性的功能说明如表 11-6 所示。

表 11-6

属性	功能说明
Interactable	勾选 Interactable 复选框，表示此组件接受输入
Transition	确定组件以何种方式对用户操作进行可视化响应的属性
Navigation	确定组件顺序的属性
Is On	Toggle 在开始时是否为勾选状态
Toggle Transition	Toggle 在其属性值发生变化时以图形方式做出的反应
Graphic	用于复选标记的图像
Group	此 Toggle 所属的 Toggle 组，同组内的 Toggle 互斥
On Value Changed	事件，单击开关时调用的 UnityEvent。该事件可以将当前状态作为 bool 类型动态参数发送

11.5.3　Slider 组件

Slider（滑动条）组件允许用户通过拖动鼠标从预定范围中选择数值。Slider（滑动条）组件属性如图 11-13 所示。

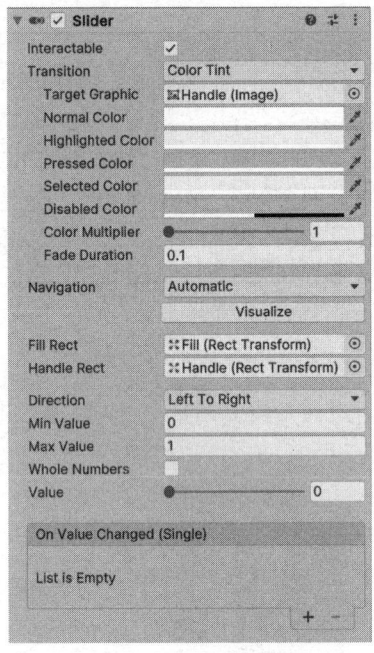

图 11-13

Slider（滑动条）组件属性的功能说明如表 11-7 所示。

表 11-7

属性	功能说明
Interactable	勾选 Interactable 复选框，表示此组件接受输入
Transition	确定组件以何种方式对用户操作进行可视化响应的属性
Navigation	确定组件顺序的属性
Fill Rect	用于填充组件填充区域的图形
Handle Rect	用于填充组件滑动控制柄部分的图形
Direction	拖动控制柄时滑动条值增加的方向
Min Value	滑动条最小值
Max Value	滑动条最大值
Whole Numbers	是否应该将滑动条约束为整数值
Value	滑动条的当前数值
On Value Changed	滑动条的当前数值已变化时调用的 UnityEvent。该事件可以将当前数值作为 float 类型动态参数发送。无论是否已勾选 Whole Numbers 复选框，该数值都将作为 float 类型传递

11.5.4　TextMeshPro-Input Field 组件

TextMeshPro-Input Field 是一种使文本可编辑的方法，通常用于输入文本。TextMeshPro-Input Field 组件属性如图 11-14 所示。

第11章 图形用户界面

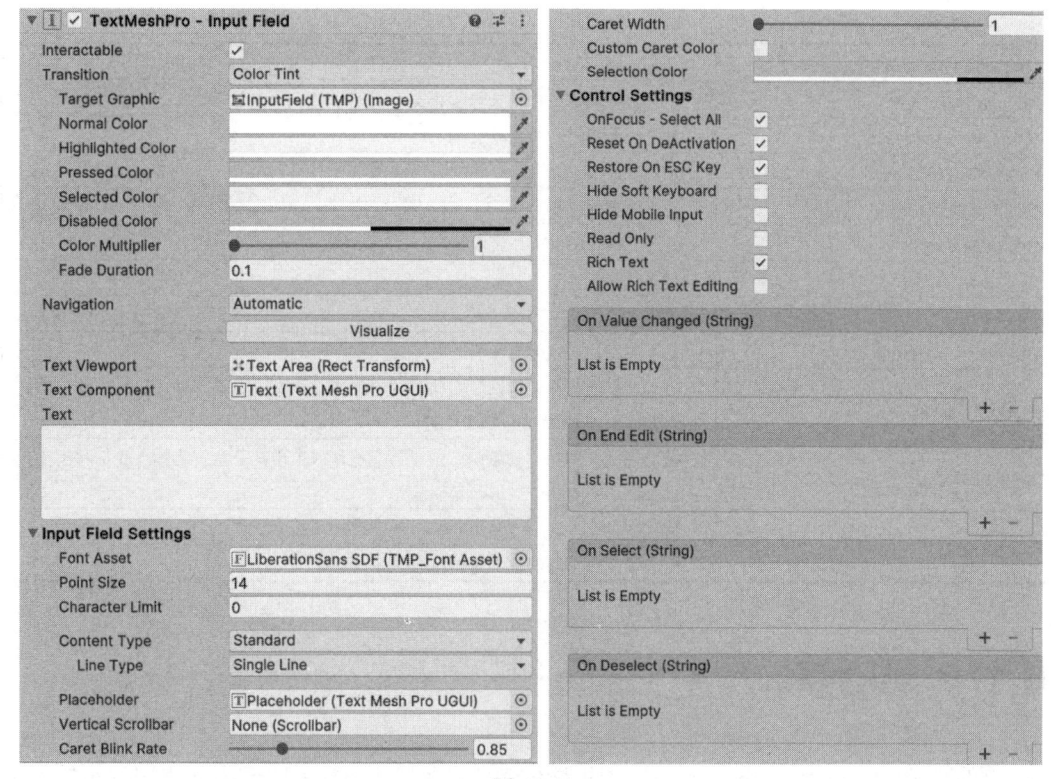

图 11-14

TextMeshPro-Input Field 组件属性的功能说明如表 11-8 所示。

表 11-8

属性	功能说明
Interactable	勾选 Interactable 复选框，表示此组件接受输入
Transition	确定组件以何种方式对用户操作进行可视化响应的属性
Navigation	确定组件顺序的属性
Text Viewport	输入字段文本内容在视图中的可视区域
Text Component	对用作输入字段内容的文本元素的引用
Text	开始编辑前置于字段中的初始文本
Input Field Settings 组	
Font Asset	字体资产
Point Size	字符点大小
Character Limit	可在输入字段中输入的最大字符数
Content Type	定义输入字段可接受的字符类型
Line Type	定义文本字段中文本的格式
Placeholder	这是一个可选的空图形，用于表明输入字段不包含文本
Vertical Scrollbar	垂直滚动条
Caret Blink Rate	输入字段光标闪烁速率
Caret Width	输入字段光标的宽度
Custom Caret Color	自定义光标颜色
Selection Color	所选文本部分的背景颜色

续表

Control Settings 组	
OnFocus-Select All	是否获得焦点，自动选择所有文本
Reset On DeActivation	是否在禁用时，重置其文本
Restore On ESC Key	是否在按下 ESC 键时，恢复到原始状态
Hide Soft Keyboard	是否隐藏软键盘
Hide Mobile Input	是否隐藏移动输入法键盘
Read Only	文本是否只读
Rich Text	是否支持富文本特性
Allow Rich Text Editing	是否允许富文本编辑
On Value Changed	输入字段的文本内容发生变化时调用的 UnityEvent。该事件可以将当前文本内容作为 string 类型动态参数发送
On End Edit	用户完成文本内容的编辑，通过提交操作或单击某个位置将输入光标移出输入字段时调用的 UnityEvent
On Select	输入字段文本选中时调用的 UnityEvent
On Deselect	输入字段文本取消选中时调用的 UnityEvent

11.6 事件系统

事件系统（Event System）负责控制构成事件的所有其他元素。该系统会协调哪个输入模块当前处于激活状态，哪个游戏对象当前被视为"已选中"，以及许多其他高级事件系统概念。在每次更新时，事件系统都会收到调用、查看其输入模块，并确定应该将哪个输入模块用于此活动。之后，系统会将处理委托给模块。Event System（事件系统）组件如图 11-15 所示。

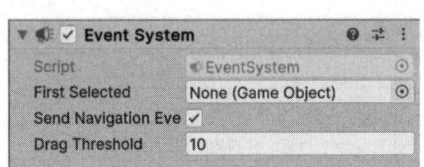

图 11-15

> **小贴士**
>
> Event System（事件系统）组件默认用的是旧的输入系统，如果项目用的是新的输入系统，则需要单击 Replace with InputSystemUIInputModule 按钮用新的输入系统代替。

项目任务 22：设计开始界面

任务步骤：

步骤（1）运行 Unity Hub，打开 StoneLake 项目。

步骤（2）在 Windows 文件资源管理器中，解压缩"第 11 章项目素材.rar"文件，把解压缩后的所有文件和文件夹都复制到项目的 Assets 文件夹中。

步骤（3）选择菜单栏中的 File->Save As（文件->另存为）命令，把"项目任务 21"场景保存到 Scenes 文件夹中，并重命名为"项目任务 22"。

步骤（4）选择菜单栏中的 File->New Scene（文件->新建场景）命令，新建一个 Basic（URP）类型的场景。把新建场景保存到 Scenes 文件夹中，并命名为 Start。

步骤（5）在 Project（项目）窗口中，展开 Assets/UI 文件夹，选中里面的所有文件。在 Inspector（检查器）窗口中，将 Texture Type 设置为 Sprite（2D and UI），Sprite Mode 设置为 Single，单击 Apply（应用）按钮，应用更改设置，如图 11-16 所示。

步骤（6）在 Project（项目）窗口中，选择 Assets/UI/Dialog_Background 文件。在 Inspector（检查器）窗口中，单击 Install 2D Sprite Package 按钮，安装 2D 精灵包。在 Sprite Editor 窗口中，将 Border L、R、T、B 都设置为 10，单击 Apply（应用）按钮，应用更改设置，如图 11-17 所示。

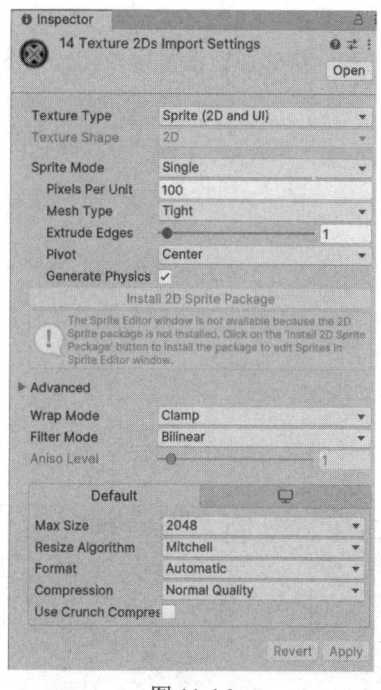

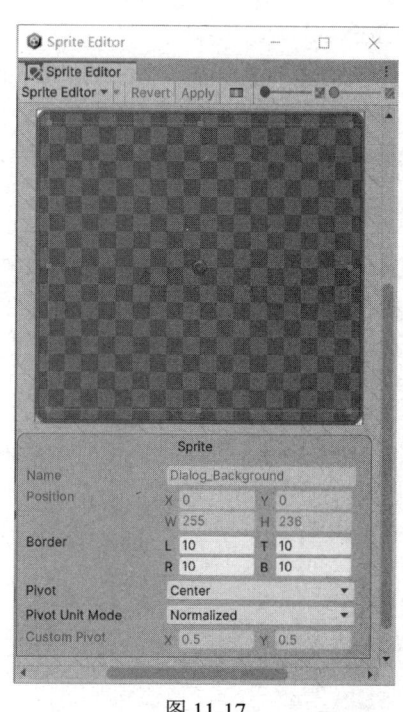

图 11-16　　　　　　　　　　　　　图 11-17

步骤（7）单击 Scene（场景）视图中的 2D 按钮，把场景切换到 2D 视图。选择菜单栏中的 Window->Rendering->Lighting（窗口->渲染->光照）命令，打开 Lighting（光照）窗口，在 Environment 选项卡中，将 Skybox Material 设置为 None。

步骤（8）选择菜单栏中的 GameObject->UI->Button-TextMeshPro（游戏对象->UI->按钮-TextMeshPro）命令，创建一个 Button UI 元素。在打开的 TMP Importer 窗口中，单击 Import TMP Essentials 按钮，导入 TextMeshPro 的基础资源。在 Hierarchy（层级）窗口中，选择 Button，并将其重命名为 Btn_Start。删除它下面的 Text（TMP）子对象。

步骤（9）选择 Btn_Start 游戏对象，在 Inspector（检查器）窗口中，将 Image（图像）组件中的 Source Image 设置为 Assets/UI/Start，单击 Set Native Size 按钮，设置图像的原始大小。

233

将 Button（按钮）组件中的 Transition 设置为 Sprite Swap，Highlighted Sprite 设置为 Assets/UI/StartOver。

按住 Alt 键单击 Anchor Presets 中的 top、center 对齐，将 Pos Y 设置为-150，如图 11-18 所示。

步骤（10）选择菜单栏中的 GameObject->UI->Button-TextMeshPro（游戏对象->UI->按钮-TextMeshPro）命令，创建一个 Button UI 元素。在 Hierarchy（层级）窗口中，把它重命名为 Btn_Exit，删除它下面的 Text（TMP）子对象。

步骤（11）选择 Btn_Exit 游戏对象，在 Inspector（检查器）窗口中，将 Image（图像）组件中的 Source Image 设置为 Assets/UI/Exit，单击 Set Native Size 按钮，设置图像的原始大小。

将 Button（按钮）组件中的 Transition 设置为 Sprite Swap，Highlighted Sprite 设置为 Assets/UI/ExitOver。

按住 Alt 键单击 Anchor Presets 中的 top、center 对齐，将 Pos Y 设置为-250，如图 11-19 所示。

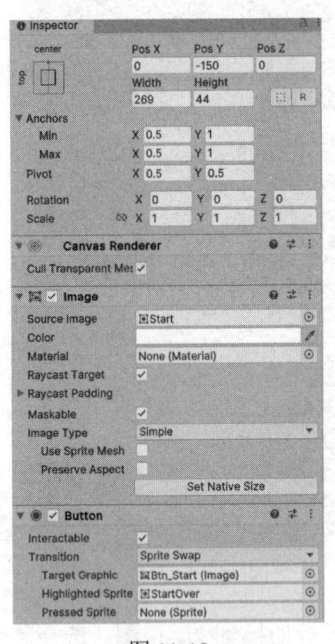

图 11-18

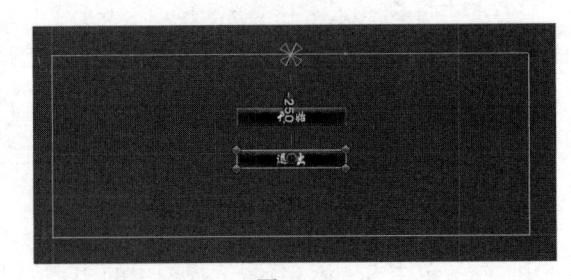

图 11-19

步骤（12）选择 Hierarchy（层级）窗口中的 EventSystem 游戏对象，单击 Standalone Input Module 组件下面的 Replace with InputSystemUIInputModule 按钮，用新的输入系统代替旧的输入系统。

步骤（13）选择菜单栏中的 GameObject->Create Empty（游戏对象->创建空对象）命令，创建一个空对象，并将其重命名为 GameObject。

在 Project（项目）窗口的 Assets/Scripts 文件夹中，创建一个 C#脚本，将其重命名为 StartUIControl，把它挂载到 GameObject 空对象上。

步骤（14）双击 StartUIControl 脚本，在 Visual Studio 编辑器中打开该脚本，并在其中输入代码。StartUIControl 脚本的完整代码如下。

```
using System.Collections;
using System.Collections.Generic;
using UnityEngine;
using UnityEngine.SceneManagement;

public class StartUIControl : MonoBehaviour
{
    // 在Unity编辑器中指定要加载的场景名
    public string sceneName;
    public void OnStartClick()
    {
        SceneManager.LoadScene(sceneName);
    }

    public void OnExitClick()
    {
        //下面这一行代码仅用于在Unity编辑器中播放时使用,若要发布到平台使用,则需要删除
        UnityEditor.EditorApplication.isPlaying = false;
        Application.Quit();
    }
}
```

步骤（15）在 Visual Studio 编辑器中，保存 C#文件，返回到 Unity 编辑器。选择 Btn_Start 游戏对象，在 Button（按钮）组件的 On Click()列表中添加处理事件的方法为 GameObject 空对象上的 StartUIControl.OnStartClick()方法，如图 11-20 所示。

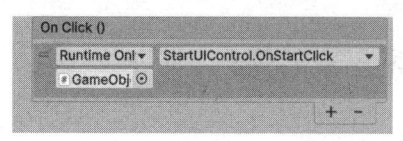

图 11-20

步骤（16）选择 Btn_Exit 游戏对象，在 Button（按钮）组件的 On Click()列表中添加处理事件的方法为 GameObject 空对象上的 StartUIControl.OnExitClick()方法。

步骤（17）在 Hierarchy（层级）窗口中，选择 GameObject 空对象，将 StartUIControl 脚本上的 Scene Name 设置为"项目任务 22"，如图 11-21 所示。选择菜单栏中的 File->Save（文件->保存）命令，保存场景。

图 11-21

步骤（18）选择菜单栏中的 File->Building Settings（文件->生成设置）命令，打开 Building Settings 窗口，在 Scenes In Build 列表中删除原有的 Scenes/SampleScene。

把 Project（项目）窗口 Assets/Scenes 下面的 Start 和"项目任务 22"拖到列表中，如图 11-22 所示。

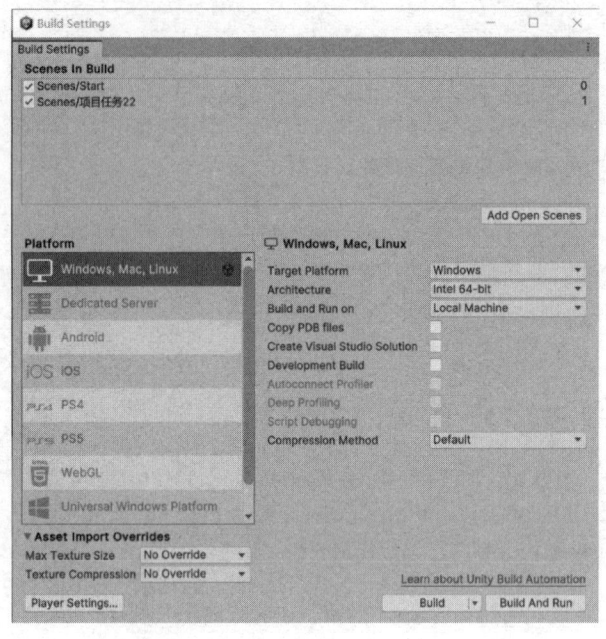

图 11-22

步骤（19）关闭 Build Settings 窗口。单击 Play（播放）按钮，开始播放，测试开始界面的两个按钮功能。

项目任务 23：设计系统菜单界面

任务步骤：

步骤（1）运行 Unity Hub，打开 StoneLake 项目。

步骤（2）选择菜单栏中的 File->Open Scene（文件->打开场景）命令，打开 Scenes 文件夹中的"项目任务 22"场景。

步骤（3）选择菜单栏中的 File->Save As（文件->另存为）命令，把"项目任务 22"场景保存到 Scenes 文件夹中，并重命名为"项目任务 23"。

步骤（4）暂时隐藏场景中的 StoneLakeTerrain 游戏对象。选择菜单栏中的 GameObject->UI->Panel（游戏对象->UI->面板）命令，创建一个 Panel 游戏对象，将其重命名为 MenuPanel。

步骤（5）选择菜单栏中的 GameObject->UI->Button-TextMeshPro（游戏对象->UI->按钮-TextMeshPro）命令，创建一个 Button 游戏对象，将其重命名为 Btn_Option，删除它下面的 Text（TMP）子对象，将 Btn_Option 设置为 MenuPanel 的子对象。在 Hierarchy（层级）窗口中，选择 Btn_Option 游戏对象，按组合键 Ctrl+D 复制两份，分别将其重命名为 Btn_Return 和 Btn_Exit。如图 11-23 所示。

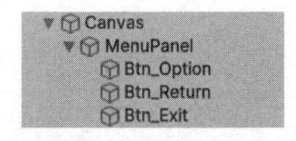

图 11-23

步骤（6）选择 Btn_Option 游戏对象，将 Image（图像）组件中的 Source Image 设置为

Assets/UI/Option，单击 Set Native Size 按钮，设置图像为原始大小。

将 Button（按钮）组件中的 Transition 设置为 Sprite Swap，Highlighted Sprite 设置为 Assets/UI/OptionOver。

按住 Alt 键单击 Anchor Presets 中的 top、center 对齐，将 Pos Y 设置为-100，如图 11-24 所示。

步骤（7）选择 Btn_Return 游戏对象，将 Image（图像）组件中的 Source Image 设置为 Assets/UI/Return，单击 Set Native Size 按钮，设置图像为原始大小。

将 Button（按钮）组件中的 Transition 设置 Sprite Swap，Highlighted Sprite 设置为 Assets/UI/ReturnOver。

按住 Alt 键单击 Anchor Presets 中的 top、center 对齐，将 Pos Y 设置为-200。

步骤（8）选择 Btn_Exit 游戏对象，将 Image（图像）组件中的 Source Image 设置为 Assets/UI/Exit，单击 Set Native Size 按钮，设置图像为原始大小。

将 Button（按钮）组件中的 Transition 设置为 Sprite Swap，Highlighted Sprite 设置为 Assets/UI/ExitOver。

按住 Alt 键单击 Anchor Presets 中的 top、center 对齐，将 Pos Y 设置为-300。

步骤（9）选择 Hierarchy（层级）窗口中的 MenuPanel 游戏对象，隐藏该对象。

步骤（10）选择菜单栏中的 GameObject->UI->Panel（游戏对象->UI->面板）命令，创建一个 Panel 游戏对象，将其重命名为 OptionPanel。

步骤（11）选择菜单栏中的 GameObject->UI->Image（游戏对象->UI->图像）命令，创建一个 Image 游戏对象，将其重命名为 OptionBackground，把它设置为 OptionPanel 的子对象。

将 Image（图像）组件中的 Source Image 设置为 Assets/UI/Settings。

按住 Alt 键单击 Anchor Presets 中的 center、middle 对齐，将 Rect Transform（矩形变换）组件中的 Width 设置为 600，Height 设置为 300，如图 11-25 所示。

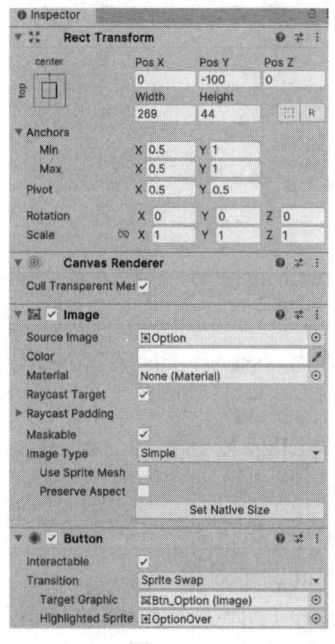

图 11-24 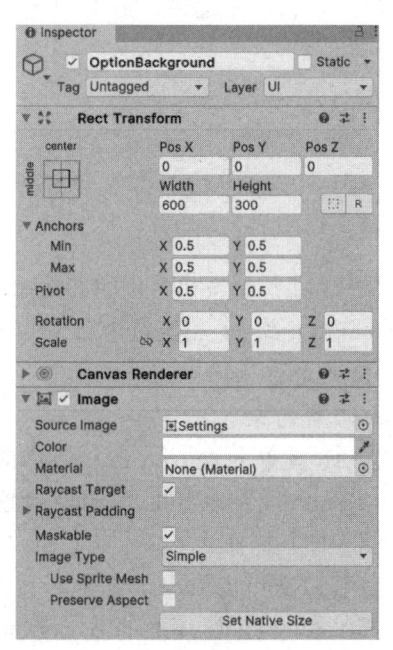   图 11-25

步骤（12）选择菜单栏中的 Window->TextMeshPro->Font Asset Creator（窗口->TextMeshPro->字体资产创建工具）命令，打开 Font Asset Creator 窗口，将 Source Font File 设置为 Assets/Fonts/ STXINGKA.TTF，Atlas Resolution（图集分辨率）设置为 2048、2048，Character Set（字符集）设置为 Characters from File，Character File 设置为 Assets/Fonts/character2500.txt。单击 Generate Font Atlas 按钮，生成字体图集，单击 Save As 按钮，将其保存到 Assets/Fonts 文件夹中，如图 11-26 所示。

步骤（13）选择菜单栏中的 GameObject->UI->Text-TextMeshPro（游戏对象->UI->文本-TextMeshPro）命令，将其重命名为 Title，把它设置为 OptionBackground 的子对象。

在 Text Input 中输入文本"选项"，将 Font Asset 设置为 Assets/Fonts/STXINGKA SDF，Font Size 设置为 50，Alignment 为居中对齐。

按住 Alt 键单击 Anchor Presets 中的 top、center 对齐，将 Pos Y 设置为-50，如图 11-27 所示。

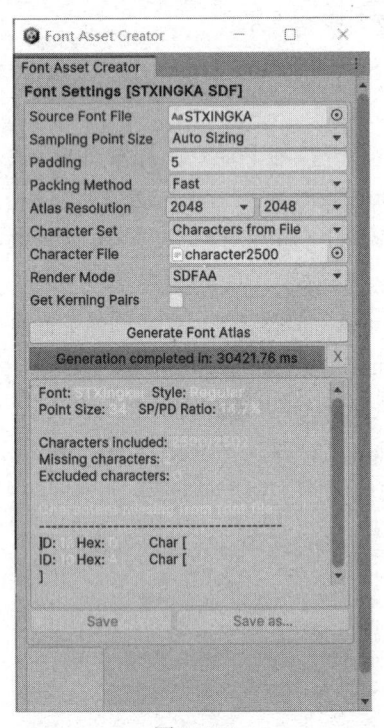

图 11-26 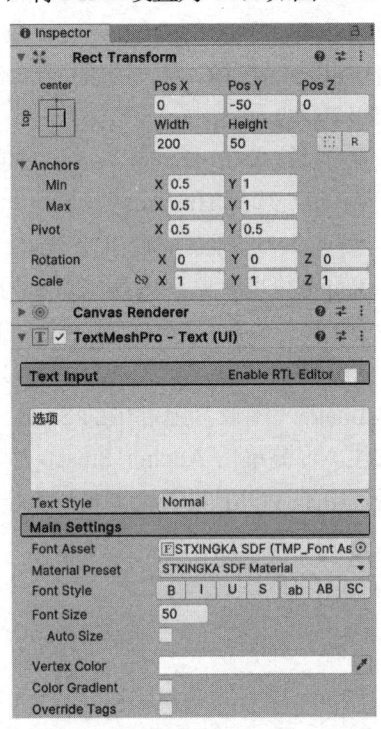　　　　　　　　　　　　　图 11-27

步骤（14）选择菜单栏中的 GameObject->UI->Text-TextMeshPro（游戏对象->UI->文本-TextMeshPro）命令，将其重命名为 VolumeText，把它设置为 OptionBackground 的子对象。

在 Text Input 中输入文本"音量"，将 Font Asset 设置为 Assets/Fonts/STXINGKA SDF，Font Size 设置为 36。

按住 Alt 键单击 Anchor Presets 中的 top、left 对齐，将 Pos X 设置为 150，Pos Y 设置为-150，Width 设置为 100，Height 设置为 50。

步骤（15）选择菜单栏中的 GameObject->UI->Slider（游戏对象->UI->滑动条）命令，将其重命名为 VolumeSlider，把它设置为 OptionBackground 的子对象。

选择 VolumeSlider 下面的 Background 子对象，将 Image（图像）组件中的 Source Image 设置为 Assets/UI/Slider_Background。

选择 Fill 子对象，将 Image（图像）组件中的 Color 设置为 RGB(28,78,106)。

选择 Handle 子对象，将 Image（图像）组件中的 Source Image 设置为 Assets/UI/Slider_Handle。

将 VolumeSlider 游戏对象的 Pos X 设置为 60，Pos Y 设置为 5，Width 设置为 320，Height 设置为 40。

将 Handle 子对象的 With 设置为 40。

步骤（16）选择菜单栏中的 GameObject->UI->Button-TextMeshPro（游戏对象->UI->按钮-TextMeshPro）命令，将其重命名为 CloseButton，把它设置为 OptionBackground 的子对象，如图 11-28 所示。

步骤（17）选择 CloseButton 游戏对象，删除它下面的 Text（TMP）子对象。将 CloseButton 游戏对象的 Image（图像）组件中的 Source Image 设置为 Assets/UI/Close。

将它的 Button（按钮）组件中的 Highlighted Sprite 设置为 Assets/UI/CloseOver。

将它的 Rect Transform（矩形变换）组件中的 Width 设置为 50，Height 设置为 50。

按住 Alt 键单击 Anchor Presets 中的 top、right 对齐，将 Pos X 设置为-10，Pos Y 设置为-10，如图 11-29 所示。

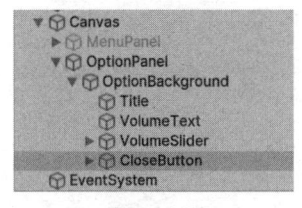

图 11-28

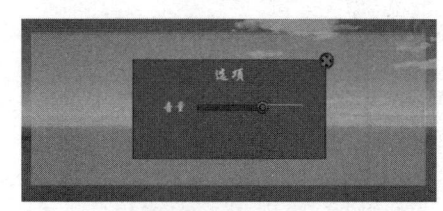

图 11-29

步骤（18）隐藏 OptionPanel 游戏对象，显示 StoneLakeTerrain 游戏对象。

步骤（19）选择 Hierarchy（层级）窗口中的 EventSystem 游戏对象，单击 Standalone Input Module 组件下面的 Replace with InputSystemUIInputModule 按钮，用新的输入系统代替旧的输入系统。

步骤（20）展开 Project（项目）窗口中的 Assets/InputSystem 文件夹，双击 PlayerInputControls。单击 Actions 右侧的+按钮，添加一个 Input Action，将其重命名为 ShowMenu。选择它下面的 No Binding，在 Binding Properties 选区中为它绑定键盘上的 M 键，勾选 KeyboardMouse 复选框，在 Interactions 中添加 Press，按下时触发，单击 Save Asset 按钮，保存动作资产，如图 11-30 所示。

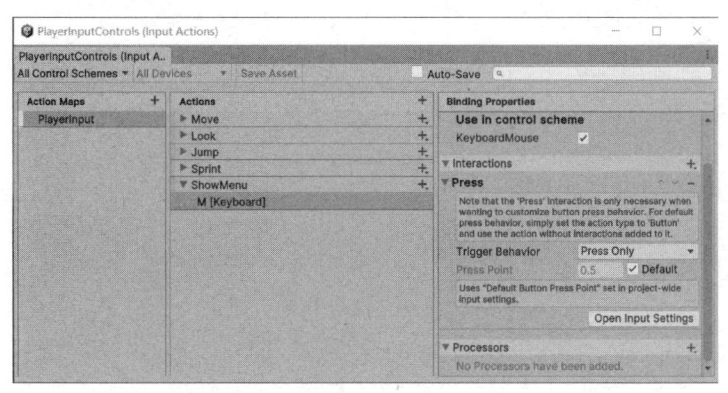

图 11-30

步骤（21）在 Project（项目）窗口中，双击 Assets/InputSystem 文件夹下面的 PlayerInputProcess 脚本，在类中的变量定义处添加以下代码。

```
public bool showMenu;
```

在类的后面添加以下代码。

```
 public void OnShowMenu(InputValue value)
    {
        ShowMenuInput(value.isPressed);
}
public void ShowMenuInput(bool newShouMenuState)
    {
        showMenu = newShouMenuState;
}
```

步骤（22）在 Visual Studio 编辑器中，保存 C#文件，返回 Unity 编辑器。

步骤（23）在 Project（项目）窗口中，双击 Assets/InputSystem 文件夹下面的 ThirdPersonCtrl 脚本，在类中的变量定义处添加以下代码。

```
public GameObject menuPanel;
    public GameObject optionPanel;
    public Slider volumeSlider;
public AudioSource backgroundAudio;
```

在类的后面添加以下代码。

```
// 如果按下了 M 键
    public void OnShowMenuPressed()
    {
        if (_input.showMenu)
        {
            ShowMenu(true);
            DisablePlayerInput();
            _input.showMenu = false;
        }
    }

    // 单击选项按钮
    public void OnOptionClick()
    {
        ShowMenu(false);
        ShowOptionWindow(true);

    }

    // 单击返回按钮
    public void OnReturnClick()
    {
        ShowMenu(false);
        EnablePlayerInput();

    }
```

```csharp
// 单击退出按钮
public void OnExitClick()
{
    //下面这一行代码仅用于在Unity编辑器中播放时使用，若要发布到平台使用，则需要删除
    UnityEditor.EditorApplication.isPlaying = false;
    Application.Quit();
}

// 调整音量
public void OnVolumeChanged()
{
    backgroundAudio.volume = volumeSlider.value;
}

//单击关闭按钮
public void OnCloseClick()
{
    ShowOptionWindow(false);
    EnablePlayerInput();
}

// 显示或隐藏菜单UI
public void ShowMenu(bool visible)
{
    menuPanel.SetActive(visible);
}

// 禁用用户输入
public void DisablePlayerInput()
{
    _playerInput.enabled = false;
    _input.cursorLocked = false;
    Cursor.visible = true;
}

// 启用用户输入
public void EnablePlayerInput()
{
    _playerInput.enabled = true;
    _input.cursorLocked = true;
    Cursor.visible = false;
}

// 显示选项窗口
public void ShowOptionWindow(bool visible)
{
    optionPanel.SetActive(visible);
}
```

在 Update 事件的方法中添加以下代码。
```
OnShowMenuPressed();
```
步骤（24）在 Visual Studio 编辑器中，保存 C#文件，返回 Unity 编辑器。

步骤（25）选择 Hierarchy（层级）窗口中的 Youngster 游戏对象，将 ThirdPersonCtrl 脚本中的 Menu Panel 设置为 Canvas 下面的 MenuPanel 子对象，Option Panel 设置为 Canvas 下面的 OptionPanel 子对象，Volume Slider 设置为 Canvas/OptionPanel/OptionBackground 下面的 VolumeSlider 子对象，Background Audio 设置为 Audios 下面的 BackgroundAudio 子对象的 Audio Source 组件，如图 11-31 所示。

步骤（26）在 Hierarchy（层级）窗口中，选择 Canvas/MenuPanel 下面的 Btn_Option 子对象。在 Inspector（检查器）窗口中，为 On Click 设置事件方法，这里为 Youngster 游戏对象的 ThirdPersonCtrl.OnOptionClick 方法，如图 11-32 所示。

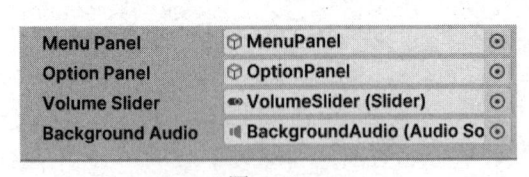

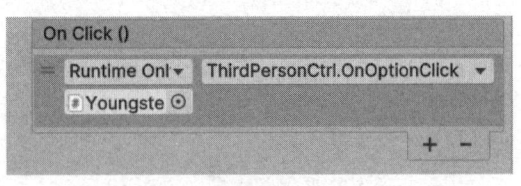

图 11-31　　　　　　　　　　　图 11-32

步骤（27）在 Hierarchy（层级）窗口中，选择 Canvas/MenuPanel 下面的 Btn_Return 子对象。在 Inspector（检查器）窗口中，为 On Click 设置事件方法，这里为 Youngster 游戏对象的 ThirdPersonCtrl.OnReturnClick 方法。

步骤（28）在 Hierarchy（层级）窗口中，选择 Canvas/MenuPanel 下面的 Btn_Exit 子对象。在 Inspector（检查器）窗口中，为 On Click 设置事件方法，这里为 Youngster 游戏对象的 ThirdPersonCtrl.OnExitClick 方法。

步骤（29）在 Hierarchy（层级）窗口中，选择 Canvas/OptionPanel/OptionBackground 下面的 VolumeSlider 子对象。在 Inspector（检查器）窗口中，为 On Value Changed 设置事件方法，这里为 Youngster 游戏对象的 ThirdPersonCtrl.OnVolumeChanged 方法。

步骤（30）在 Hierarchy（层级）窗口中，选择 Canvas/OptionPanel/OptionBackground 下面的 CloseButton 子对象。在 Inspector（检查器）窗口中，为 On Click 设置事件方法，这里为 Youngster 游戏对象的 ThirdPersonCtrl.OnCloseClick 方法。

步骤（31）选择菜单栏中的 File->Save（文件->保存）命令，保存场景。单击 Play（播放）按钮，开始播放，测试场景功能。

项目任务 24：实现对话系统

任务步骤：

步骤（1）运行 Unity Hub，打开 StoneLake 项目。

步骤（2）选择菜单栏中的 File->Save As（文件->另存为）命令，把"项目任务 23"场景保存到 Scenes 文件夹中，并重命名为 Final。

步骤（3）在房屋周边绘制一些山丘，可以利用岩石制作一个山洞，把猫放到山洞中，适当调大猫的碰撞体，如图 11-33 所示。

图 11-33

步骤（4）在房屋周围绘制一些树木、花草等植物，把老人放到有房屋的院内，把老鼠放到房屋附近的位置，把 BoyTargetPosition 游戏对象放到大门外面，把 MouseCenter 游戏对象放到房屋附近。

步骤（5）调整场景后，选择 Hierarchy（层级）窗口中的 StoneLakeTerrain 游戏对象。在 Inspector（检查器）窗口中，单击 NavMeshSurface（导航网格表面）组件中的 Bake 按钮，重新烘焙导航网格。

步骤（6）选择菜单栏中的 Assets->Import Package->Custom Package（资产->导入包->自定义包）命令，导入 Fungus.unitypackage 资源包。

步骤（7）选择菜单栏中的 Tools->Fungus->Create->Flowchart（工具->Fungus->创建->流程图）命令，创建一个 Flowchart 游戏对象。它是实现对话系统的核心对象。

步骤（8）选择菜单栏中的 Tools->Fungus->Create-Say Dialog（工具->Fungus->创建-Say Dialog）命令，创建一个 SayDialog 游戏对象。它是用于显示对话内容的 UI。

步骤（9）选择菜单栏中的 Tools->Fungus->Create->Character（工具->Fungus->创建->角色）命令，创建一个 Character 游戏对象，将其重命名为 CYoungster，用于在对话系统中代表年轻人。

在 Inspector（检查器）窗口中，将 Character 脚本中的 Name Text 设置为"陆姓年轻人"（该设置用于在对话中显示角色的名字），Name Color 设置为黑色，Set Say Dialog 设置为场景中的 SayDialog，如图 11-34 所示。

步骤（10）选择菜单栏中的 Tools->Fungus->Create->Character（工具->Fungus->创建->角色）命令，创建一个 Character 游戏对象，将其重命名为 COldMan，用于在对话系统中代表老人。

在 Inspector（检查器）窗口中，将 Character 脚本中的 Name Text 设置为"老人"，Name Color 设置为黑色，Set Say Dialog 设置为场景中的 SayDialog。

步骤（11）选择菜单栏中的 Tools->Fungus->Create->Character（工具->Fungus->创建->角色）命令，创建一个 Character 游戏对象，将其重命名为 CBoy，用于在对话系统中代表小男孩。

在 Inspector（检查器）窗口中，将 Character 脚本中的 Name Text 设置为"小男孩"，Name Color 设置为黑色，Set Say Dialog 设置为场景中的 SayDialog。

步骤（12）选择菜单栏中的 Tools->Fungus->Create->Character（工具->Fungus->创建->角色）命令，创建一个 Character 游戏对象，将其重命名为 CNarration，用于在对话系统中代表旁白。

在 Inspector（检查器）窗口中，将 Character 脚本中的 Name Text 设置为"旁白"，Name Color 设置为黑色，Set Say Dialog 设置为场景中的 SayDialog。

步骤（13）选择菜单栏中的 GameObject->Create Empty（游戏对象->创建空对象）命令，创建一个空对象，将其重命名为 Dialog。在 Hierarchy（层级）窗口中，将 Flowchart、SayDialog、CYoungster、COldMan、CBoy、CNarration 都设置为它的子对象，如图 11-35 所示。

图 11-34

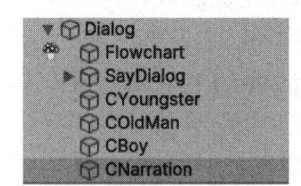

图 11-35

步骤（14）在 Hierarchy（层级）窗口中，选择 Flowchart 游戏对象，在 Variables 中添加对话系统中使用的变量，如表 11-9 所示。

表 11-9

变量类型	变量名	初始值	访问权限	说明
Boolean	enterScene	true	Private	是否进入"进入场景"对话
Boolean	askTheWay	true	Private	是否进入"问路"对话
Boolean	answerQuestion	true	Private	是否进入"回答问题"对话
Boolean	lookForCat		Private	是否进入"找猫"对话
Boolean	catchCat	true	Private	是否进入"抓猫"对话
Boolean	catchMouse	true	Private	是否进入"抓老鼠"对话
Boolean	learnAboutSituation	false	Private	是否进入"了解当前情况"对话
Boolean	isCatchedCat	false	Private	是否抓到猫
Boolean	isCatchedMouse	false	Private	是否抓到老鼠

单击 Variables 下面的+按钮，添加完变量后，如图 11-36 所示。

图 11-36

步骤（15）单击 Flowchart 脚本中的 Open Flowchart Window，进入对话系统的设计界面。

步骤（16）选择 Flowchart 脚本中的 New Block 模块，将 Block Name 设置为 DialogEnterScene。该模块可以实现进入场景时的对话。

在 Inspector（检查器）窗口中，单击 Commands 列表下面的+按钮，添加 If 命令，将 Any Or All Conditions 设置为 All Of_AND，表示所有条件都为真时，结果才为真；将 Variable 设置为 enterScene，勾选 Data 复选框，如图 11-37 所示。

单击+按钮，在 Commands 列表中添加 Say 命令，将 Character 设置为 CYoungster，Story Text 显示文本为"咦？我好像穿越到古代了。"，如图 11-38 所示。

图 11-37

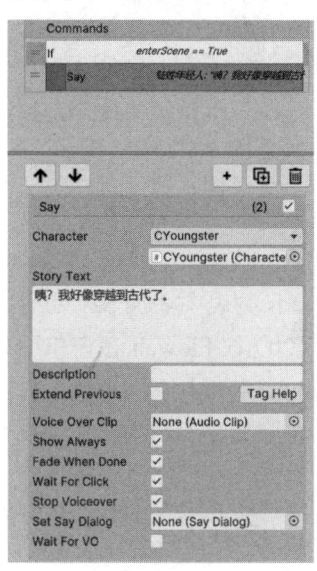

图 11-38

继续在 Commands 列表中添加两条 Say 命令，这里不再重复。

在 Commands 列表中添加 Set Variable 命令，将 Any Var 设置为 enterScene，取消勾选 Data 复选框，如图 11-39 所示。

在 Commands 列表中添加 End 命令，表示条件语句的结束，如图 11-40 所示。

图 11-39

图 11-40

步骤（17）在 Flowchart 窗口中，单击左上角的+按钮，添加模块，将 Block Name 重命名为 DialogWithBoy。在 Commands 列表中添加命令，完成"问路"对话功能，如图 11-41 所示。

步骤（18）使用 DialogWithBoy 模块继续完成"回答问题"对话功能，如图 11-42 所示。

图 11-41

图 11-42

步骤（19）在 Flowchart 窗口中新建一个模块，将 Block Name 重命名为 AnswerWrong。在 Commands 列表中添加 Say 命令，如图 11-43 所示。

步骤（20）在 Flowchart 窗口中新建一个模块，将 Block Name 重命名为 AnswerCorrect。在 Commands 列表中添加命令，如图 11-44 所示。

图 11-43

图 11-44

步骤（21）在 Flowchart 窗口中选择 DialogWithBoy 模块，在 Commands 列表中选择"（B）杏子"Menu 选项，将它的 Target Block 设置为 AnswerCorrect，其余 3 个 Menu 选项的 Target Block 都设置为 AnswerWrong，如图 11-45 所示。

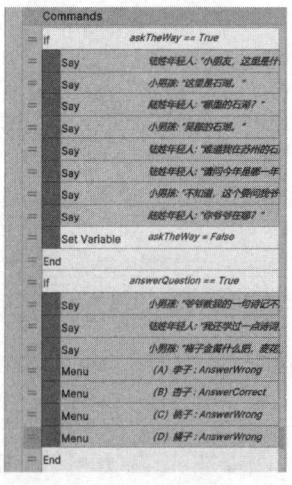

图 11-45

步骤（22）在 Project（项目）窗口中，双击打开 Assets/Scripts/ThirdPersonCtrl 脚本，

在类中的变量定义处，添加以下代码。

```csharp
public Flowchart flowchart;
public bool hasCollided = false;
```

在类中添加以下代码。

```csharp
// 当碰撞事件触发后，执行碰撞事件的过程中禁止再次执行碰撞事件
    public void DisableCollision()
    {
        hasCollided = true;
    }

    // 当碰撞事件处理完成后，允许再次执行碰撞事件
    public void EnableCollision()
    {
        hasCollided = false;
    }

    // 角色碰撞事件
    private void OnControllerColliderHit(ControllerColliderHit hit)
    {
        // 如果碰到的是小男孩
        if (hit.collider.gameObject.name=="Boy")
        {
            if (flowchart.HasBlock("DialogWithBoy"))
            {
                if (!hasCollided)
                {
                    DisableCollision();
                    DisablePlayerInput();
                    flowchart.ExecuteBlock("DialogWithBoy");
                }
            }
        }
    }
```

步骤（23）在 Visual Studio 编辑器中，保存 C#文件，返回 Unity 编辑器。

步骤（24）在 Project（项目）窗口中，双击 Scripts/BoyControl 脚本，在 Visual Studio 编辑器中打开该脚本，在类中添加以下代码后，在 Visual Studio 编辑器中保存 C#文件，返回 Unity 编辑器。

```csharp
void EnableMove()
    {
        _agent.speed = 6.0f;
    }
```

步骤（25）选择 Hierarchy（层级）窗口中的 Flowchart 游戏对象，打开 Flowchart 窗口。选择 AnswerWrong 模块，在 Say 命令下面添加两条 Call Method 命令。

第一条 Call Method 命令的 Target Object 为 Youngster，Method Name 为 EnableCollision。

第二条 Call Method 命令的 Target Object 为 Youngster，Method Name 为 EnablePlayerInput，如图 11-46 所示。

步骤（26）在 Flowchart 窗口中，选择 AnswerCorrect 模块，在 Say 命令下面添加三条 Call Method 命令。

第一条 Call Method 命令的 Target Object 为 Boy，Method Name 为 EnableMove。

第二条 Call Method 命令的 Target Object 为 Youngster，Method Name 为 EnableCollision，Delay 为 3，避免小男孩在移动时碰到年轻人，导致年轻人不能移动。

第三条 Call Method 命令的 Target Object 为 Youngster，Method Name 为 EnablePlayerInput，如图 11-47 所示。

图 11-46 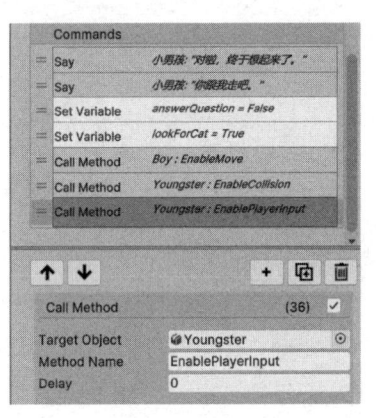　　　　　　　　　　图 11-47

步骤（27）DialogWithBoy 模块继续完成"找猫"对话功能，如图 11-48 所示。

步骤（28）在 Flowchart 窗口中单击左上角的 + 按钮，添加模块，将 Block Name 重命名为 DialogWithCat。在 Commands 列表中添加命令，完成"抓猫"对话功能，如图 11-49 所示。

图 11-48 　　　　　　　　　　图 11-49

步骤（29）在 Project（项目）窗口中，双击 Assets/Scripts/ThirdPersonCtrl 脚本，在 Visual Studio 编辑器中打开该脚本，并在 OnControllerColliderHit 事件方法的 if 语句下面添加以下代码。

```
// 如果碰到的是猫
        else if (hit.collider.gameObject.name == "Cat")
        {
            if (flowchart.HasBlock("DialogWithCat"))
            {
                if (!hasCollided)
                {
                    DisableCollision();
                    DisablePlayerInput();
                    flowchart.ExecuteBlock("DialogWithCat");
                }

            }
        }
```

步骤（30）在 Visual Studio 编辑器中，保存 C#代码，返回 Unity 编辑器。

步骤（31）在 Project（项目）窗口的 Assets/Scripts 文件夹中，新建一个 C#脚本，将其重命名为 CatControl，把它挂载到场景中的 Cat 游戏对象上。

双击 CatControl 脚本，在 Visual Studio 编辑器中打开该脚本，并在其中输入代码。CatControl 脚本的完整代码如下。

```
using System.Collections;
using System.Collections.Generic;
using UnityEngine;

public class CatControl : MonoBehaviour
{
    public void SetInvisible()
    {
        gameObject.SetActive(false);
    }
}
```

步骤（32）在 Visual Studio 编辑器中，保存 C#代码，返回 Unity 编辑器。

步骤（33）在 Flowchart 窗口中，单击左上角的+按钮，添加模块，将 Block Name 重命名为 DialogWithMouse。在 Commands 列表中添加命令，完成"抓老鼠"对话功能，如图 11-50 所示。

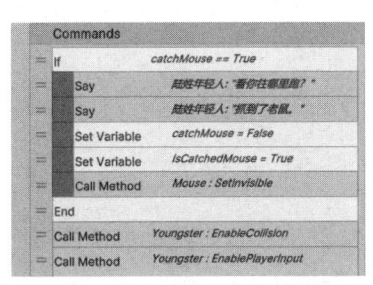

图 11-50

步骤（34）在 Project（项目）窗口中，双击 Assets/Scripts/ThirdPersonCtrl 脚本，在 Visual Studio 编辑器中打开该脚本，并在 OnControllerColliderHit 事件方法的 else if 语句下面添加

以下代码。

```
// 如果碰到的是老鼠
    else if (hit.collider.gameObject.name == "Mouse")
    {
        if (flowchart.HasBlock("DialogWithMouse"))
        {
            if (!hasCollided)
            {
                DisableCollision();
                DisablePlayerInput();
                flowchart.ExecuteBlock("DialogWithMouse");
            }
        }
    }
```

步骤（35）在 Visual Studio 编辑器中，保存 C#代码，返回 Unity 编辑器。

步骤（36）在 Project（项目）窗口中，双击 Assets/Scripts/MouseControl 脚本，在 Visual Studio 编辑器中打开该脚本，并在类中添加以下代码。

```
public void SetInvisible()
    {
        gameObject.SetActive(false);
    }
```

步骤（37）在 Visual Studio 编辑器中，保存 C#代码，返回 Unity 编辑器。

步骤（38）在 Flowchart 窗口中，单击左上角的 + 按钮，添加模块，将 Block Name 重命名为 DialogWithOldMan。在 Commands 列表中添加命令，完成"了解当前情况"对话功能，如图 11-51 所示。

图 11-51

步骤（39）在 Project（项目）窗口中，双击 Assets/Scripts/ThirdPersonCtrl 脚本，在 Visual Studio 编辑器中打开该脚本，并在 OnControllerColliderHit 事件方法的 else if 语句下面添加以下代码。

```
// 如果碰到的是老人
    else if (hit.collider.gameObject.name == "OldMan")
    {
        if (flowchart.HasBlock("DialogWithOldMan"))
        {
            if (!hasCollided)
            {
                DisableCollision();
                DisablePlayerInput();
                flowchart.ExecuteBlock("DialogWithOldMan");
            }

        }
    }
```

步骤（40）在 Visual Studio 编辑器中，保存 C#代码，返回 Unity 编辑器。

步骤（41）在 Flowchart 窗口中，选择 DialogEnterScene 模块，添加命令，在对话结束前禁用用户输入，如图 11-52 所示。

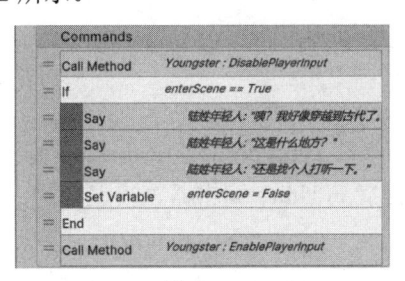

图 11-52

步骤（42）选择菜单栏中的 File->Save（文件->保存）命令，保存场景。

拓展任务 4

任务要求：完善开始界面和系统菜单界面，增加小地图功能、任务列表功能、背包收集物品功能。

第 12 章 平台发布

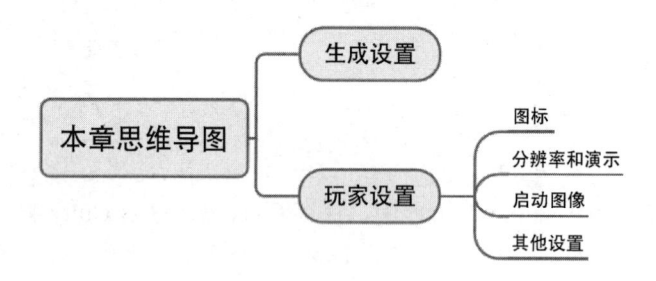

本章思维导图：
- 生成设置
- 玩家设置
  - 图标
  - 分辨率和演示
  - 启动图像
  - 其他设置

12.1 生成设置

使用 Unity 开发的项目必须在 Unity 编辑器中才能运行，通过打包发布可以将项目文件生成独立的可执行文件，从而脱离 Unity 编辑器直接运行。

在菜单栏中选择 File->Build Settings（文件->生成设置）命令，打开 Build Settings 窗口。Build Settings 窗口主要包括 Scenes In Build（生成中的场景）、Platform（平台）两部分，如图 12-1 所示。

1. Scenes In Build

Scenes In Build（生成中的场景）为发布需要包含的场景，可以单击 Add Open Scenes 按钮，把当前场景添加到场景列表中，也可以直接从 Project（项目）窗口中把场景拖到场景列表中。场景列表右侧的数字表示场景被加载的顺序，0 表示第一个被加载的场景，一般作为启动后进入的默认场景。

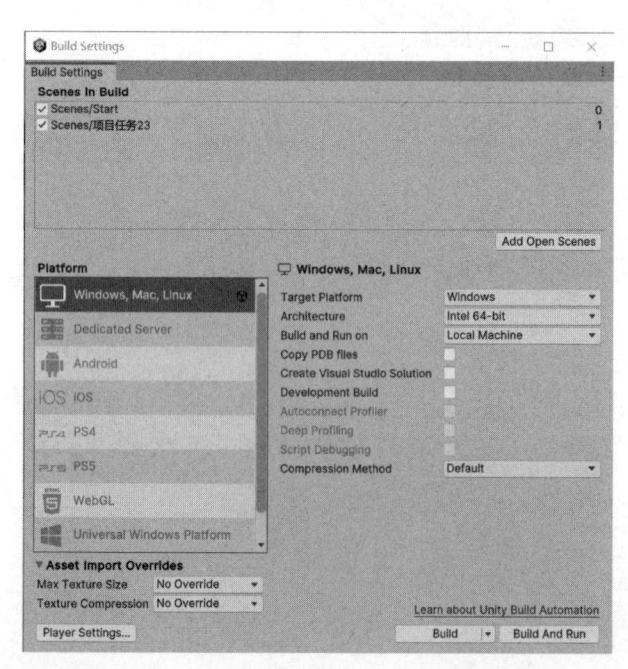

图 12-1

2. Platform

Platform（平台）列出了 Unity 支持发布的目标平台，如果某个平台显示的是灰色的，则表示没有安装该平台的支持模块。我们可以通过单击 Install With Unity Hub 按钮，使用 Unity Hub 下载并安装对应平台的支持模块。

12.2 玩家设置

在 Build Settings（生成）窗口中，单击 Player Settings（玩家设置）按钮，打开 Project Settings 窗口，如图 12-2 所示。

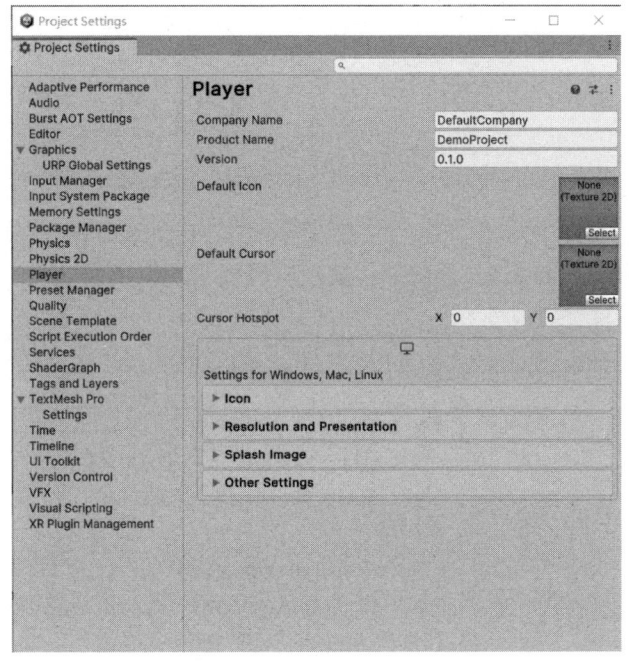

图 12-2

Play 选项卡中属性的功能说明如表 12-1 所示。

表 12-1

属性	功能说明
Company Name	公司名称
Product Name	产品名称，也是发布后的可执行文件名
Default Icon	默认图标，即发布后生成的可执行文件的默认图标
Default Cursor	默认光标，即运行可执行文件后光标形状
Cursor Hotspot	光标热点位置

12.2.1 图标

Icon（图标）为应用程序设置不同分辨率的图标，其属性的功能说明如表 12-2 所示。

表 12-2

属性	功能说明
Override for Windows, Mac, Linux	勾选此复选框，为可执行文件指定自定义图标

12.2.2 分辨率和演示

Resolution and Presentation（分辨率和演示）属性如图 12-3 所示。

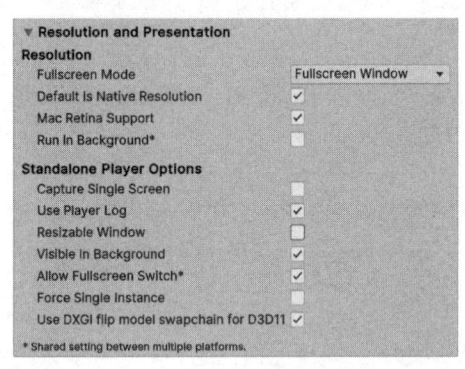

图 12-3

Resolution and Presentation（分辨率和演示）属性的功能说明如表 12-3 所示。

表 12-3

属性	功能说明
Resolution 组	分辨率
Fullscreen Mode	选择全屏模式。此设置定义了启动时的默认窗口模式。 • Fullscreen Window：将应用程序窗口设置为全屏原生显示分辨率，覆盖整个屏幕。 • Exclusive Fullscreen：将应用程序设置为保持显示器的唯一全屏使用。与全屏窗口不同，此模式会更改显示器的操作系统分辨率，以匹配应用程序选择的分辨率。此选项仅在 Windows 上受支持。 • Maximized Window：将应用程序窗口设置为操作系统的最大化定义，这通常是一个全屏窗口，在 macOS 上有一个隐藏的菜单栏和停靠站。此选项仅在 macOS 上受支持。 • Windowed：将应用程序设置为标准的非全屏可移动窗口，其大小取决于应用程序的分辨率。在该模式下，默认窗口的大小是可调整的。所有桌面平台都支持这种窗口模式
Default Is Native Resolution	勾选此复选框可使应用程序使用目标平台上的默认分辨率。如果将 FullScreen 设置为 Windowed，则取消勾选此复选框
Default Screen Width	以像素为单位设置应用程序屏幕的默认宽度。只有将 FullScreen 设置为 Windowed 时，此属性才可用
Default Screen Height	以像素为单位设置应用程序屏幕的默认高度。只有将 FullScreen 设置为 Windowed 时，此属性才可用
Mac Retina Support	勾选此复选框可以启用对 Mac 上高 DPI（Retina）屏幕的支持。Unity 默认启用此功能

续表

属性	功能说明
Run In Background	勾选此复选框可以使应用程序在后台上运行,而不是在应用程序失去焦点时暂停
Standalone Player Options 组	独立播放器选项
Capture Single Screen	勾选此复选框可以确保全屏模式下的应用程序不会使多显示器设置中的辅助显示器变暗
Use Player Log	勾选此复选框可以写入包含调试信息的日志文件。默认为已勾选状态
Resizable Window	勾选此复选框可以调整应用程序窗口的大小
Visible In Background	如果使用窗口全屏模式,则勾选此复选框以在后台上显示应用程序
Allow Fullscreen Switch	勾选此复选框允许通过默认操作系统全屏按键在全屏模式和窗口模式之间切换
Force Single Instance	勾选此复选框可以将应用程序限制为单个运行的实例
Use DXGI flip model swapchain for D3D11	使用翻转模型可以确保最佳性能。此设置会影响 D3D11 图形 API

12.2.3 启动图像

Splash Image（启动图像）属性如图 12-4 所示。

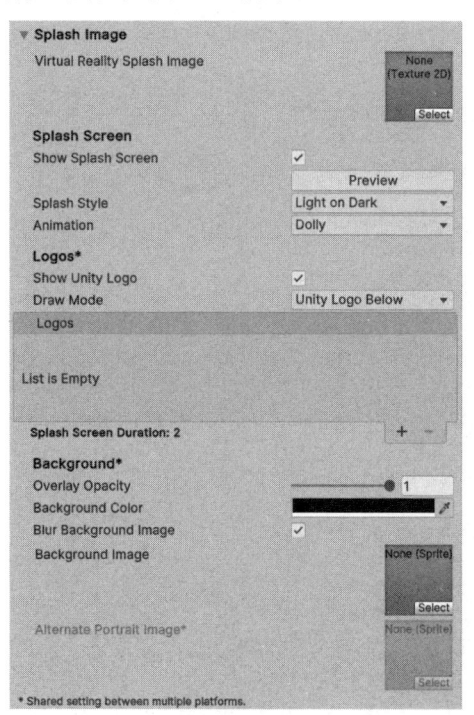

图 12-4

Splash Image（启动图像）属性的功能说明如表 12-4 所示。

表 12-4

属性	功能说明
Splash Image	设置应用程序的启动画面
Virtual Reality Splash Image	设置虚拟现实应用程序的启动图像
Splash Screen	显示启动画面的设置

续表

属性	功能说明
Show Splash Screen	在默认情况下为勾选状态。取消勾选此复选框可以在应用程序启动时不显示启动画面
Preview	单击预览按钮可以在 Game（游戏）视图中查看启动画面的预览效果
Splash Style	设置 Unity Logo 的颜色样式
Animation	设置启动画面在屏幕上的显示和消失方式
Logos	设置自定义启动画面中的 Logo
Show Unity Logo	在默认情况下为勾选状态。取消勾选此复选框可以不在启动画面上显示 Unity Logo
Draw Mode	选择 Logo 出现在启动画面上的顺序模式
Background	设置自定义应用程序启动画面背景
Overlay Opacity	调整覆盖不透明度设置的数值以突出 Logo
Background Color	设置启动画面的颜色。如果不设置背景图像，则 Unity 将使用此颜色
Blur Background Image	勾选此复选框可以模糊设置的背景图像。如果取消此复选框，则会显示没有模糊效果的背景图像
Background Image	设置用作背景的图像
Alternate Portrait Image	设置一个替代图像以与竖向纵横比一起使用

12.2.4 其他设置

1. 渲染

Rendering（渲染）属性如图 12-5 所示。

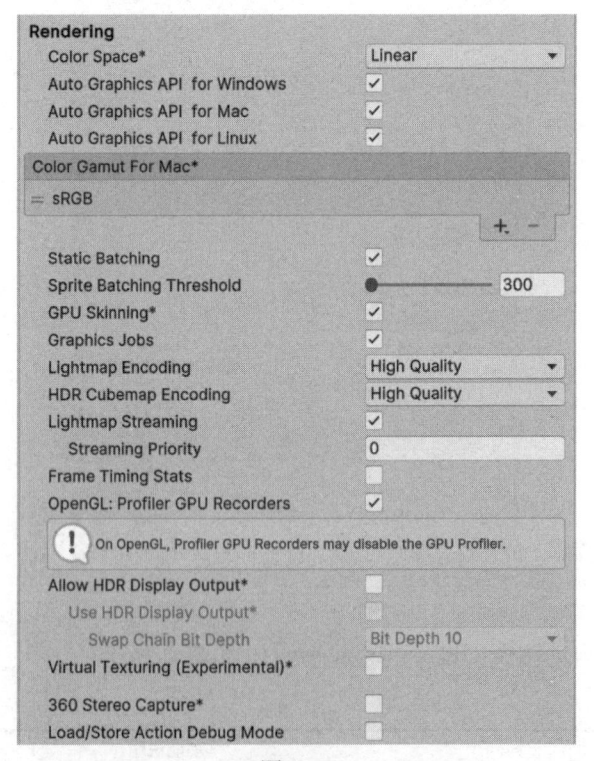

图 12-5

Rendering（渲染）属性的功能说明如表 12-5 所示。

表 12-5

属性	功能说明
Color Space	选择用于渲染的颜色空间：Gamma 或 Linear。使用 Linear 颜色空间比使用 Gamma 颜色空间提供更准确的渲染
Auto Graphics API for Windows	勾选此复选框可以在 Windows 中使用最佳图形 API
Auto Graphics API for Mac	勾选此复选框可以在 Mac 中使用最佳图形 API
Auto Graphics API for Linux	勾选此复选框可以在 Linux 中使用最佳图形 API
Color Gamut for Mac	可以为 Mac 平台添加或删除用于渲染的色域。单击 + 按钮，查看可用 gamut 的列表
Static Batching	勾选此复选框可以使用静态批处理
Sprite Batching Threshold	设置静态批处理阈值
GPU Skinning	勾选此复选框可以启用 GPU 计算蒙皮
Graphics Jobs	勾选此复选框可以指示 Unity 将图形任务加载到在其他 CPU 核心上运行工作线程。此功能旨在减少主线程上 Camera.Render 所花费的时间，该时间通常成为瓶颈
Lightmap Encoding	选择 Normal Quality 或 High Quality 选项可以设置光照贴图编码。此设置会影响光照贴图的编码方案和压缩格式
HDR Cubemap Encoding	选择 Low Quality、Normal Quality 或 High Quality 选项以设置 HDR Cubemap 编码。此设置会影响 HDR 立方体贴图的编码方案和压缩格式
Lightmap Streaming	是否对光照贴图使用 Mipmap 流式处理
Streaming Priority	设置 Mipmap 流式处理系统中所有光照贴图的优先级。正数具有更高的优先级。有效值的范围为 $-128 \sim 127$
Frame Timing Stats	勾选此复选框可以收集 CPU 和 GPU 帧时间统计信息
OpenGL:Profiler GPU Recorders	在使用 OpenGL 进行渲染时，启用档案器记录器。由于可能与帧定时统计信息和 GPU 档案器不兼容，因此在 OpenGL 上是可选的
Allow HDR Display Output	检查显示器是否支持 HDR，如果支持，则在应用程序启动时切换到 HDR 输出
Swap Chain Bit Depth	选择每个颜色通道中用于交换链缓冲区的位数。仅在启用 HDR 模式的情况下可用
Virtual Texturing	是否启用虚拟纹理。此功能是实验性的，尚未准备好用于生产。此复选框是 bool 类型的，如果要更改，则需要重新启动编辑器
360 Stereo Capture	勾选此复选框，启用 360 度立体捕捉支持
Load/Store Action Debug Mode	初始化帧缓冲区，以便加载/存储操作中的错误，使其在视觉上显而易见

2. 配置

Configuration（配置）属性的如图 12-6 所示。

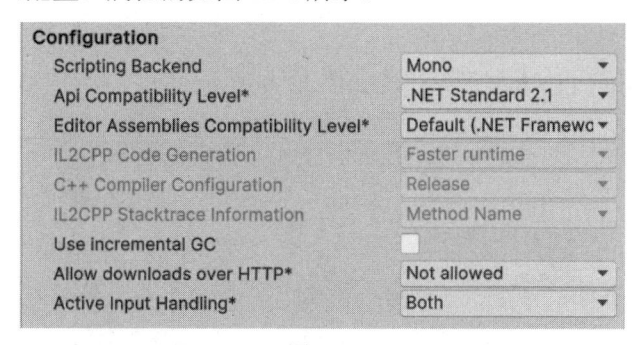

图 12-6

Configuration（配置）属性的功能说明如表 12-6 所示。

表 12-6

属性	功能说明
Scripting Backend	选择要使用的脚本后端。脚本后端决定了 Unity 如何在项目中编译和执行 C#代码
Api Compatibility Level	选择可以在项目中使用的.NET API。此设置可能会影响与第三方库的兼容性。但是，它对编辑器特定的代码没有影响
Editor Assemblies Compatibility Level	设置编辑器的编译兼容级别
IL2CPP Code Generation	定义 Unity 如何管理 IL2CPP 代码生成。此属性仅在使用 IL2CPP 脚本后端时可用
C++ Compiler Configuration	选择在编译 IL2CPP 生成的代码时所使用的 C++编译器配置
IL2CPP Stacktrace Information	要包含在堆栈跟踪中的信息。如果包括文件名和行号，则可能会增加生成规模
Use incremental GC	使用增量垃圾收集器将垃圾收集分散到多个帧上，以减少帧持续时间中与垃圾收集相关的峰值
Allow downloads over HTTP	指示是否允许通过 HTTP 下载内容。选项包括不允许、仅在开发版本中允许和始终允许。默认设置为不允许，因为推荐的协议是 HTTPS，更安全
Active Input Handling	选择如何处理用户输入。建议使用新的输入系统包

3. 着色器设置

Shader Settings（着色器设置）属性如图 12-7 所示。

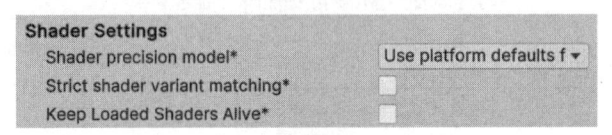

图 12-7

Shader Settings（着色器设置）属性的功能说明如表 12-7 所示。

表 12-7

属性	功能说明
Shader precision model	在默认情况下，移动目标平台更喜欢较低的精度以提高性能，但渲染管道可能更喜欢默认的全精度，并明确针对较低精度的情况进行优化
Strict shader variant matching	在勾选此复选框时，如果缺少着色器变体，则 Unity 将使用错误着色器并在控制台中显示错误
Keep Loaded Shaders Alive	阻止着色器卸载

4. 脚本编译

Script Compilation（脚本编译）属性如图 12-8 所示。

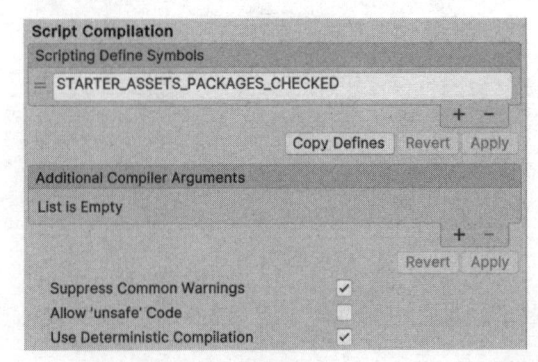

图 12-8

Script Compilation（脚本编译）属性的功能说明如表 12-8 所示。

表 12-8

属性	功能说明
Scripting Define Symbols	设置自定义编译标志
Additional Compiler Arguments	将条目添加到此列表中，以便将其他参数传递给 Roslyn 编译器
Suppress Common Warnings	警告禁用此设置以显示 C#警告 CS0169 和 CS0649
Allow 'unsafe' Code	允许在预定义的程序集中编译"不安全"的 C#代码
Use Deterministic Compilation	取消勾选此复选框可以防止使用-destinative C#标志进行编译。在勾选此复选框后，编译后的程序集在每次编译时都是完全相同的

5. 优化

Optimization（优化）属性如图 12-9 所示。

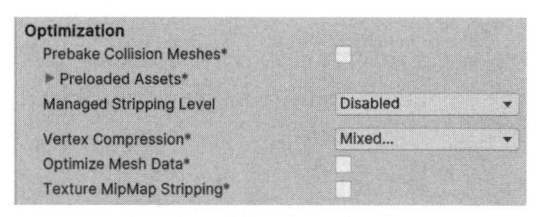

图 12-9

Optimization（优化）属性的功能说明如表 12-9 所示。

表 12-9

属性	功能说明
Prebake Collision Meshes	在生成时将碰撞数据添加到网格
Preloaded Assets	设置玩家在启动时要加载的资产数组
Managed Stripping Level	选择 Unity 剥离未使用的托管（C#）代码的力度。选项包括 Disabled、Minimal、Low、Medium 和 High
Vertex Compression	设置每个通道的顶点压缩。这会影响项目中的所有网格。在通常情况下，顶点压缩用于减小内存中网格数据的大小、减小文件的大小和提高 GPU 的性能
Optimize Mesh Data	勾选此复选框可以从生成中使用的网格中剥离未使用的顶点属性。此复选框可以减少网格中的数据量，这有助于减少构建大小、加载时间和运行时内存使用量
Texture MipMap Stripping	为所有平台启用 mipmap 剥离。这将在构建时从纹理中剥离未使用的 mipmaps

6. 堆栈跟踪

Stack Trace（堆栈跟踪）属性如图 12-10 所示。

图 12-10

根据需要的日志记录类型，通过勾选与每个日志类型（错误、断言、警告、日志和异常）相对应的复选框，选择首选的堆栈跟踪方法。

None：从未记录任何日志。
ScriptOnly：仅在运行脚本时记录。
Full：一直记录。

项目任务 25：设置并发布项目

任务步骤：

步骤（1）运行 Unity Hub，打开 StoneLake 项目。

步骤（2）在 Project（项目）窗口中，双击 Assets/Scripts/ThirdPersonCtrl 脚本，查找并删除下面的代码，保存 C#文件。

`UnityEditor.EditorApplication.isPlaying = false;`

步骤（3）在 Project（项目）窗口中，双击 Assets/Scripts/StartUIControl 脚本，查找并删除下面的代码，保存 C#文件。

`UnityEditor.EditorApplication.isPlaying = false;`

步骤（4）选择菜单栏中的 File->Open Scene（文件->打开场景）命令，打开 Scenes 文件夹中的 Start.unity 场景。

步骤（5）在 Hierarchy（层级）窗口中，选择 GameObject 游戏对象。在 Inspector（检查器）窗口中，将 Scene Name 设置为 Final，如图 12-11 所示。选择菜单栏中的 File->Save（文件->保存）命令，保存场景。

步骤（6）选择菜单栏中的 File->Build Settings（文件->生成设置）命令，打开 Build Settings 窗口，Scenes In Build 列表为项目中加载的场景列表，移除不需要的场景，把需要的场景从 Project（项目）窗口的 Scenes 文件夹拖到该列表中，将 Scenes In Build 列表设置为 Start 场景和 Final 场景，如图 12-12 所示。

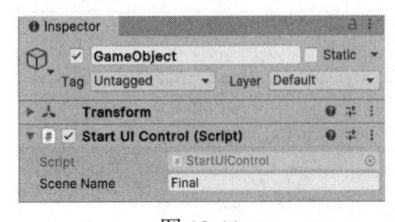

图 12-11 　　　　　　　　　　图 12-12

步骤（7）单击 Player Setting 按钮，可以修改 Company Name（公司名）、Product Name（产品名）、Version（版本号）、Default Icon（默认图标）和 Default Cursor（默认光标）。

步骤（8）在 Splash Image 组中可以设置启动画面。取消勾选 Show Unity Logo 复选框，禁用显示 Unity 公司的 Logo。

步骤（9）设置完成后，单击 Build 按钮，指定文件夹用于保存生成的文件,并等待生成可执行的文件。在 Windows 文件资源管理器中，生成文件，如图 12-13 所示。

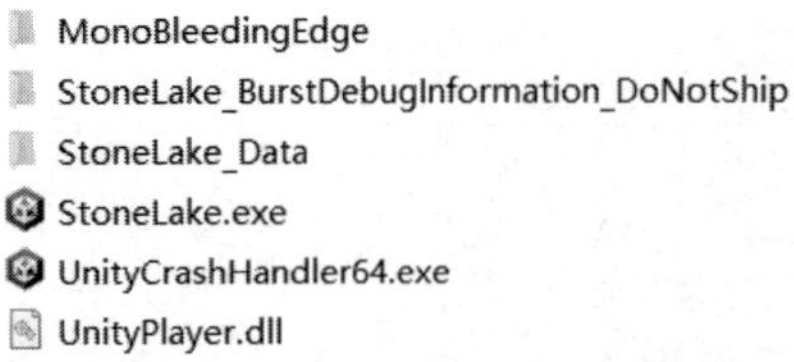

图 12-13

步骤（10）在 Windows 文件资源管理器中，双击 StoneLake.exe 可执行文件，可以独立于 Unity 编辑器运行，并测试项目的完成效果。